油气输送管道完整性管理技术
（二级水平）

中国石油学会石油储运专业委员会　编著

石油工業出版社

内 容 提 要

本书系统介绍了油气管道完整性管理体系建设、管道风险评价方法、管道完整性评价方法、管道数据管理与系统平台及建设期管道完整性管理等方面的内容，并结合典型案例，总结了实施过程中的常见问题及对策。本书内容实用性强，对管道企业开展管道完整性管理及相关工作具有指导性。

本书可供国内油气管道企业的管理和技术人员参考，也可作为高等院校相关专业师生参考使用。

图书在版编目（CIP）数据

油气输送管道完整性管理技术：二级水平 / 中国石油学会石油储运专业委员会编著．-- 北京：石油工业出版社，2024. 12. -- ISBN 978-7-5183-7250-8

Ⅰ. TE973

中国国家版本馆 CIP 数据核字第 2024FK5245 号

出版发行：石油工业出版社
（北京安定门外安华里 2 区 1 号楼　100011）
网　址：www.petropub.com
编辑部：（010）64523736
图书营销中心：（010）64523633
经　　销：全国新华书店
印　　刷：北京中石油彩色印刷有限责任公司

2024 年 12 月第 1 版　2024 年 12 月第 1 次印刷
787 × 1092 毫米　开本：1/16　印张：15.75
字数：403 千字

定价：166.00 元
（如出现印装质量问题，我社图书营销中心负责调换）

《油气输送管道完整性管理技术（二级水平）》
编 写 组

主　编： 张华兵

编写人： 戴联双　王　婷　贾韶辉　杨玉锋　王富祥

雷铮强　刘明辉　刘新凌　梁择文　玄文博

审　核： 张对红

前言

PREFACE

油气管道完整性管理是管道企业预防管道事故发生，以及保障管道安全运行的最佳手段。欧美等发达地区的管道企业普遍实施了管道完整性管理。2016 年 3 月，GB 32167—2015《油气输送管道完整性管理规范》正式实施，我国管道企业实施管道完整性管理成为强制性要求。

2016 年 10 月，国家发展和改革委员会、国家能源局、国有资产监督管理委员会、国家质量监督检验检疫总局、国家安全生产监督管理总局等五部委联合印发了《关于贯彻落实国务院安委会工作要求全面推行油气输送管道完整性管理的通知》(发改能源〔2016〕2197 号)，要求管道企业按照国标 GB 32167—2015，全面推进管道完整性管理。这是国家以部委通知的形式要求管道企业必须实施管道完整性管理。2017 年 12 月，国家安监总局、国家发展和改革委员会等 8 部委联合发文，进一步强调了管道企业应按照国标 GB 32167—2015，加强人口密集类高后果区的完整性管理。

中国石油学会石油储运专业委员会管道完整性管理技术委员会是国内学术团体组织，成立于 2005 年。在成立后的十余年时间里，团结了我国油气管道企业和相关科研院所的管道完整性管理专家与技术人员，一直积极助力我国油气管道完整性管理技术的研发与应用推广。

为了帮助油气管道从业人员更好地理解管道完整性管理的内涵，同时分享已总结出来的成功经验。管道完整性管理技术委员会联合 GB 32167—2015 的归口管理单位石油工业标准化技术委员会油气储运专业标准化技术委员会，自 2015 年起在国内开始举办管道完整性管理技术培训。本书为管道完整性技术培训班的二级水平培训教材。

不同于高等院校的经典课程内容，管道完整性管理是一门实践性非常强的技术，其大量认知来自管道企业的实践总结。随着这些年国内管道完整性管理的大面积推广应用，其体系和内涵得到了极大的丰富和完善。管道完整性管理技术委员会利用一年多时间，集中我国十余名管道完整性专业技术人员，经过多轮修改完善，编制完成了本书。

本书编写过程中，参考了同领域专家学者的著作和研究成果，在此表示衷心的感谢。由于编者水平有限，书中难免存在疏漏，敬请批评指正。

目录

CONTENTS

第一章　管道完整性管理体系建设……1

第一节　概述……1

第二节　体系文件制定……3

第三节　标准体系建设……7

第四节　组织机构建设与支持技术研发……10

第五节　效能评价与体系改进……14

第二章　管道风险评价……22

第一节　概述……22

第二节　管道失效管理……22

第三节　管道风险评价流程……32

第四节　管道风险评价方法……40

第五节　评价软件与应用案例……64

第三章　管道内检测管理与数据分析……74

第一节　概述……74

第二节　管道内检测管理……75

第三节　管道内检测成果验收……89

第四节　内检测数据综合分析……97

第四章　管道完整性评价……110

第一节　概述……110

第二节　管道缺陷类型……110

第三节　评价数据收集与分析……114

第四节　确定评价方法……118

第五节　实施完整性评价……129

第六节　评价报告……136

第七节　评价案例……137

第五章　管道数据管理与系统平台……………………………………………… 147
第一节　概述……………………………………………………………………… 147
第二节　数据采集………………………………………………………………… 147
第三节　管道数据模型…………………………………………………………… 165
第四节　管道数据分析…………………………………………………………… 179
第五节　管道完整性管理系统平台……………………………………………… 191
第六章　建设期管道完整性管理……………………………………………… 198
第一节　建设期完整性管理的意义……………………………………………… 198
第二节　建设期完整性管理工作内容…………………………………………… 199
第三节　建设期完整性管理实践………………………………………………… 223
第四节　建设期完整性管理面临的挑战………………………………………… 230
第五节　建设期智慧管网建设…………………………………………………… 236
参考文献………………………………………………………………………… 241

第一章　管道完整性管理体系建设

第一节　概　　述

随着我国管道运输行业的高速发展，油气管道面临的安全问题逐步显现。一方面，我国早期建设的油气输送管道（简称油气管道或管道）接近服役后期，各类制造敷设缺陷、腐蚀缺陷的发展使管道处于接近失效的临界状态，进入所谓的风险“浴盆曲线”末端的事故多发期；另一方面，新管道建设相对比较集中，对高钢级、高压大口径管道的失效模式和修复技术等存在认知不足，焊缝缺陷引起的失效凸显。这种新老管道高风险相互叠加的局面无疑对油气管道运营的安全保障提出了挑战，油气管道安全管理所面临的形势十分严峻。

国家层面多次要求彻底排除油气管道安全隐患，深刻总结教训，加强检查督促，严格落实安全责任。2014 年 10 月 20 日，国务院决定成立国务院油气管道安全隐患整改工作领导小组，部署开展油气管道隐患整治攻坚战，在各相关企业的共同努力下，油气管道的安全生产事故明显减少，油气管道安全管理水平明显提升。2016 年 10 月，国家发展和改革委员会、国家能源局、国有资产监督管理委员会、国家质量监督检验检疫总局、国家安全生产监督管理总局等五部委联合印发了《关于贯彻落实国务院安委会工作要求 全面推行油气输送管道完整性管理的通知》（以下简称《通知》），该《通知》是在我国油气管道安全隐患整治即将完成的重要时间节点，长远评估我国管道的安全管理、发展等重大问题，做出的事关管道长周期安全运行的重要战略决策。

2016 年 3 月，油气管道完整性管理强制性国家标准 GB 32167—2015《油气输送管道完整性管理规范》正式实施。在《通知》等政策推动下，管道企业积极实施我国第一部管道完整性管理的国家强制标准，完整性管理已在我国油气管道全面实施，其体系和内涵得到了极大地丰富和完善。

不同于一些临时性和一次性工作，油气管道完整性管理已经成为油气管道企业的日常活动，在企业内持续进行。为保障日常油气管道完整性管理工作的顺利进行，有必要进行完整性管理体系建设。

管道完整性管理体系建设的内容很广，可涉及企业管理体系的各个方面。管理体系是企业建立方针和目标并实现这些目标的体系，而管道完整性管理体系是油气管道企业管理体系中与管道完整性管理相关的部分。

分析 ISO 9000 质量管理体系、ISO 14000 环境管理体系和 OHSAS 18000 职业健康安全管理体系等国际通行的管理体系，发现现代企业管理体系通常包含以下八个要素，各要素还可以细分为多个二级要素。八个要素如下：

（1）领导和承诺；
（2）目标与方针；
（3）策划；
（4）组织结构、资源和文件；
（5）实施和运行；
（6）检查和纠正；
（7）管理评审；
（8）审核。

企业的管理目标很多，如为实现产品和技术服务的质量控制、生产过程的环境保护、生产过程的员工人身安全健康及财务风险受控等，因此企业建有对应的 ISO 9000 质量管理体系、ISO 14000 环境管理体系、OHSAS 18000 职业健康安全管理体系及内控体系。管道完整性管理是企业的多项工作之一，其目标通常可以设定为：将管道运行风险降低到最低合理可行水平，最终实现管道安全、可靠、经济运行。

管道完整性管理的目标应与企业的其他目标整合在一起来实现，所以管道完整性管理体系也应与企业现有管理体系融合。因此，管道完整性管理体系不是一个单独的体系，而是应该融入企业已有管理体系。

对大多数油气管道企业，通常会参照 SY/T 6276—2014《石油天然气工业健康、安全与环境管理体系》标准，建立 HSE 体系（健康、安全与环境管理体系）。所以管道完整性管理体系需要融入 HSE 体系，并成为其中保障管道安全运行的核心内容。

HSE 体系各要素之间存在紧密联系。“领导和承诺”是 HSE 体系建立与实施的前提条件；“健康、安全与环境方针”是 HSE 体系建立和实施的总体原则；“策划”是 HSE 体系建立与实施的输入；“组织结构、职责、资源和文件”是 HSE 体系建立与实施的基础；“实施和运行”是 HSE 体系实施的关键；“检查与纠正措施”是 HSE 体系有效运行的保障；“管理评审”是推进 HSE 体系持续改进的动力。

梳理 HSE 体系的八个要素及其二级要素，并与管道完整性管理的工作内容相结合，可以发现如需实施管道完整性管理，必须对原有 HSE 体系进行升级和完善，包括目标修订、新增流程和资源配置等。

其中几项重点工作，也是管道完整性管理体系建设的工作内容，主要为：

（1）建立组织机构，设立相应岗位，提出岗位能力要求，持续对人员进行培训、考核，提升人员技术能力；

（2）编制体系文件，将体系文件纳入现有管理体系（通常为 HSE 体系）中进行管理，明确各管理层级与各部门的管理职责和流程及具体方法；

（3）技术标准制定，持续开展管道完整性管理标准体系建设，明确管道完整性各项工作的方法与技术要求，指导具体工作开展；

（4）支持技术研究，持续进行技术研究与技术升级改造，机构设立和技术研发，为各项业务活动的开展提供良好的技术支撑；

（5）系统平台开发，使完整性管理流程信息化，落地体系文件，并使记录、文件管理和沟通、参与更高效。

为了统筹安排管道完整性管理工作，建议管道企业编制管道完整性管理方案，确定各

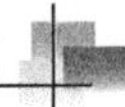

项工作的计划安排，指导管道完整性管理实施。管道完整性管理方案是对管道完整性管理现状的梳理和下一步工作的计划，汇总了管道完整性管理体系建设的工作内容及六步循环工作的计划安排，是管道企业完整性管理工作的策划文件。

效能评价是管道完整性管理六步循环（数据收集、高后果区识别、风险评价、完整性评价、维修维护、效能评价）之一，也是管道完整性管理体系持续改进的重要手段。通过科学、系统地开展管道完整性管理效能评价工作，可以检查管道完整性管理的实施过程，分析可能存在的质量问题，同时评价实施管道完整性管理的效果，最终找出改进提高的途径，指导管道完整性管理水平提升。

第二节 体系文件制定

油气管道完整性体系文件用于明确企业内各管理层级与各部门在实施管道完整性管理过程中的职责、流程及方法。

我国油气管道企业普遍参照 SY/T 6276—2014《石油天然气工业健康、安全与环境管理体系》标准，建立了 HSE 体系（健康、安全与环境管理体系）。根据统一管理的需要，为了便于实施，管道完整性管理体系应融入 HSE 体系，并成为其中保障管道安全运行的核心内容。

HSE 体系通过制定一整套体系文件，明确各管理层级与各部门的职责和流程，来规范企业的日常管理与业务流程。因此，制定管道完整性管理体系文件时，也应遵守 HSE 体系对文件的要求。

体系文件通常包括管理手册、程序文件和作业文件。管理手册反映组织为实现其方针和目标所采取的方法，明确管理理念、方针、原则和目标，明确管理要素和组织之间相互协同的业务流程，为程序文件和作业文件的制定提供框架要求和原则规定。程序文件规定了企业内部 HSE 活动的目的、职责和权限、工作流程和活动结果，每个程序文件可包含一个要素，或要素中的一部分，或各要素要求的一组活动，必须具备可操作性和可检查性。程序文件是企业内部进行 HSE 活动的依据，具有法规性，各部门、岗位必须严格执行。通过对程序文件的审核，可以证明企业的 HSE 管理与体系标准的符合程度。作业文件是程序文件的支持性文件，描述了具体的工作岗位和工作现场如何完成工作任务的具体做法，也是详细的工作文件，包括管理性作业文件（管理制度）、岗位作业文件、项目 HSE 计划书等。作业文件主要供专业岗位和基层单位员工使用，其核心部分是管理内容或作业步骤，应明确各项活动由谁做、什么时间做、什么地点做、做什么、怎么做、如何控制及达到什么要求、需要形成哪些记录、出现意外或紧急情况如何处理等，必要时有管理或作业流程图。

一、体系文件编写

制定管道完整性管理体系文件时，应遵循以下原则：

（1）体系文件应与企业现有的管理体系（通常为 HSE 体系）融合。

（2）体系文件中应明确管道完整性管理的全部流程与要求，例如不仅应该包括运营期管道完整性管理的六个环节，还可以包括建设期完整性管理等。

（3）体系文件中应该明确各管理层级和各部门的职责与分工。如果企业分为多个管理层级，应明确各管理层级之间的管理界面。如果完整性管理中某流程涉及多个部门，应明确各个部门的职责与管理流程。

（4）体系文件应该给出明确的业务记录要求。这些要求可以以内容提纲及要点的形式提出，也可以直接给出记录表格、模板或示例。

（5）体系文件应该明确关键业务节点的风险，并给出针对性的管控措施。

（6）体系中应有体系审核环节，以对体系不断改进提高。

体系文件编制流程如图 1-1 所示。

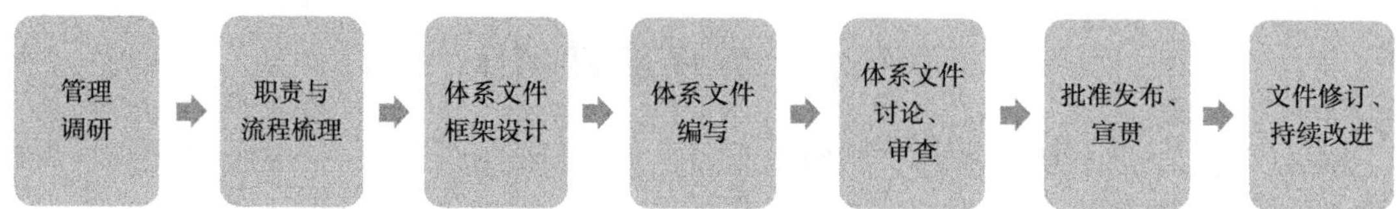

图 1-1　体系文件编制流程

体系文件编制过程中，框架设计环节尤为重要。在此环节，需要确定编制体系文件的数量及名称，并确定各文件的主要内容及编制深度。

原则上体系文件的框架应结合管道企业的实际情况确定。建议的体系文件目录见表 1-1。

表 1-1　管道完整性管理体系文件目录

序号	名称	文件类型
1	管道完整性管理总则	程序文件
2	管道完整性数据管理程序	程序文件
3	管道完整性数据处理作业规程	作业文件
4	管道高后果区识别作业规程	作业文件
5	管道风险评价程序	程序文件
6	管道风险评价作业规程	作业文件
7	管道地质灾害风险识别作业规程	作业文件
8	管道失效管理作业规程	作业文件
9	管道完整性评价程序	程序文件
10	在役管道试压作业规程	作业文件
11	管道内检测作业规程	作业文件
12	管道适用性评价作业规程	作业文件
13	管道腐蚀与防护作业规程	作业文件
14	管道修复程序	程序文件
15	在役管道修复作业规程	作业文件

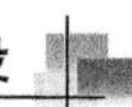

续表

序号	名称	文件类型
16	管道保护管理程序	程序文件
17	管道巡护管理作业规程	作业文件
18	管道应急管理程序	程序文件
19	管道抢修作业规程	作业文件
20	管道地质灾害治理作业规程	作业文件
21	管道完整性管理效能评价作业规程	作业文件
22	报废管道处置作业规程	作业文件
23	管道建设期完整性管理程序	程序文件
24	建设期管道数据收集作业规程	作业文件
25	建设期管道风险评价作业规程	作业文件
26	建设期管道完整性评价作业规程	作业文件

所辖管道比较少的管道企业，大部分管道完整性管理工作依托外部完成，可对上述文件进行精简合并。所辖管道比较多的管道企业，为适应内部精细化管理需要，可对上述文件目录进一步分解，制定更加详细的管道完整性管理体系文件。

体系文件编制基本方法为：

（1）采用 RACI（Responsible：谁负责，责任人；Accountable：谁批准，负责人；Consulted：咨询谁，被咨询人；Informed：告知谁，被通知人）方法，明确文件编写中各相关角色的关系，确定文件编写的责任人和相关人员组成编写组，切忌一人独编，应共同参与并追求大家的认同。

（2）采用 IDEAL（Identity：是否识别了面临的风险和需解决的问题，Define：是否对相关问题进行了定义，Explore：是否提出了相关的解决方案，Act：方案是否可行，Look：是否建立了评估机制）方法，形成相应的闭环。

（3）采用 5W2H（Why：为什么做，What：做什么，Who：谁去做，When：做的时间和频次，Where：在什么地方做，How：如何做、方式 / 方法，How often：频次）的方法，达到清晰、明了、有可操作性的目的。

（4）作为一个完整的体系，文件中应对相关联的文件标注索引；作为一个完整的文档，要附上相关的记录格式，并说明如何填写、应用。

体系文件编制过程中的主要要求为：

（1）明确管道完整性管理各项活动的计划安排、执行周期；

（2）明确各项活动的发起、执行、结束流程；

（3）明确各项活动的过程和结果要求；

（4）明确各项活动的具体步骤和方法；

（5）明确各项活动的结果记录。

对于程序文件，制定要求为：

（1）分工要清晰，界面要明确，责任要分明。

（2）简明地描述该管理过程的程序和步骤，对于具体作业和要求环节，可用作业文件来支持，并在程序文件相应处引出支持它的作业文件名称和编号。但对于不必要形成支持性作业文件的程序环节，有必要具体描述“如何做”：做的方法、步骤、要求等。

（3）管理过程的描述要与相应业务流程保持一致，并能反映相互关系。

对于作业文件，制定要求为：

（1）以相对独立的作业过程为编写对象，应覆盖所支持的程序文件必要注释的步骤或环节；

（2）详细、具体、可操作性强；

（3）与程序文件或其他作业文件注明互相的接口，避免重复；

（4）需要固化格式和内容的记录表单，应在文件中给出具体样式。

二、体系文件管理

管道完整性管理体系文件通常纳入 HSE 体系文件进行管理。管道完整性管理体系文件的管理要求如下。

1. 文件的质量控制

管道完整性管理体系文件由管道企业的管道完整性管理归口管理部门组织制定。文件反映国家法规、标准对管道完整性管理的要求，并紧密结合管道企业的实际情况。文件制定过程中，应经过相关部门和岗位管理人员的讨论与确认，内容反映当前管道完整性管理真实流程。文件制定完成后，管道完整性管理工作也应按照文件中已经确定的流程来执行。

2. 文件的发布管理

管道完整性管理体系文件制定完成后，发布前应经过管道文件中提交的相关部门会审会签，然后经审批后正式发布。应保障相关人员应可以便捷地查阅文件内容。传统的方法通过下发纸质版文件，并严格实施版本控制来保障各业务人员执行的都是最新版本的文件。当前越来越多的管道企业开始通过开发相应信息系统，适用电子版文件来进行文件的发布和版本管理。管理人员通过访问相应信息系统，在线查询最新版本的体系文件。

此外，应进行专门的宣贯和培训，使相关人员熟悉文件的内容，使文件真正能够指导今后管道完整性管理工作。

3. 文件的修订管理

管道完整性管理体系文件在实施过程中，可能会发现部分文件内容与实际管理情况不适应，这时就需要进行修订。

文件的修订起因通常有：

（1）国家法规、标准的发布、修订更新；

（2）组织架构变化；

（3）技术进步；

（4）管理流程优化；

（5）事故事件学习、经验交流，或认识变化等。

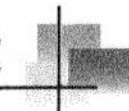

对体系文件的修订，可随时进行，但需要做好修订记录，并及时发布修订内容，让相关人员知晓修订内容，按照最新文件执行。

第三节　标准体系建设

标准是指为了在一定的范围内获得最佳秩序，经协商一致制定并由公认机构批准，共同使用和重复使用的一种规范性文件。对企业的生产经营活动，通过制定和实施标准，实现标准化后，可以获得最佳的效率、秩序和综合效益。

标准体系是为了明确某个标准化对象，一定范围内的标准，按其内在逻辑联系形成的有机整体。好的标准体系一般需要通过顶层设计，达到标准化对象明确，各标准层次结构合理、边界清晰，但又相互有机关联、协调统一等目标。

标准按照是否强制来分，可以分为强制性标准和推荐性标准。推荐性标准在标准号中有“/T”字符，如“GB/T”为推荐性国家标准，“SY/T”为推荐性石油行业标准。反之，如果标准号中没有“/T”字符，则为强制性标准。企业标准一般都是强制性标准。

标准的级别可以分为：

（1）国家标准，一般标准号以 GB 开头；

（2）行业标准，管道完整性管理标准一般标准号以 SY、AQ、GA 等字母开头，主要涉及石油工业标准化技术委员会、安全生产标准化技术委员会等归口管理的标准；

（3）企业标准，大型管道企业会制定企业内部的标准。如中国石油天然气集团有限公司制定了大量管道标准，其标准号以“Q/SY”开头。中国石油化工集团有限公司的企业标准号以“Q/SH”开头。新成立的国家石油天然气管网集团有限公司也将制定自己的内部企业标准。企业标准内部可能又会分为集团公司企业标准和分公司企业标准等级别。

一、标准体系建设

管道完整性管理相关的国家标准和行业标准由石油工业标准化技术委员会油气储运专业标准化技术委员会归口管理，组织标准的制定与修订工作。管道完整性管理在国内经过了十余年的发展，通过广大管道管理从业人员和相关科研院所的努力，已经基本形成了相应的标准体系。

管道完整性管理标准体系中，以 GB 32167—2015《油气输送管道完整性管理规范》为统领标准，以十余个专项标准为支撑，组成了核心标准体系。该标准体系是对我国《管道保护法》《特种设备安全法》等管道完整性相关法律法规要求的细化和延伸，在技术深度和可操作性上，给出了可实施的具体要求和做法。

油气储运专业标准化技术委员会和大型管道企业都会定期开展管道完整性管理标准体系的梳理和相应标准的制修订工作，不断完善管道完整性管理标准体系。

二、标准体系内容

1. 综合标准

除 GB 32167—2015《油气输送管道完整性管理规范》外，管道完整性管理综合标准还有 SY/T 6621—2016《输气管道系统完整性管理》、SY/T 6648—2016《输油管道完整性管理规范》、SY/T 7380—2017《输气管道高后果区完整性管理规范》和 SY/T 7342—2016《海底管道系统完整性管理推荐作法》。在 GB 32167—2015 出台后，其余标准一般仅用作参考。中国石油天然气集团有限公司（简称中国石油）内部的综合标准为 Q/SY 1180.1—2014《油气管道完整性管理规范 第 1 部分：总则》，国家管网内部也制定了一体化手册，综合性标准有 Q/GGW 03001.1—2022《油气储运资产完整性管理规范 第 1 部分：通用要求》和 Q/GGW 03001.2—2022《油气储运资产完整性管理规范 第 2 部分：管道线路》。

2. 风险评价标准

目前国内管道风险评价工作主要参照 SY/T 6891.1—2012《油气管道风险评价方法 第 1 部：半定量评价法》和 SY/T 6891.2—2020《油气管道风险评价方法 第 2 部：定量评价法》开展。还有另外一种管道半定量评价方法记载于 GB/T 27512—2011《埋地钢质管道风险评估方法》中。SY/T 6859—2020《油气输送管道风险评价导则》中主要规定了管道风险评价流程，此外还给出了推荐的管道定量风险可接受准则。管道地质灾害专项风险评价工作主要参照 SY/T 6828—2017《油气管道地质灾害风险评价技术规范》。海洋管道的风险评价参照 SY/T 7063—2016《海底管道风险评估推荐作法》。油气管道企业在管道设计阶段或管道投产后周边环境发生较大变化，需要优化平面布局，确定危害影响范围和安全距离，常采用基于定量风险评价的管道安全距离确定方法，具体按照 SY/T 6891.2—2020《油气管道风险评价方法 第 2 部：定量评价法》开展。关于定量风险评价的风险可接受标准，可以参照 SY/T 6859—2020《油气输送管道风险评价导则》和 GB 36894—2018《危险化学品生产装置和储存设施风险基准》等标准。

3. 完整性评价标准

常用的管道完整性评价有三种方法：基于内检测的适用性评价（以下简称内检测）、直接评价和压力试验。其中内检测方面的标准，原有的相关标准，现整合为 SY/T 6597—2018《油气管道内检测技术规范》。此外还有 GB/T 27699—2023《钢质管道内检测技术规范》。中国石油企业标准 Q/SY 05267—2016《钢质管道内检测开挖验证规范》对内检测开挖验证工作进行了详细规范。直接评价方面，又分为内腐蚀直接评价、外腐蚀直接评价和应力腐蚀开裂直接评价，分别有标准 SY/T 0087.2—2020《钢质管道及储罐腐蚀评价标准 第 2 部分：埋地钢质管道内腐蚀直接评价》、SY/T 0087.1—2018《钢质管道及储罐腐蚀评价标准 第 1 部分：埋地钢质管道外腐蚀直接评价》和 SY/T 0087.4—2023《钢质管道及储罐腐蚀评价标准 第 4 部分：埋地钢质管道直流干扰腐蚀评价》。各种来源的腐蚀相关数据，进行综合比对分析，可以参照标准 SY/T 0087.5—2020《钢质管道及储罐腐蚀评价标准 第 4 部分：油气管道腐蚀数据综合分析》。压力试验可以参照 GB/T 16805—2017《输送石油天然气及高挥发性液体钢质管道压力试验》和 GB 50251—2015、GB 50253—2014 等设计标准。在役管道的压力试验与管道投产前的压力试验有一定区别，因为会影响管道的正常输送，目前在管道企业此项工作开展较少。

管道检测发现的管体缺陷，需要经过评价，确定响应对策。这项工作可以参照的标准有 SY/T 6151—2022《钢质管道金属损失缺陷评价方法》、SY/T 6477—2017《含缺陷油气输送管道剩余强度评价方法》、SY/T 6996—2014《钢质油气管道凹陷评价方法》、SY/T 10048—2016《腐蚀管道评估推荐作法》和 GB/T 19624—2019《在用含缺陷压力容器安全评定》等标准。Q/SY 1180.4—2015《管道完整性管理规范 第 4 部分：管道完整性评价》梳

理了前述标准，并对缺陷可接受准则进行了详细规定，具有很好的可操作性。

4. 维修维护标准

管道维修维护的内容较多，大体可以分为腐蚀控制、管道第三方损坏防护、管体缺陷修复与应急抢修、管道地质灾害管理等几类。

腐蚀控制方面的标准较多，比较综合的标准为 GB/T 21447—2018《钢质管道外腐蚀控制规范》、GB/T 21448—2017《埋地钢质管道阴极保护技术规范》和 GB/T 23258—2018《钢质管道内腐蚀控制规范》。此外还有防腐层修复标准 SY/T 5918—2017《埋地钢质管道外防腐层修复技术规范》，干扰防护标准 GB/T 50698—2011《埋地钢质管道交流干扰防护技术标准》和 GB 50991—2014《埋地钢质管道直流干扰防护技术标准》等，以及几个专项标准 GB/T 21246—2020《埋地钢制管道阴极保护参数测量办法》、SY/T 0096—2013《强制电流深阳极地床技术规范》、SY/T 0086—2020《阴极保护管道的电绝缘标准》等。

管道第三方损坏防护方面，综合标准有强制标准 GA 1166—2014《石油天然气管道系统治安风险等级和安全防范要求》。管道公众宣传教育工作可以参照标准 SY/T 6713—2008《管道公众警示程序》。管道标识可以参照 SY/T 6064—2017《管道干线标记设置技术规范》。技防系统建设可以参照标准 SY/T 6827—2020《油气管道安全预警系统技术规范》。关于管道巡护，企业标准 Q/SY 1775—2015《油气管道线路巡护规范》，规定很详细，可操作性很强。关于第三方施工管理，有标准 Q/SY 05006—2016《在役油气管道第三方施工管理规范》。而伴行路方面，也有标准 Q/SY GD1035—2014《油气管道伴行路养护手册》和 Q/SY 06342—2018《油气管道伴行道路设计规范》。

管体缺陷修复与应急方面，管体缺陷修复类标准有 SY/T 6649—2006《原油、液化石油气及成品油管道维修推荐作法》，于 2017 年修订，改名为 SY/T 6649—2018《油气管道管体缺陷修复技术规范》。管道应急预案编制可以参照 GB/T 29639—2020《生产经营单位生产安全事故应急预案编制导则》和 SY/T 7412—2018《油气长输管道突发事件应急预案编制规范》。管道泄漏监测方面，目前有标准 SY/T 6826—2022《输油管道泄漏监测系统技术规范》。

管道地质灾害管理方面，涵盖灾害识别、评价、监测与工程治理等多个环节，相关标准有 SY/T 6828—2022《油气管道地质灾害风险管理技术规范》、SY/T 6793—2018《油气输送管道线路工程水工保护设计规范》、SY/T 4126—2013《油气输送管道线路工程水工保护施工规范》和 SY/T 7040—2021《油气输送管道工程地质灾害防治设计规范》等。其他行业的专项标准有 GB 50330—2013《建筑边坡工程技术规范》和 DZ/T 0219—2006《滑坡防治工程设计与施工技术规范》和 DZ/T 0221—2006《崩塌、滑坡、泥石流监测规范》等。

管道完整性管理的目标是将风险控制在最低合理可行水平，管道意外泄漏的频率在预期以下。一旦发生泄漏，应及时进行抢修，防止泄漏事件转化为恶性事故。管道抢修可以参照标准 SY/T 7033—2016《钢质油气管道失效抢修技术规范》和 GB/T 28055—2023《钢制管道带压封堵技术规范》。海洋管道的维修可以参照 SY/T 7054—2016《海底管道维修推荐作法》。

三、问题分析

目前管道完整性管理标准体系已经初步建立，也在通过各标准归口管理单位组织从业

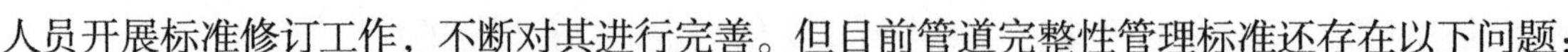

人员开展标准修订工作，不断对其进行完善。但目前管道完整性管理标准还存在以下问题：

（1）各级标准归口管理部门制定的标准协调性有待加强。目前亟须解决部分标准各归口管理单位标准之间存在的重复性问题。如压力容器标委会与石油工业标委会制定的标准存在较多重复。

（2）管道完整性管理标准体系还存在空缺。目前管道完整性管理部分环节还缺少标准。如管道完整性数据管理、系统建设，和建设期管道完整性管理方面，GB 32167—2015 中内容较少，缺少相应专项标准支撑，只有中国石油有企业标准 Q/SY 1180.6—2014《管道完整性管理规范 第 6 部分：数据采集》可以参照。管道判废方面，目前也缺少标准规定，以明确油气管道运行多少年，状况恶化到什么状态就可以报废。2018 年发布的 SY/T 7413—2018《报废油气长输管道处置技术规范》中只明确了报废后管道的处置要求，未明确管道判废准则。

（3）标准可操作性问题。目前我国标准按照 GB 1.1—2020《标准化工作条例 第 1 部分：标准化文件的结构和起草规则》等标准起草，在标准中一般只提要求，给做法，不解释，不说明，内容一般都比较简短，文字也比较精炼，最终导致理解和执行时存在一定困难。相比美国同类标准教科书似的丰富详实的内容，我国标准的内容显得太过单薄，导致可操作性受到影响。

（4）标准层次问题。目前标准体系中，开始出现了部分应用范围极窄的专项标准，与其他标准的层次不太统一。建议类似的专项内容纳入已有标准中，防止标准层次不统一，过于碎片化。

（5）管道建设期与运营期标准衔接问题。目前管道完整性管理标准主要集中在对管道运营期的要求，相关要求也应同时反映在相应设计标准中，以保障管道运营期完整性管理工作能顺利开展。

（6）标准修订质量问题。应严格控制标准制修订质量，组织国内技术雄厚单位牵头编制，多方参与。标准所载方法宜经过大量实践检验才适合写入，应反映当前技术水平，并可具有一定引领性。

第四节　组织机构建设与支持技术研发

管道完整性管理是一项技术性很强的管理工作，需要有牵头部门来组织，需要有经过培训、具备相应知识和能力的管理与技术人员来开展相应的管理工作，并且需要建设或依托具备相应技术能力的专业机构来完成专业性很强的技术工作。因此，开展管道完整性管理工作需要进行组织机构建设与支持技术研发。

负责管道完整性管理工作的岗位非常重要，需要掌握管道完整性管理方法，理解管道完整性管理的理念，熟悉管道完整性管理技术。

支持技术的研发不是一蹴而就的，是一个需要积累的过程。当前各种信息交流非常方便，可以充分学习借鉴其他单位的成功经验。

一、组织机构建设

管道完整性管理的牵头部门可以是管道企业新组建的部门，也可以是原来负责管道生

产运行的部门。负责管道完整性管理的岗位可以设置如下：

（1）风险管理岗；

（2）完整性评价管理岗；

（3）腐蚀控制管理岗；

（4）管道保护岗；

（5）维修工程管理岗；

（6）数据管理岗。

以上岗位需要掌握相应岗位的必备知识，也可以根据管道企业的规模、管理管道长度和人力配备情况，对岗位进一步分解或者合并。合并后的岗位，任职人员应同时具备相应岗位的必备知识。

使岗位人员快速掌握相应岗位必备知识，具备相应能力的方式主要是对其进行培训。培训可以有内部培训和外部专业机构培训及行业培训等方式，依据各个企业掌握的培训资源情况而定。

GB 32167—2015 中对培训和岗位能力有明确要求。13.6 条规定：依据工作范围，参加管道完整性管理相关人员应通过相应的培训，达到能力水平要求后从事相对应的业务工作。开展高后果区识别和数据采集等基础工作的人员应达到初级能力水平及以上要求，开展管道基础风险评价等工作人员应达到中级能力水平及以上要求，开展完整性评价、综合风险评价和效能评价等工作需要达到高级能力水平及以上要求的人员进行。该标准中还给出了管道完整性管理培训大纲（表 1-2）。

表 1-2　管道完整性管理培训大纲

级别	专业能力	培训大纲
初级	风险评价与高后果区识别管理	（1）风险识别与评价基础； （2）高后果区识别技术； （3）地质灾害风险管理概述及调查识别
	管道检测与评价管理	（1）内检测基础知识； （2）外检测基础知识； （3）清管技术基础，特别是内检测前的清管技术基础
中级	风险评价与高后果区识别管理	（1）管道风险评价技术； （2）管道风险评价相关法规及标准规范； （3）风险评价方法应用； （4）地质灾害调查与识别
	管道检测与评价管理	（1）管道内检测基本原理及应用； （2）缺陷评价技术基础
高级	风险评价与高后果区识别管理	（1）管道风险评价； （2）地质灾害调查与识别； （3）风险识别与评价； （4）高后果区识别标准
	管道检测与评价管理	（1）管道内检测管理； （2）管道工程适用性评价技术； （3）管道外检测管理

中国石油学会参照国标的要求，结合油气管道企业的实际需要，对上述培训大纲进行了优化，设立了管道完整性管理三级培训课程体系，课程分为一级、二级和三级，分别对应标准中的初级、中级和高级。

一级培训主要内容如下：

（1）油气管道完整性管理标准；

（2）油气管道高后果区识别；

（3）油气管道风险识别；

（4）油气管道智能内检测；

（5）油气管道腐蚀控制与外检测；

（6）油气管道缺陷修复；

（7）油气管道地质灾害治理。

二级培训主要内容如下：

（1）油气管道完整性管理体系建设与效能评价；

（2）油气管道风险评价；

（3）油气管道智能监测；

（4）油气管道完整性评价、适用性评价；

（5）油气管道数据管理与系统平台；

（6）油气管道建设期完整性管理。

三级培训需要按照不同专业方向进行，并需要通过面谈。具体专业方向有：

（1）体系建设；

（2）数据管理；

（3）风险评价；

（4）检测评价；

（5）工程管理；

（6）管道保护；

（7）管道应急。

二、支持技术研发

管道完整性管理支持技术体系主要由数据分析整合、风险评价、管道监测检测、管道完整性评价、管道地质灾害治理、管道修复、管道完整性管理平台、管道保护、效能评价等九大技术方面构成，组成一个完整的有机整体，如图 1-2 所示。

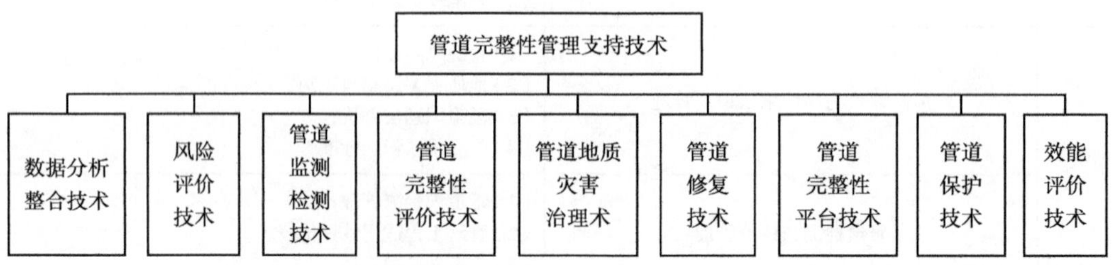

图 1-2　管道完整性管理支持技术体系

管道完整性管理支持技术的体现形式包括但不限于：

（1）作业指导书、工法；

（2）软件系统；

（3）硬件设备；

（4）方法专利；

（5）其他。

大型油气管道企业正逐渐内部培养相应的管道完整性管理技术机构，通过持续的科研投入，进行实验室建设和人才队伍建设，不断增强技术实力，自主掌握成套的管道完整性管理支持技术。在此过程中，油气管道企业也与国内相关科研院所不断加强合作，双方优势互补，实现产学研结合，从而快速提高管道完整性管理技术水平。

一些小型管道企业则选择依托外部，选择技术实力较强的单位合作，来为企业提供专业的管道完整性管理技术服务。

技术的研发、试点到推广应用，通常有一定客观规律，美国航空航天局 NASA 最早提出以技术成熟度等级的模型来量化描述技术在其生命周期中的发展状态。1995 年发布的《技术就绪水平白皮书》对每级技术成熟度进行了详细说明，将技术从最初的萌芽状态到最终满足产品需求整个过程分为九个节点，对应每个技术的不同发展阶段，达到对应该技术的不同发展阶段，达到各节点所描述的要求即认为技术的成熟度当前等级，可以说技术成熟度模型是对技术开发所需知识的掌握程度的一种量化定性评价。

此外技术成熟度曲线也是一种非常典型的评估技术成熟度的方法。技术成熟度曲线（The Hype Cycle），又称技术循环曲线、光环曲线、炒作周期，是指新技术、新概念在媒体上曝光度随时间的变化曲线，企业可用来评估新科技的可见度，利用时间轴与市面上的可见度（媒体曝光度）决定要不要采用新科技的一种工具。1995 年开始，高德纳咨询公司 Gartner 依其专业分析预测与推论各种新科技的成熟演变速度及要达到成熟所需的时间，分成五个阶段：

科技诞生的促动期（Technology Trigger）：在此阶段，随着媒体大肆地过度报道，非理性的渲染，产品的知名度无所不在，然而随着这个科技的缺点、问题、限制出现，失败的案例大于成功的案例。例如，.com 公司 1998—2000 年之间的非理性疯狂飙升期。

过高期望的峰值（Peak of Inflated Expectations）：早期公众的过分关注演绎出了一系列成功的故事，但同时也有许多失败的例子。对于失败，有些公司采取了补救措施，而大部分却无动于衷。

泡沫化的底谷期（Trough of Disillusionment）：在历经前面阶段所存活的科技经过多方扎实有重点的试验，而对此科技的适用范围及限制是以客观的并实际的了解，成功并能存活的经营模式逐渐成长。

稳步爬升的光明期（Slope of Enlightenment）：在此阶段，有一新科技的诞生，在市面上受到主要媒体与业界高度的注意。例如：1996 年的 Internet、Web。

实质生产的高峰期（Plateau of Productivity）：在此阶段，新科技产生的利益与潜力被市场实际接受，实质支援此经营模式的工具、方法论经过数代的演进，进入了非常成熟的阶段。

典型的技术成熟度曲线如图 1-3 所示。

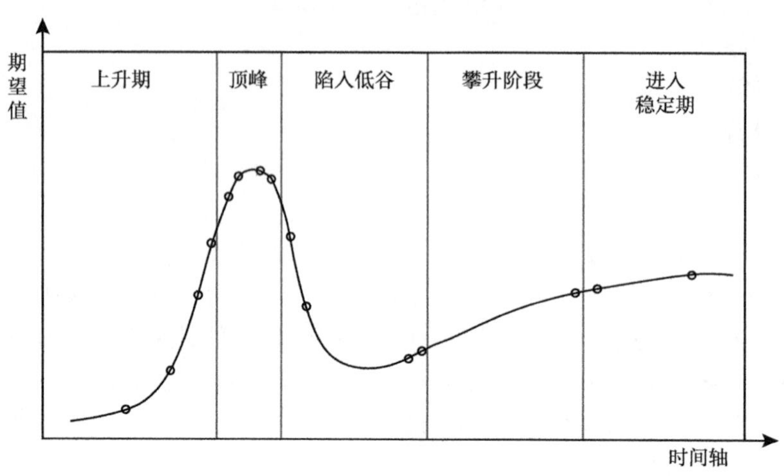

图 1-3 技术成熟度曲线

管道完整性管理技术中前述提到的九项技术领域中涉及的大量技术，大体都已经进入稳定期。其中少量技术暂未达到，如用于预防管道第三方损坏的伴行光纤预警技术和复合材料修复技术等，还处于攀升阶段；管道数字孪生等技术等则还处于上升期。

第五节 效能评价与体系改进

效能评价定义为对某种事物或系统执行某一项任务结果或进程的质量好坏、作用大小、自身状态等效率指标的量化计算或结论性评价。

管道完整性管理效能评价是对管道企业实施完整性管理效率和效果情况的评价，即通过分析管道完整性管理实施过程中各项工作的得分及关键指标的值，确定各评价单元的效能值，并提出改进建议。

效能评价通过对实施管道完整性管理的管理过程和关键指标进行审核与分析，对各项工作的效率、效果进行量化考量，其最终目的是发现管道完整性管理中的现存问题，并给出改进建议，以达到完整性管理持续改进的目标。

开展管道完整性管理效能评价，有三个作用：

（1）对标和导向作用。通过各评价单元之间的对比，形成相对优劣程度的认识，进而选择最有效的评价单元作为标杆单元，并找出其他评价单元的不足，引导各评价单元向有利于目标实现及价值最大的方向发展，明确其改进方向。

（2）改进和调控作用。通过分析各评价单元对于工作目标偏离程度和相对于标杆单元的差距，对各评价单元的各项工作提出改进建议，并对其调控资源配置提供决策依据。

（3）探索和创新作用。评价过程中，对各评价单元资料的收集与分析，是对各评价单元管道完整性管理工作的由表及里，由浅入深的再认识过程。通过评价，可以发现各评价单元存在的问题，进而对管道完整性管理工作提出持续改进建议。

GB 32167—2015《油气输送管道完整性管理规范》发布至今，已有近 9 年时间，期间国内油气管道企业按照标准实施管道完整性管理，各企业管道完整性管理水平逐步提升，

但各企业对目前自身的水平缺乏系统的认识，需要通过效能评价来进行梳理分析，指明改进提高的方向。

目前，管道完整性管理效能评价在国际上也没有建立起统一的评价体系标准。ASME B31.8S 标准中提出完整性管理方案的效能测试和效能改进要求，API 1160 标准中规定了完整性管理方案的效能测试和评价要求，但没有涉及具体开展方式及评价指标。大多数管道企业一般都结合实际情况开展效能评价。

GB 32167—2015《油气输送管道完整性管理规范》对管道完整性效能评价工作规定如下：

（1）应定期开展效能评价确定完整性管理的有效性，可采用管理审核、指标评价和对标等方法。

（2）管理审核可采用内部审核或外部审核方式，发现并改进管理存在的不足。

（3）效能评价应考虑针对具体危害因素的专项效能和完整性管理项目的整体效能设定评价指标，包括但不限于管道完整性管理覆盖率、高后果区识别率、风险控制率及缺陷修复情况。

（4）应通过对标，查找与行业先进水平的差距。

（5）效能评价活动结束后，应出具效能评价报告。

GB 32167—2015 标准中，没有规定管道完整性管理效能评价工作的周期，通常建议管道企业在实施完管道完整性管理前五个流程后开展效能评价，此后可根据管道完整性管理工作进展开展。

一、效能评价流程

完整性管理效能评价的主要流程如图 1-4 所示。

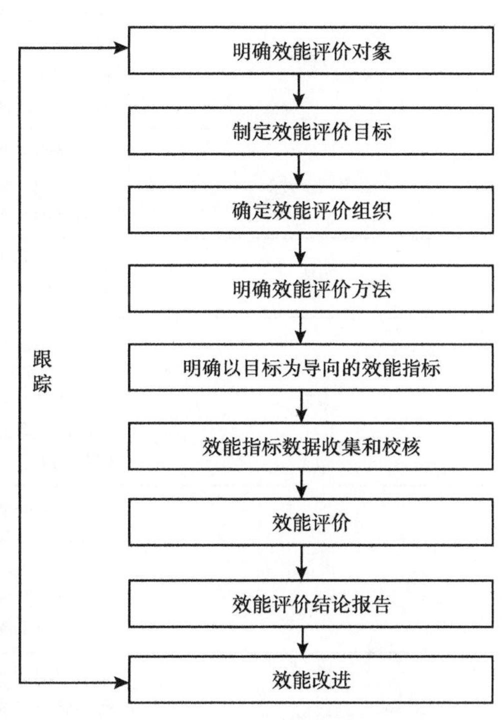

图 1-4　管道完整性管理效能评价流程

效能评价的对象范围通常从管理层级范围和业务范围两个方面来最终确定。管理层级范围主要确定油气管道企业的管理层级中包括的范围，如总部机关、分公司机关和站队 / 作业区等管理层级中效能评价包含的范围。

业务范围主要确定是针对管道完整性管理的哪些业务领域开展效能评价，通常可以分为综合效能评价和专项效能评价。如果是综合效能评价，应包含运营期管道完整性管理所有工作，还可包含建设期管道完整性管理工作。如果是专项效能评价，仅针对建设期完整性管理工作或运营期管道完整性管理工作中的某项或多项工作开展效能评价。

效能评价工作将会因期望评价完整性管理的实施过程或评价完整性管理的效果，从而选用不同的方法和指标。评价实施过程侧重评价完整性管理实施过程中技术的达标性和工作的完成度等内容，评价完整性管理的效果将侧重评价断缆率和泄漏率等指标。

效能评价完成后，应形成报告，说明评价方法和过程及评价结果和改进建议。

二、效能评价方法

GB 32167—2015《油气输送管道完整性管理规范》指出管道完整性效能评价工作可采用管理审核、指标评价和对标等方法，但未提供管道完整性效能评价的具体方案。

这三种方法之间没有严格的界限，将管理审核与指标评价相结合，可建立管道完整性管理效能评价指标体系，指标的评价结果在不同管道企业或不同管道之间进行对比分析，又可成为对标。

ASME B31.8S《输气管道系统完整性管理》中，给出了效能测试的指标，见表 1–3。

表 1–3　效能测试指标

危险	预定的完整性管理方案的效能度量
外腐蚀	外腐蚀造成水压试验破裂的次数； 根据管道内检测结果进行维修的次数； 根据直接评价结果进行维修的次数； 外腐蚀泄漏次数
内腐蚀	内腐蚀造成水压试验破裂的次数； 根据管道内检测结果进行维修的次数； 根据直接评价结果进行维修的次数； 内腐蚀泄漏次数
应力腐蚀开裂	应力腐蚀开裂造成使用泄漏或破裂的次数； 应力腐蚀开裂造成维修、更换的次数； 应力腐蚀开裂造成水压试验破裂的次数
制造	制造缺陷造成水压试验破裂的次数； 制造缺陷造成泄漏的次数
施工	施工缺陷造成泄漏或破裂的次数； 增加 / 取消环焊缝 / 耦合器的次数； 拆除褶皱弯曲的次数； 检测褶皱弯曲次数； 修补 / 拆除制造焊缝的次数
设备	调压阀失效的次数； 泄压阀失效的次数； 垫片或 O 形圈失效的次数； 设备故障造成泄漏的次数； 截断阀故障次数
第三方损坏	第三方损坏造成泄漏或破裂的次数； 受损管道造成泄漏或破裂的次数； 故意破坏造成泄漏或破裂的次数； 泄漏 / 破裂前因第三方损坏进行修补的次数
误操作	误操作造成的泄漏或破裂的次数； 检查次数； 每次发现的误操作次数，按照严重程度分类
天气及外力	天气或外力造成泄漏的次数； 天气或外力造成维修、更换或改线的次数

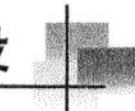

管道泄漏频率可以通过下式计算：

$$P=\sum_{i}^{j}\frac{S_{ij}}{L_i\times a_i} \tag{1-1}$$

式中，P 为管道泄漏频率，次 /（a·km）；i 为管道编号；j 为年份编号；L 为管道长度，km；a 为管道年龄，a；S 为管道泄漏次数，次。

示例如下：

某管道企业运营管理着 A、B、C 3 段管道。其中 A 管道 2010 年投产，长度 1200km，截至 2019 年已经泄漏 8 次。B 管道 2016 年投产，长度 800km，截至 2019 年已经泄漏 5 次。C 管道 2017 年投产，长度 600km，截至 2019 年已经泄漏 3 次。求该管道企业管道泄漏频率。

计算过程如下：

$$P=\frac{8+5+3}{1200\times9+800\times3+600\times2}=0.001 \tag{1-2}$$

所以该管道企业管道泄漏频率为 0.001 次 /（a·km）。

将各失效原因对应的管道泄漏次数进行区分，可以进一步得到各失效原因对应的管道泄漏频率。

除管道泄漏频率外，其他可用来表征结果的效能指标有：

（1）管道高后果区识别率；

（2）管道风险评价覆盖率；

（3）管道完整性评价覆盖率；

（4）管道缺陷修复率；

（5）高风险管控率。

可以看出，上述指标体系主要为结果指标，依据过去一段时间内的管道管理情况进行统计即可得到。该指标体系的结果可用在同一管道企业或同一管道上，对历年数据进行对比分析，或不同管道企业之间 / 不同管道之间的对比分析。

这些考核大都以终端考核为主，对于管理过程的控制不足，在以考核引导业务、以考核推进业务方面存在一定不足。此外，还存在考核对象无法区分所管理管道的难易程度，考核指标无法细化、量化，无法全面考核等问题。

考核指标要具有全面性和价值引导性。基于完整性管理方案的考核指标具备了这两个特征。首先，管道完整性管理工作的主要内容是管道风险的识别、评价与控制。其中，风险识别与评价工作是完整性管理工作的基础所在，风险控制是完整性管理工作的关键和落脚点。完整性管理方案就是依据风险评价结果制定下一年工作计划和近几年工作规划的纲领性文件，其既包含了风险识别与评价的全部成果，也涵盖了进一步的工作内容和实施时间。因此，从理论上讲，完整性管理方案涵盖了完整性管理工作的全部内容，具有全面性。其次，管道完整性管理的实施过程是基于风险的管理过程，其目的是将风险控制在可接受的范围内。基于风险评价结果制定的完整性管理方案确保了将各管道企业的工作重点放在高风险点的控制和高后果区的管理上，对管道企业的工作具有正确的引导性。因此基

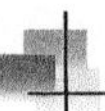

于完整性管理方案的考核方法旨在建立一套能够推动业务并为业务发展提供正确导向的综合考核方案，同时避免多个考核方法交叉并存的现象。

根据 GB 32167—2015《油气输送管道完整性管理规范》并结合管道企业实际情况，建立的过程审核环节包括数据采集与整合、高后果区识别、风险评价、完整性评价、维修维护、组织机构、体系文件、法规标准、系统平台（图 1-5）。

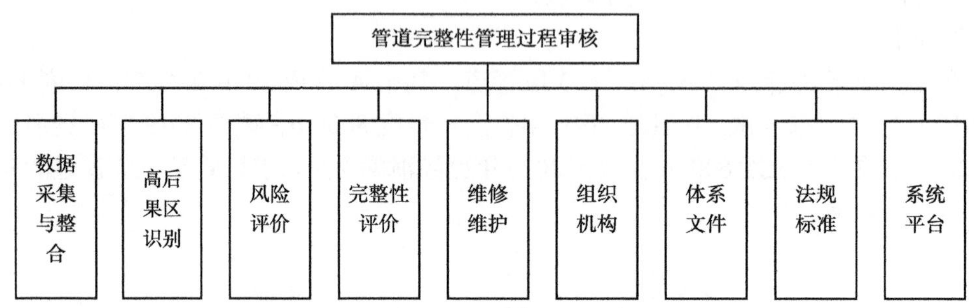

图 1-5　管道完整性管理效能评价指标

各指标确立详细的评分细则，然后建立评分指标体系。通常可以将各要素分值区间限定在 0~100 之间。0 分表示该指标状况非常差，需要大幅改进；100 表示该指标状况非常好，已经做到最好。

以高后果区识别指标为例，分值分配为高后果区识别范围 0~30 分，识别周期 0~10 分，识别过程和识别方法 0~10 分，识别结果 0~30 分，结果利用 0~10 分。

中国石油企业标准 Q/SY 1180.8—2013《管道完整性管理规范 第 8 部分：效能评价》中，给出了名为数据包络法的效能评价指标体系与评价方法，通过构造评价单元成本（费用）相对有效性评价系统，评价各单元的效能相对高低，进行效能排序，并给出改进建议。数据包络分析法（DEA）是由著名运筹学家 Charnes A 和 Cooper W. W. 等以相对效率概念为基础发展起来的一种新的系统分析方法。该方法把单输入单输出工程效率的概念推广到了多输入多输出的同类决策（DMU）的有效评价中，按照多指标投入和多指标产出，对同类型单位的投入与产出的比例进行相对有效性评价。DEA 的本质是相对最优性，即从大量样本数据中分析处于相对最优状况下的样本个体。DEA 用在研究多输入多输出的生产函数理论时，由于不需要预先估计参数，在避免主观因素和简化算法，减少误差等方面有着优越性。

其主要指标体系内容如下：

（1）投入指标。

对于管道企业，实施完整性管理各项业务的主要投入包括人、财、物的投入。

①人的投入。

包括管理人员的投入和操作人员的投入，人员投入以一年内工日的投入来计量。管理人员的工日和操作人员的工日等同对待。

②财的投入。

主要包括管道完整性管理相关的年度经费投入，包括检测评价、管体修复等项目费用等。

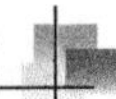

③物的投入。

主要包括设备投入，主要指固定资产项目费用等。

因实际应用中，物的投入指标统计相对比较困难，而且一定程度上可以转换为项目经费投入。所以，本文将物的投入合并到财的投入中，即财力的投入包括管道完整性管理相关的所有项目费用，包括检测评价、维修维护、设备购置等费用。

因实际工作中，人员职责界定与上述分项业务模块并非严格对应，有些人员可能同时身兼多个岗位，参与多项工作，若在不同业务工作中均列为投入指标，易造成重复统计。

（2）产出指标。

不同的业务内容，其具体产出结果也不同，但从总体概括而言，产出指标总可以从工作完成数量情况、质量情况及效果情况进行衡量，因此将产出指标分类如下：

①数量控制指标。

主要衡量工作完成数量情况，如完整性评价覆盖率等。

②质量控制指标。

主要衡量工作完成质量情况，如检测结果准确性等。

③效果控制指标。

主要衡量工作完成效果情况，如完整性评价结果指导修复率等。

三、评价结果与体系改进

根据管道完整性管理效能评价选用的方法，其评价结果也不同。

对指标体系法，评价结果可以是定性的，也可以是分值，最核心的评价结果为各指标分析评价过程中发现的问题。

评分的结果可以图形化展示。可采用雷达图，分析目前管道完整性管理体系中的短板。典型结果如图 1-6 所示。

对于数据包络法，其结果是量化的，某管道完整性管理效能评价的结果见表 1-4。

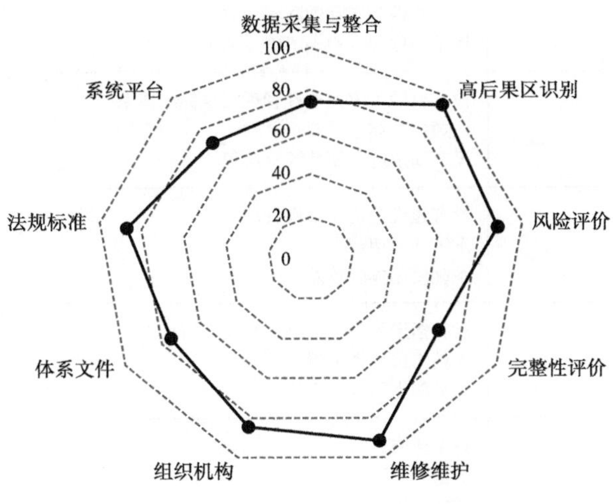

图 1-6　指标体系评分结果图

表 1-4　数据包络法评价结果

评价单元	投入指标		产出指标		
	费用投入（万元 /km）	人员投入（人 /km）	管道风险识别情况（分）	管道风险消减情况（分）	年度管道泄漏率（%）
单元 1	7.268	1.39	40	20	100
单元 2	8.682	1.52	60	60	99.67
单元 3	37.243	1.84	90	90	100
单元 4	41.788	2.09	90	90	100
单元 5	5.752	1.61	40	20	100
单元 6	13.675	2.64	70	50	100
单元 7	16.904	2.35	50	50	100

采用管道失效频率，可绘制折线图，其中横坐标为年份，纵坐标为管道失效频率。另外可将管道失效频率替换为光缆中断率、水工保护失效率等指标。

通过管理审核，将可发现管道完整性管理实施过程中存在的短板和不足，通过指标评价和对标分析，会发现评价结果的不足和变化趋势。此时可针对性地提出管道完整性管理工作改进建议和体系建设改进措施。效能评价过程中，发现的管道完整性管理常见问题见表 1-5。

表 1-5　管道完整性管理常见问题

评价指标	存在问题
体系文件	体系文件结构不合理； 体系文件没有涵盖部分业务环节； 体系文件与实际做法不一致； 体系文件版本管理不善
法规标准	没有梳理管道完整性管理法规标准体系； 法规标准体系更新不及时； 没有固定的合规性评价流程
系统平台	没有建设管道完整性管理系统； 系统功能架构不合理； 系统使用体验较差
组织机构	没有指定牵头的完整性管理部门； 人员岗位职责不清； 人员能力需要加强
数据管理	数据缺失； 数据更新不及时； 数据准确性较差； 缺乏数据管理工具和相应的技术人员

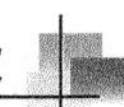

续表

评价指标	存在问题
高后果区识别	未及时完成高后果区识别； 未及时进行高后果区识别结果更新； 识别准则使用错误； 结果记录不详细、不完整
风险评价	未及时开展风险评价； 未及时进行评价结果更新； 评价方法使用不准确； 评价结果不准确； 评价结果利用率不高
完整性评价	未及时开展完整性评价； 优先采用外腐蚀直接评价方法开展完整性评价； 未开展适用性评价； 没有明确的管体缺陷可接受准则； 管体缺陷修复建议不合理
维修维护	管道阴极保护电位测试结果缺失或不完整； 未及时对需修复的管道防腐层破损点进行修复； 杂散电流干扰治理效果不佳； 管体缺陷修复方法不合理； 管道自然与地质灾害监测、治理效果不佳； 管道第三方损坏预防体系有漏洞

存在问题的管道企业，光缆中断率或管道泄漏频率等结果指标不一定高，但其管道完整性管理体系已经存在不足，管道完整性管理的预期效果已经得不到保障，需要尽快针对性的进行改进提高。

体系改进过程中，需要对发现问题的原因进行分析，这些原因可能包括建设遗留问题、管理决策原因、人员认知偏差或技术限制等，然后应参照相应的标准规范，并充分借鉴行业内的成功经验，实施改进方案，不断提高管道完整性管理水平。

第二章 管道风险评价

第一节 概 述

管道风险是指管道发生意外泄漏 / 失效的可能性，及其对周边人口、环境等不利后果影响程度的综合。而为了了解管道的风险，需要开展管道风险评价。管道风险评价是指识别对管道安全运行有不利影响的风险因素，评价失效发生的可能性和后果大小，综合得到管道风险大小，并针对性地提出相应风险管控措施的分析过程。

对管道安全运行有不利影响的风险因素也可被称为管道失效原因、管道危害因素等。引起管道失效的原因通过管道工业几十年的历史失效数据进行积累，形成了目前比较公认的内腐蚀、外腐蚀、第三方损坏等几类。当前长输油气管道的失效事件已经成为小概率事件，有必要对每一起失效事件进行详细的记录和必要的致因调查分析，不断吸取经验教训，避免同类事件的再次发生，指导管道管理水平的提升。

基于大量的管道历史失效数据，运用简单或复杂的数学方法和模型，可建立管道风险评价方法。按照评价结果的量化程度，可将管道风险评价方法分为定性、半定量和定量三类。目前使用最为广泛的是半定量风险评价方法，其次为定性风险评价方法。管道定量风险评价方法较为复杂，需要依托专业评价软件和经验丰富的技术人员才能实施，目前只在典型高后果区和油气站场应用。

本章介绍管道失效管理的流程和内容，重点介绍应用最为广泛的管道半定量风险评价方法、流程，以及国内外相应的评价软件，并给出应用案例。

第二节 管道失效管理

一、管道失效的定义与范围

管道线路失效是指管道线路发生泄漏，或因管道裸露、悬空、失稳、缺陷承压能力不足、第三方损伤等原因导致的管道停输修复。一般来讲，狭义的油气管道失效仅指管道的泄漏，而广义的油气管道失效事件的范围包括：

（1）油气管道的油气意外泄漏事件；

（2）油气管道因为洪水等引起的大范围露管事件；

（3）油气管道因为外力造成的划伤、屈曲、褶皱、变形或突然较大承受额外附加应力等损伤管道事件；

（4）光缆意外中断事件；

（5）水工保护失效事件。

管道工业较发达的欧洲、美国和加拿大等国家对于管道失效数据管理和失效分析工作非常重视，建立了全国范围内管道失效库，并积累了大量的失效数据。通过对油气管道失效事故进行统计分析对于掌握管道主要失效机理和风险类型具有重要意义。

国外管道失效数据分析结果显示，在欧洲，外部干扰、施工和材料缺陷及腐蚀是管道的主要失效原因。在美国，1970—1984 年主要是外部干扰、材料缺陷及腐蚀；1985—1993 年，主要是外部干扰、腐蚀及材料和焊接缺陷。在加拿大，腐蚀及应力腐蚀开裂占有很大比例，其次是地层滑动和建造因素。

不同国家和地区对于油气管道失效因素的分类不同，美国油气管道失效原因分类见表 2-1。

表 2-1　美国油气管道失效原因分类

<table>
<tr><th>序号</th><th colspan="2">失效原因</th><th>典型失效因素</th></tr>
<tr><td rowspan="2">1</td><td rowspan="2">腐蚀</td><td>外腐蚀</td><td>电化学腐蚀、大气腐蚀、杂散电流干扰、微生物腐蚀、焊缝选择性腐蚀</td></tr>
<tr><td>内腐蚀</td><td>腐蚀性介质、酸性水、内部微生物、内部冲蚀</td></tr>
<tr><td rowspan="3">2</td><td rowspan="3">材料 / 焊缝 / 设备失效</td><td>现场施工相关</td><td>环焊缝缺陷、管体划伤、回填凹坑</td></tr>
<tr><td>制管缺陷</td><td>管体缺陷、制管焊缝缺陷</td></tr>
<tr><td>环境开裂</td><td>应力腐蚀开裂、氢致开裂</td></tr>
<tr><td rowspan="4">3</td><td rowspan="4">开挖损伤</td><td>运营商开挖损伤</td><td>挖掘操作不到位</td></tr>
<tr><td>承包商开挖损伤</td><td>挖掘操作不到位、定位操作不到位</td></tr>
<tr><td>第三方损伤</td><td>One-call 系统使用不当、挖掘操作不到位、私自开挖、定位操作不到位、One-call 系统未覆盖</td></tr>
<tr><td>之前开挖活动导致的损伤</td><td>未知</td></tr>
<tr><td rowspan="4">4</td><td rowspan="4">自然外力损伤</td><td>土体移动</td><td>地震、冻胀融沉、沉降、滑坡</td></tr>
<tr><td>暴雨洪水</td><td>泥石流、极端天气等</td></tr>
<tr><td>闪电</td><td>直接击中管道、导致周边起火</td></tr>
<tr><td>温度</td><td>热应力、极端天气（过冷）等</td></tr>
<tr><td>5</td><td>误操作</td><td>—</td><td>人为误操作、设备未正确安装、管道或设备超压</td></tr>
<tr><td>6</td><td>其他外力</td><td>—</td><td>车、船、附近工业、周边火灾等的影响</td></tr>
</table>

国内管道的失效主要与建设的管道管材选择不尽合理、钢管制造质量和施工质量不良、输送介质中腐蚀介质含量超标等因素有很大关系。中国石油在 2008 年开始建立油气管道失效数据库，并将管道失效原因主要归结为以下九类：

（1）内部腐蚀［如电化学（H_2S）、电化学（CO_2）、微生物腐蚀、其他］；

（2）外部腐蚀（如杂散电流、阴保电位不足、阴极保护中断、阴极保护屏蔽、焊缝腐蚀、微生物腐蚀、防腐层破损和剥离、其他）；

（3）应力腐蚀开裂；

（4）制造缺陷（材料缺陷、螺旋焊缝缺陷、直焊缝缺陷等）；

（5）施工缺陷（环焊缝缺陷、机械损伤等）；

（6）外力破坏［第三方施工、内部施工、农耕、盗油（气）、恐怖活动、其他］；

（7）自然与地质灾害［坡面水毁、河沟道水毁、台田地水毁、滑坡、崩塌、泥石流、地面塌陷（包括采空区塌陷和岩溶塌陷）、黄土湿陷、膨胀土胀缩、冻土冻融、盐渍土溶陷盐胀、风蚀沙埋、断层错动、地震、其他］；

（8）误操作；

（9）其他。

二、主要油气管道失效库

目前欧美等多个国家的组织对管道失效事件进行了收集与分析，各主要国家和地区油气管网失效事件统计范围见表 2-2。

表 2-2　各主要国家和地区油气管网失效事件统计范围

序号	组织 / 公司	统计范围	管道介质
1	美国管道和危险材料安全管理局（PHMSA）	（1）死亡或受伤需要入院治疗； （2）总损失达到或超过 50000 美元； （3）高挥发性液体泄漏量超过 5bbl，其他液体泄漏量超过 50bbl； （4）液体泄漏导致意外火灾或爆炸	原油、成品油、天然气
2	加拿大阿尔伯特能源与公用事业委员会（EUB）	（1）意外泄漏； （2）撞击管道未发生泄漏	原油、天然气
3	英国陆上管道运营协会（UKOPA）	（1）意外泄漏； （2）运输危险性介质的管道（包括地上、地下及跨越管道，不包含工艺管道或设备、阀门故障）	油气管道
4	欧洲天然气管道事件数据组织（EGIG）	（1）意外气体泄漏； （2）最大运行压力高于 15bar 的陆上钢制管道，只站区外，不包含阀门、压缩机等设备或附件的泄漏	天然气管道
5	欧洲空气与水保护组织（CONCAVE）	泄漏量在 $1m^3$ 以上（造成特别严重的安全环境影响后果的泄漏事件可小于 $1m^3$）的意外泄漏	原油、成品油
6	中国石油	意外泄漏	原油、成品油、天然气

美国交通运输部管道和危险材料安全管理局（PHMSA）、加拿大国家能源局（NEB）负责其管辖内的多个管道企业的管道失效信息，欧洲天然气管道事件数据组织（EGIG）则负责欧盟组织内的天然气管道失效数据。各个管道失效事件管理组织均有自己的失效数据统计标准和流程，以保证所收集数据的可用性和全面性。欧洲的管道失效管理机构不收集站内设备设施的失效信息，美国和加拿大的管道失效库中虽然没有单独记录站内设备失

效，但将其作为管道失效的一个因素。

三、失效管理主要内容

油气管道失效管理是针对失效信息进行记录、调查、分析、整改、学习的过程，主要的管理内容包括几方面：失效事件记录、失效调查与原因分析、失效统计分析、针对失效原因的整改方案和失效学习。

1. 管道失效事件记录

管道失效事件记录是失效管理的基础工作，记录信息应尽可能完整性、准确、全面，以有效进行失效分析。管道失效事件记录工作中需要记录的信息一般包括失效事件基础信息、失效模式及原因、事件损失、管道维护信息、管道抢修信息、失效事件经过文字描述、现场照片等七个类型，每个类型设置子项进行记录，典型管道失效记录表见表 2–3。

表 2–3　油气管道失效事件记录表

序号	信息	
1	失效事件基础信息	
	失效事件编号	
	管道名称	
	管道失效日期	
	失效发生地点	
	GPS 坐标	
	管道材质	钢管、铸铁管、PE 管
	失效发生部位	管体、焊缝、连接头
	失效位置管径（mm）	273
	失效处壁厚（mm）	7
	管道敷设方式	埋地、架空
	失效处埋深（m）	1.8
	失效时压力（MPa）	0.4
	失效位置环境	街道
2	失效模式及原因	
	失效直接原因	第三方损坏、腐蚀、误操作、自然与地质灾害、焊接与连接失效等
	失效模式	壁厚减薄、渗漏、穿孔、断裂、裂纹扩展
	损伤尺寸	
	失效事件等级	高、较高、中、较低、低
	失效发现途径	巡检人员发现、泄漏检测、群众举报
	调查人员信息	

续表

序号	信息	
3	事件损失	
	是否发生爆炸	是、否
	是否发生着火	是、否
	泄漏量	
	泄漏量单位	m^3
	死亡人数	
	重伤人数	
	轻伤人数	
	产生人员伤亡的原因	火灾、爆炸、中毒、窒息
	停气范围	
	停气持续时间（h）	
	停气的居民户数	
	停气的商业及工业户数	
	维抢修费用（元）	
	油（气）损失（元）	
	其他损失（元）	
	总经济损失（元）	
4	管道维护信息	
	管道投产时间	
	巡线频率	
	泄漏检测周期	
	最近一次泄漏检测时间	
	最近一次管道检测时间	
	最近一次管道检测方式	
	压力试验压力（MPa）	
	压力试验保压时间（h）	
	压力试验是否发现异常	
	压力试验异常描述	

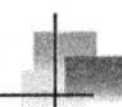

续表

序号	信息	
5	管道抢修信息	
	抢修开始时间	
	抢修结束时间	
	维抢修队伍名称	
	抢修人数	
	更换管道长度（m）	
	更换阀门数量（个）	
6	失效事件经过文字描述	
7	现场照片	

2. 失效调查与原因分析

失效分析对于发现事故根本原因十分重要，失效分析的限期往往要求很短，分析结论要正确无误，改进措施要切实可行。导致材料或系统失效的因素往往很多，加之管道受力情况很复杂，如果再考虑外界条件的影响，这就使失效分析的任务更加繁重。此外，大多数失效分析的关键性试样十分有限，只容许一次取样、一次观察和测量。在分析程序上走错一步，可能导致整个分析的失败。由此可见，如果分析之前没有一条正确的分析思路，要能如期得出正确的结论几乎是不可能的。

有了正确的分析思路，才能制定正确的分析程序。较大事故需要很多分析人员按照分工同时进行，做到有条不紊，不走弯路，不浪费测试费用。所以从经济角度也要求有正确的分析思路。常用的失效分析思路很多，此处主要介绍两种。

1）残骸分析法

残骸分析法是从物理、化学的角度对失效事件进行分析的方法。失效残骸分析法总是以服役条件、断口特征和失效的抗力指标为线索的。

“断口”是断裂失效分析重要的证据，是残骸分析中断裂“信息”的重要来源之一。但是在一般情况下，断口分析必须辅以残骸“失效抗力”的分析，才能对断裂的原因下确切的结论。

以失效抗力指标为线索的失效分析思路，主要关键是在搞清楚管道服役条件的基础上，通过残骸的断口分析和其他理化分析，找到造成失效的主要失效抗力指标，并进一步研究这一主要失效抗力指标与材料成分、组织和状态的关系。通过材料工艺变革，提高这一主要的失效抗力指标，最后进行机械的台架模拟试验或直接进行使用考验，达到预防失效的目的。

值得指出的是，在不同的服役条件下，要求材料具有不同的“失效抗力”指标的实质是要求其强度与塑性、韧度之间应有合理的配合。因此，研究零件（或材料）的强度、塑性（或韧度）等基本性能及它们之间的合理配合与具体服役条件之间的关系就是这一思路的核心。而进一步研究失效抗力指标与材料（或零件）的成分、组织、状态之间的关系是提高其失效抗力的有效途径。

2）失效树分析法

失效树分析法（Fault Tree Analysis）是一种逻辑分析方法，又称故障树分析法。

失效树分析早在20世纪60年代初就由美国贝尔研究所首先用于民兵导弹的控制系统设计上，为预测导弹发射的随机失效概率做出了贡献。此后许多人对失效树分析的理论和应用进行了研究。迄今FTA法在国外已被公认为当前对复杂安全性、可靠性分析的一种好方法。

失效树分析法的主要步骤有：在系统设计过程中，通过对可能造成系统失效的各种因素（包括软件、硬件、环境、人为因素等）进行分析，画出逻辑框图（即失效树），从而确定系统失效原因的各种可能的组合方式或发生概率，以计算系统失效概率，采取相应的纠正措施，以提高系统可靠性的一种设计分析方法。

3. 失效统计分析

管道失效数据统计分析是发现管道失效趋势的重要手段，可从宏观上评估管道总体安全形势。通过失效信息的收集、失效原因的分析与统计，可使管道运营者了解失效事故的发展趋势、审核管道运营状况，对于管道危险因素识别、风险分析、事故预防及风险减缓措施的制定具有重要的意义。

分别以美国和欧洲的失效库为例，常见的失效统计分析包括：失效数量趋势统计分析、失效原因统计分析、失效后果损失统计分析、失效后果类型统计分析。

1）失效数量趋势统计分析

截至2020年，美国有72.47×10^4km长输管道，其中原油管道13.58×10^4km，成品油管道10.35×10^4km，天然气管道48.54×10^4km。近年来，每年美国油气管道发生的严重事故不超过10起。历年上报的管道严重事件见如图2-1、图2-2所示。

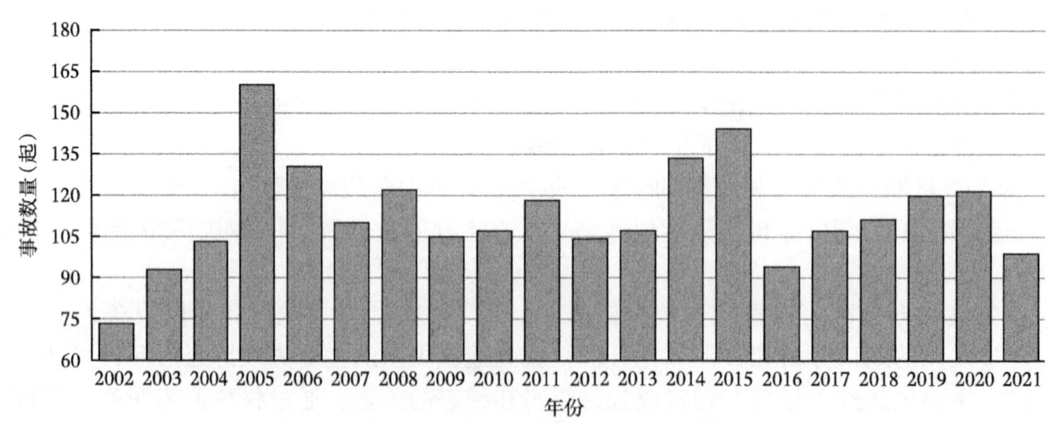

图2-1　美国输气管道事故数量统计图

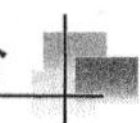

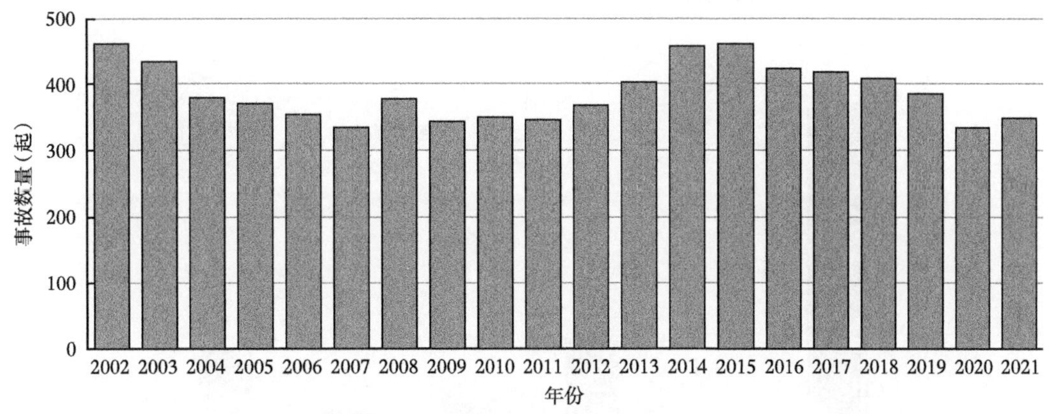

图 2-2　美国危险液体管道事故数量统计图

2）失效原因统计分析

管道失效原因方面，危险液体管道失效的三大原因：腐蚀、管子 / 焊缝材料失效和设备失效；输气管道失效的三大原因：管子 / 焊缝材料失效、开挖损伤和腐蚀（图 2-3）。

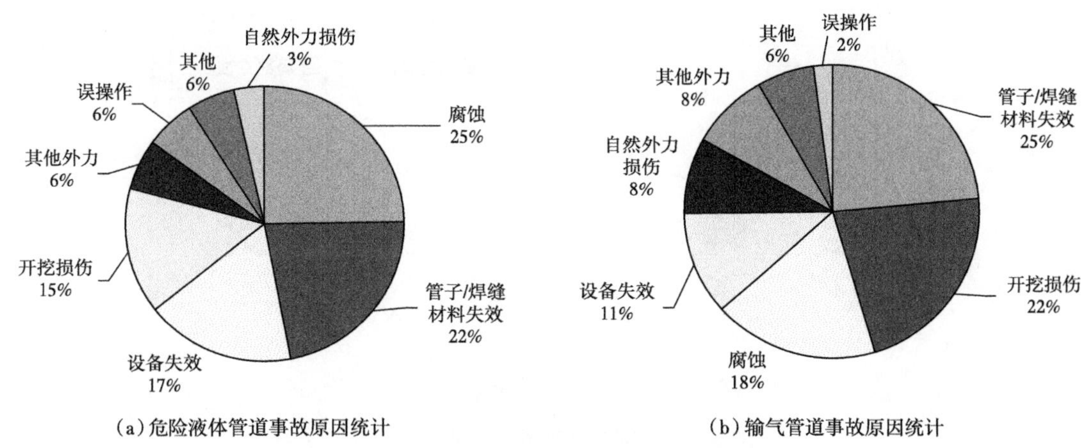

图 2-3　美国液体 / 气体输送管道事故原因统计

腐蚀失效中，外腐蚀因素通常占 60% 以上，以电化学腐蚀为主，如图 2-4、图 2-5 所示。

3）失效后果损失统计分析

管道事故产生的后果影响分析，主要包括人员伤亡、环境影响、财产损失等，由于环境影响的程度难以量化统计分析，因此后果分析主要从人员死亡、人员受伤和财产损失三个角度进行评价。人员伤亡情况随年份变化情况如图 2-6 所示。从图可知，除 2010 年外，人员伤亡数量基本稳定。

从图 2-7 可以看出，除 2010 年外，管道事故导致财产损失基本稳定，且有逐年变小趋势。

人员伤亡和财产损失在 2010 年处于一个较高值，明显高于平均水平。经进一步分析，2010 年 9 月，在旧金山发了一起恶性天然气管道爆炸事故，导致了 8 人死亡，60 多人受伤，烧毁了 55 栋房屋，直接经济损失达 10 亿美元。

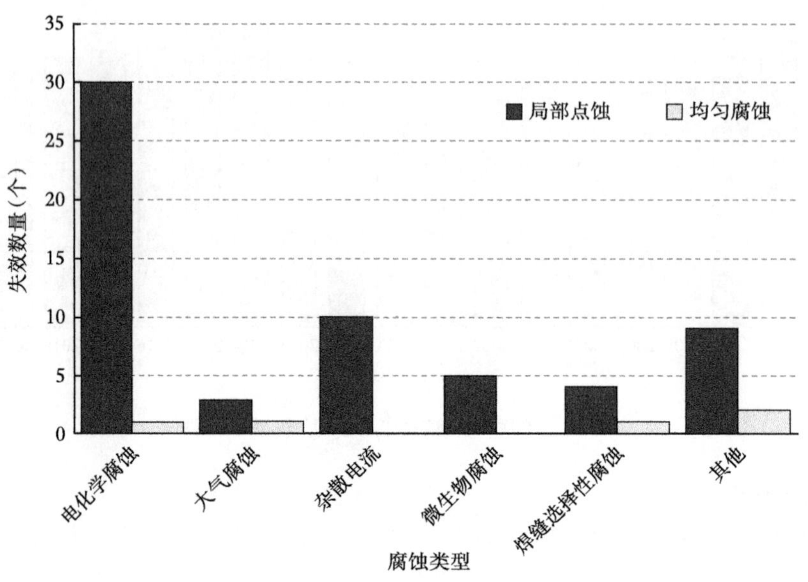

图 2-4　美国原油成品油管道外腐蚀失效情况

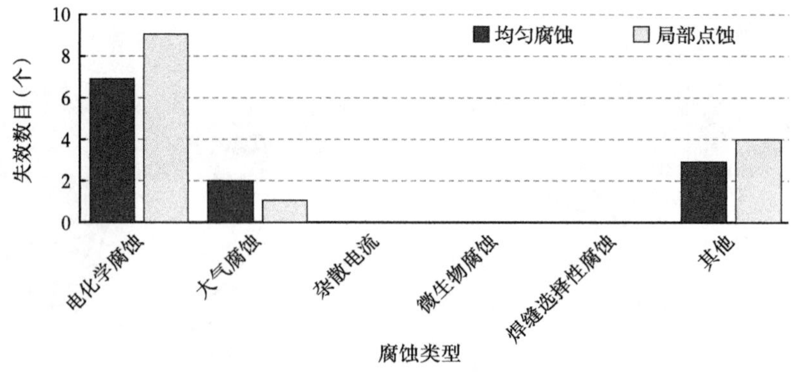

图 2-5　美国输气管道外腐蚀失效情况

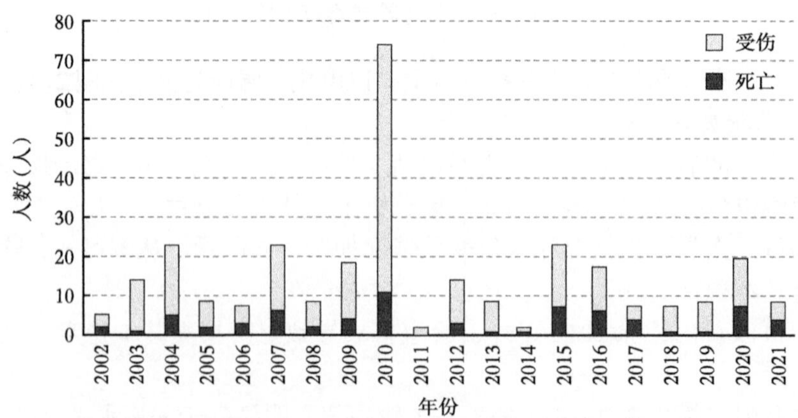

图 2-6　人员伤亡情况变化情况

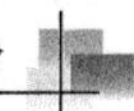

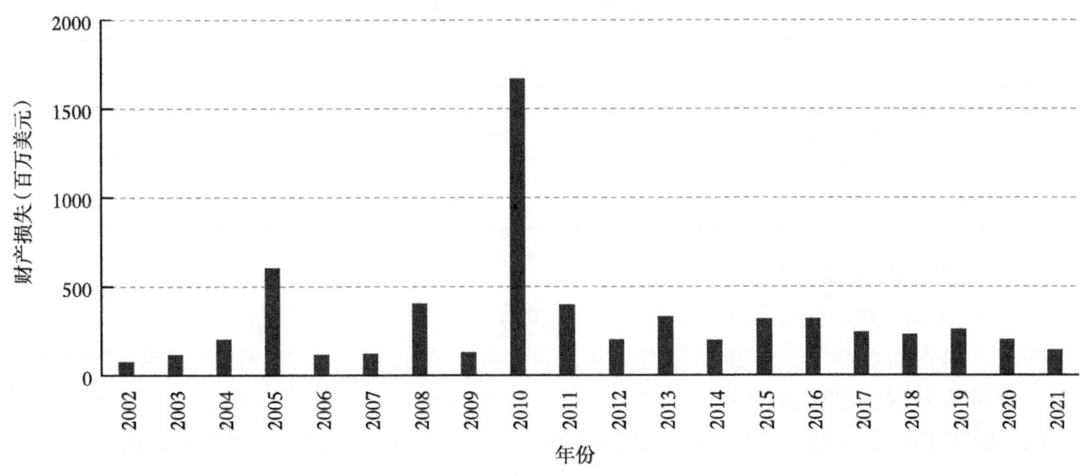

图 2-7　财产损失变化情况

4）失效后果类型统计分析

管道泄漏失效后是否引发火灾、爆炸等严重事故后果与能否点火密切相关。点火概率与点火源的类型及分布、泄漏孔径、运行压力等相关。

欧洲气体管道事故组织（EGIG）从 1982 年起开始统计欧洲主要的输气管道运营商发生的事故并定期发布事故报告，2020 年 12 月发布第 11 版失效数据统计报告（1972—2019 年）。数据表明，1970—2019 年有 5.2% 天然气管道泄漏事故发生了点火。图 2-8 显示高压大口径管道破裂比低压小口径管道破裂点火概率更大，其可能的原因为大口径管道的工作压力高，气体泄漏速率同时也大。

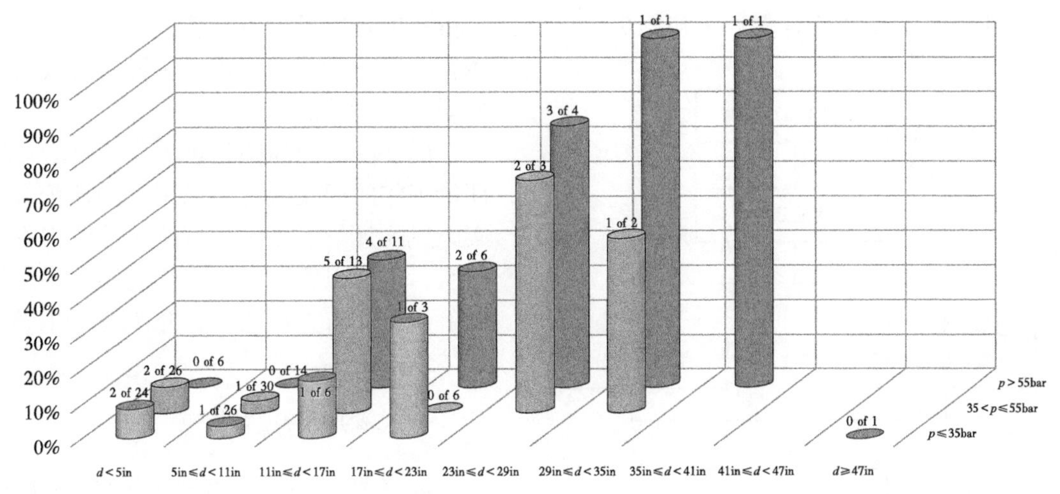

图 2-8　不同口径和压力下的管道破裂点火（1970—2019 年）

管道泄漏孔径与点火概率的关系见表 2-4。

统计结果表明，泄漏孔径越大，点火概率越高。管道发生破裂事故后，管径越大（大于 406.4mm）的管道，点火概率越高，大口径管道破裂点火的概率约为小口径管道的 4 倍。

表 2-4 不同泄漏孔径下的点火概率

泄漏孔径 d（mm）	泄漏点火概率（%）	泄漏孔径 d（mm）	泄漏点火概率（%）
针孔—裂纹（$d \leqslant 20$）	4.7	破裂（≤ 406.4mm）	9.8
孔泄漏（$20 < d <$ 管道直径 D）	2.2	破裂（> 406.4mm）	40.7
破裂（$d \geqslant$ 管道直径 D）	4.7		

4. 对失效原因的整改方案

对已查明原因的事件应制定并实施纠正或预防措施，确定短期内恢复正常所需采取的行动，并评估是否需要制定进一步的措施，预防同类事件的发生。在各项纠正和预防措施实施之前，应对所采取的措施进行风险评估，并建立措施执行的保障机制，包括对措施执行的有效追踪、监控和对实施结果的审核，以确定预防和纠正措施是否有效，问题是否彻底解决。

实施纠正和预防措施时，应明确时限、责任、资源，充分重视相关职能部门之间的协调和沟通。应对纠正和预防措施的实施和完成情况进行检查，对逾期情况进行分析，并采取适当的补救行动，重要事件的逾期情况应向上级管理部门汇报。

5. 失效学习

管道失效事件在可能造成严重不利影响的同时，也能成为宝贵的经验财富。管道企业可定期组织人员对企业内外的事件案例、事件的统计分析结果进行学习，以吸取经验教训，避免类似事件的发生。

第三节 管道风险评价流程

管道风险评价主要由数据收集和整理、管道分段、风险计算、结果分析与报告编写四个阶段组成。其中风险计算环节包括失效可能性分析、失效后果分析、管道风险计算和全线管道风险计算。评价的主要内容及流程如图 2-9 所示。

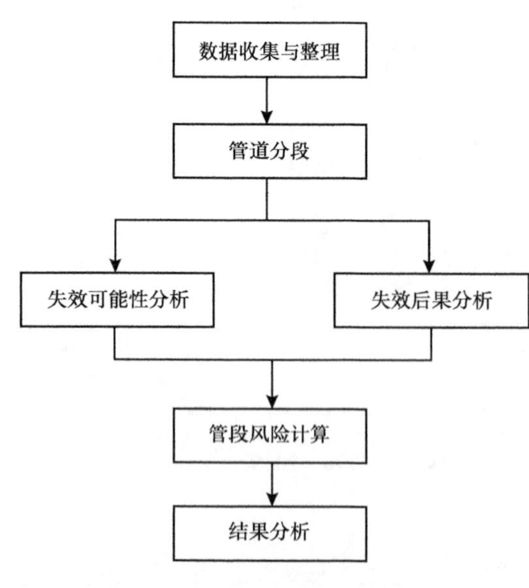

图 2-9 管道风险评价流程

图 2-9 管道风险评价流程为开展风险评价工作的通用流程，采用不同评价方法实施风险评价工作时都可按照该流程逐步开展，本节以管道行业广泛应用的半定量风险评价评价方法为例，介绍每个步骤的具体工作内容。

一、数据资料收集

油气管道风险评价数据收集是风险评价的基础工作，收集的数据应当尽量全面，以有效反映管道的风险水平，数据收集的主要工作内容包括三个方面：基础资料收集、现场风险勘察、数据资料整理。

1. 基础资料收集

基础资料收集是室内资料收集工作，通过与管道管理单位沟通，收集管道基本信息、历史评价记录、历史维修维护记录等资料，收集资料应包括管道设计、建设、投产、运行等各个阶段，以全面掌握评价对象的基本情况。根据管道风险评价工作需要，一般需要收集如下数据资料：

(1) 管道基本参数，如管道的运行年限、管径、壁厚、管材等级及执行标准、输送介质、设计压力、防腐层类型、补口形式、管段敷设方式、里程桩及管道里程等；

(2) 管道穿跨越、阀室等设施；

(3) 管道通行带的遥感或航拍影像图和线路竣工图；

(4) 施工情况，如施工单位、监理单位、施工季节、工期等；

(5) 管道内外检测报告，内容应包括内、外检测工作及结果情况；

(6) 管道泄漏事故历史，含打孔盗油；

(7) 管道高后果区、关键段统计，管道周围人口分布；

(8) 管道输量、管道运行压力报表；

(9) 阴保电位报表及每年的通 / 断电电位测试结果；

(10) 管道更新改造工程资料，含管道改线、管体缺陷修复、防腐层大修、站场大的改造等；

(11) 第三方交叉施工信息表及相关规章制度，如开挖响应制度；

(12) 管道地质灾害调查 / 识别，以及危险性评估报告；

(13) 管输介质的来源和性质、油品 / 气质分析报告；

(14) 管道清管杂质分析报告；

(15) 管道初步设计报告及竣工资料；

(16) 管道安全隐患识别清单；

(17) 管道环境影响评价报告；

(18) 管道安全评价报告；

(19) 管道维抢修情况及应急预案；

(20) 站场 HAZOP 分析及其他危害分析报告；

(21) 是否安装有泄漏监测系统、安全预警系统及运行等情况；

(22) 其他相关信息。

通过基础资料的收集对于拟评价管道有了整体的认识，初步掌握其面临的主要风险因素和风险类型，确定了需要进一步现场勘察的内容，通过现场风险勘察进一步补充数据资料。

2. 现场风险勘察

现场风险勘察主要包括两个方面的工作内容，现场访谈和现场风险点勘察。通过现场访谈可以从管道一线管理人员手中获取风险评价所需重要信息。

现场访谈是指针对管道管理人员访谈管道日常管理风险，一般需要访谈的人员分为管道科、管道班、工艺班，不同人员访谈内容不同，可从下面的常见问题中选择关心的内容进行访谈。访谈可在会议室正式开展，也可在现场勘察过程中在车上开展。

访谈中针对机关管道管理人员常提出问题如下：

（1）管道科人员配备情况及个人的职责分配情况。

（2）管道建造年份？建设施工质量如何？有没有当初设计施工带来的质量问题？

（3）管道周边主要是什么地形？土地主要做什么用途？

（4）管道目前主要的危害是什么？目前最担心的问题是什么？已经采取了那些控制措施？

（5）目前管道管理还有什么难处？

（6）管道腐蚀情况、第三方损坏情况大体如何？

（7）对站队等巡线人员如何进行质量考核、控制和管理？

访谈中针对基层站队管道管理人员常提出问题如下：

（1）站内、站外阴极保护情况？可以的话应去阴极保护工作间看看保护电位和阴极保护电流及恒电位仪运行情况，是否发生过故障等。

（2）本站所管辖的管道范围多长？有哪些重点段？

（3）是否发现管道埋深较浅情况，最浅是多少？

（4）是否有专业巡护队，巡线频率？必要时查看巡线记录。

（5）有农民巡线工吗？农民工是哪些人员，工资如何，积极性如何，培训过吗，知道如何反映发现的情况吗？

（6）本段管道的第三方破坏主要形式主要有哪些？有什么明显的特点？

（7）是否发生过打孔盗油现象？地方公安如何处理？是否有打孔盗油重点防护区及相关具体信息情况。

（8）与地方政府有联通机制吗，协助巡线吗？

（9）交叉施工活动多吗，主要分布哪些地方？都是如何发现的？巡线还是管道旁居民上报？如何处理？

（10）是否有占压情况，处理过程中存在的问题是什么？

（11）是否有裸管或管道悬空现象，周边环境如何？

（12）沿线经过哪些河流？河流性质？穿跨越方式？灌溉水渠有吗，深度如何？

（13）防汛工作如何？今年汛后进行哪些水工保护维护措施？

（14）管道沿线土地主要做何用途？如果是农田，主要种植作物类型是什么？是否有深根作物（香樟、黄桷树、泡桐等木本植物）？

（15）进行过地质灾害调查吗？目前地质灾害主要是哪些？分布在哪些区域？

（16）是否发现有防腐层质量问题？发现途径，已有的措施？

（17）是否有交叉或并行电气化铁路？进行过电流检测吗，有排流措施吗？

（18）阴保系统类型，阴保电位情况？开机率，保护率情况。是否存在问题？

（19）管道进行过修复吗？修复方式是什么？实施单位？现场监督情况如何？

（20）你认为目前管道线路上最大的风险隐患是什么？管理难点是什么？有哪些急需解决的问题？有什么比较好的建议吗？

访谈中针对基层站队工艺管理人员常提出问题如下：

（1）油品的来源，油品腐蚀性如何，含硫量多高？（输油管道）

（2）气的成分，气的来源，气源压力情况。（输气管道）

（3）本段管道的允许停输时间为多少小时？

(4)如果发生泄漏，一般会泄漏多长时间就能发现并关阀？泄漏出多少油品 / 天然气？（输油管道）

(5)如果发生泄漏，一般会泄漏多长时间就能发现？关阀需要多久？总共需要多长时间？（输气管道）

(6)管道运行压力是多少兆帕，最大允许操作压力是多少兆帕？

(7)有多少泵 / 压缩机，开机情况，运行状况？

(8)有没有超压情况？最大操作压力一般是多大？

(9)是否有超压保护装置？什么类型的装置？

(10)管道泵 / 压缩机启停次数，停输情况，停输原因？

(11)日常工作中流程切换频率？是否有较多操作？

(12)设备控制是远程控制？还是现场手动操作？

(13)是否进行过清管，清管杂质情况？

(14)是否装有安全预警系统，准确率如何，有记录吗？

(15)是否装有泄漏监测系统？使用如何？（输油管道）

(16)目前最大的工作困难是？哪些急需解决？

现场风险点勘察是在前期工作的基础上，选取需要进一步通过现场勘察来采集详细信息的风险点，现场勘察的风险点一般有评价项目组和管道管理单位共同确定。针对具体的风险点，采集详细信息，现场勘察需要设备或资料见表 2-5，现场勘察重点管段类型见表 2-6。

表 2-5　现场设备或资料

序号	类别	用途
1	遥感影像图	查看周边环境
2	测距仪或卷尺	测量距离
3	GPS 或手机安装 GPS 软件	风险点定位
4	数码相机	拍照
5	雷迪探测仪	测量管道位置
6	万用表与参比电极	测量阴保电位
7	无人机	航拍

表 2-6　现场勘察重点管段类型

序号	类型	详细内容	重点勘察内容
1	人口密集区	城镇、乡村，重点是城市区域、城乡接合部	人口与管道距离、第三方施工频繁程度、是否有占压
2	河流穿跨越情况	大中型河流、常年有水河流、与大河相连的小型河流	穿越方式、埋深、是否发生过洪水、冲刷情况、水工工程、是否有挖沙采砂

续表

序号	类型	详细内容	重点勘察内容
3	河沟沟渠	自然冲沟、灌溉渠等	河沟沟渠性质、埋深、机械清淤、硬覆盖情况
4	交叉施工区域	开挖施工、定向钻施工、钻探勘探、爆破等	施工类型、交叉长度、现场管理情况
5	打孔盗油易发区	容易发生打孔盗油区域或者夜巡点	交通情况、隐蔽程度、土质、地下水位
6	高压线电气化铁路交叉	管道与110kV以上高压线、电气化铁路、变电站、直流输电系统等	杂散电流情况、电位情况、是否有排流装置，建议测试最近测试桩电位
7	地质灾害点	滑坡、崩塌、泥石流、河沟道水毁、坡面水毁、黄土湿陷等	查看地质灾害点规模、发育程度、与管道距离、敷设方式等（如有牢固的水工则不用查看）
8	碾压	重车碾压、土路区域	埋设、管涵、盖板、车辆吨位及繁忙程度
9	站场阀室	站场及阀室	周边活动水平、警示标志、防护措施、人员看护

3. 数据资料整理

完成基础数据采集和现场风险勘察后，开展数据资料整理工作，将于管道风险评价相关的工作整理成表格形式，以便于风险数据对应到具体管道里程。常见的表格形式见表2-7和表2-8。

表 2-7　管段数据格式示例

属性编号	属性名称	起始里程（km）	终止里程（km）	属性值	备注
1	设计系数	20.0	35.0	0.5	三级地区

表 2-8　管道单点属性数据格式示例

属性编号	属性名称	里程（km）	属性值	备注
1	截断阀	31.5	RTU	刘家河阀室

二、管道分段

管道是线性工程，在开展风险评价时应将管道全线分为若干个管段，每个管段为一个评价单元，管道风险计算以管段为单元进行，可采用关键属性分段或全部属性分段两种方式。关键属性分段是指考虑高后果区、地区等级、管材、管径、压力、壁厚、防腐层类型、地形地貌、站场位置等管道的关键属性数据，比较一致时划分为一个管段。以各管段为单元收集整理管道属性数据，进行风险计算。全部属性分段是指采用全部评价指标进行分段，收集所有管道属性数据后，当任何一个管道属性沿管道里程发生变化时，插入一个分段点，将管道划分为多个管段，针对每个管段进行风险计算。半定量风险评价方法宜采用全属性分段方式。管道分段示意图如图2-10所示。

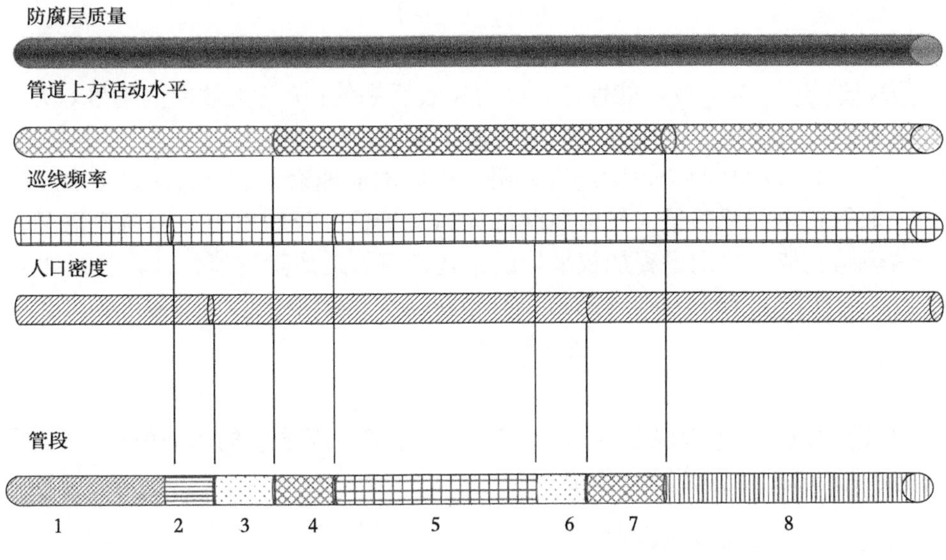

图 2-10　管道分段示意图

由于管道沿线所处的各种条件不同，整条管道各段的风险程度差异很大，需要进行分段评估。分段越细，评估越精确；但成本也随之增加，评价者在进行分段时，要综合考虑评价结果的精确度与数据采集的成本。分段数过少，虽然减少了数据采集的成本，但同时也降低了评价结果的精确度；分段数过多，提高了各管段的评价精度，但会导致数据采集、处理和维护等成本的增加。最佳的分段原则是在管道上有重要变化处插入分段点，一般应根据几类环境状况变化的优先级来确定管道分段的插入点，它们的顺序是沿管道人口密度、土壤状况、管道的防腐层状况、管龄，即沿管道走向最重要的变化是人口密度，其次是土壤状况、防腐层状况和管龄。

三、管道风险计算

管道风险计算一般可以细分为失效可能性计算、失效后果计算、管段风险计算和管道总风险计算。

失效可能性分析是指分析通过前期收集的数据分析各个管段的失效可能性，一般需根据常见风险因素类型分别分析第三方损坏、内外腐蚀、地质灾害、制造与施工缺陷等多个类型的失效可能性，并根据分项失效可能性确定综合失效可能性，失效可能性分析结果以分值或等级形式表现。详细的失效可能性分析指标见本章第三节。

失效后果分析是指计算管道发生泄漏、火灾爆炸事故时可能造成的人员伤亡、环境影响、财产损失和停输影响等情况，并结合管径、压力、维抢修等具体情况进行修正，确定最终失效后果值。失效后果分析重点针对人口密集区和环境敏感区，详细失效后果分析指标见本章第三节。

管段风险计算是按照管段划分结果，先计算每个管道的风险值。根据各个管段的失效可能性计算结果与失效后果计算结果，得到各个管段的风险值，管道风险计算公式如下：

$$R=\sum_{k=1}^{5}(L_k C) \tag{2-1}$$

式中，R 为风险值；L 为失效可能性值；C 为失效后果值；k 为失效原因编号（从 1~5 分别代表第三方损坏、外腐蚀、内腐蚀、制造与施工缺陷、地质灾害）。

管道总体风险情况从两个角度进行说明，根据木桶理论，管道整体风险由风险最大的管段决定，取管道全线风险最大管段风险值为风险极值，反映管道整体风险情况。同时计算管道全线风险均值，采用里程加权平均的方式计算管道风险均值，计算公式如下：

$$R=\sum_{j=1}^{J}\left(R_j \times l_j\right)\Big/L \tag{2-2}$$

式中，R 为风险均值；j 为管段编号，j=1，2，…，J；R_j 为管段 j 的风险值；l_j 为管段 j 的长度；L 为管道总长度；J 为管段总数量。

四、结果分析与报告编制

1. 评价结果分析

管道风险计算结果会给出管道风险值，风险值是反应不同管段风险水平的重要指标，可按照各个管段的风险值进行排序，必要时也可按各个管段的失效可能性和失效后果进行排序，并分析高风险引起原因，分轻重缓急针对性地提出风险减缓建议措施。在风险值分析中，既要对总风险值进行分析，也要对各个分项的风险值进行分析，针对要给特定的管道，不同分项之间风险对比分析可以反映管段的主导风向因素。

管道风险评价结果从风险值和风险等级两个角度分析，风险值主要用于绘制风险折线，反映管道的风险随着管理里程变化规律，风险等级通过风险矩阵确定。由于风险本身包含失效可能性和失效后果两个维度，直接通过风险值确定风险等级会与管道实际情况出现偏差。基于风险的这一特点，通过风险矩阵确定每个管段的风险等级。针对某一具体风险管段，通过失效可能性值确定失效可能性等级，通过失效后果值确定失效后果等级，失效可能性等级和失效后果的等级分别为矩阵的横轴和纵轴，两者的交叉点为管道风险等级。风险矩阵图一般为 5×5 矩阵，矩阵可以将风险分为三级或者四级，典型四级风险矩阵如图 2-11 所示。

失效发生的可能性						
	E	中	较高	较高	高	高
	D	低	中	较高	较高	高
	C	低	中	中	较高	较高
	B	低	低	中	中	较高
	A	低	低	低	低	中
管道风险		1	2	3	4	5
		失效后果严重程度等级				

图 2-11　管道风险矩阵

图中失效可能性分为 5 级。后果有四个方面：人员伤亡、财产损失、环境影响、停输影响，当同时存在多个方面的后果且等级不同时，取其中等级最高者。表中不同颜色分别表示风险的高、较高、中、低四个等级。

不同的风险等级不同风险控制要求，高、较高、中、低四个风险等级的风险控制要求见表 2-9。

表 2-9　风险等级管控要求

风险等级	风险管控要求
低（Ⅰ级）	风险水平可接受，当前应对措施有效，不必采取额外技术、管理方面的措施
中（Ⅱ级）	风险水平有条件接受，综合考虑治理成本与治理效果，论证采取措施的必要性
较高（Ⅲ级）	风险水平不可接受，应制定计划采取有效应对措施降低风险
高（Ⅳ级）	风险水平不可接受，必须尽快采取有效应对措施降低风险

详细结果分析内容参见本章第四节中的案例分析。

2. 制定风险控制措施

应按照各个管段的风险值进行排序和风险等级，分轻重缓急针对性地提出风险减缓建议措施，必要时也可按各个管段的失效可能性和失效后果进行排序，并分析高风险引起原因。应考虑各种风险减缓措施的成本和效益。常见风险控制措施一览表见表 2-10。

表 2-10　风险控制措施一览表

序号	风险类型	可选择的风险控制措施
1	第三方损坏	（1）加强巡线； （2）加强管道保护宣传； （3）增加管道标识； （4）安装安全预警系统； （5）增加套管、盖板等管道保护设施； （6）增加埋深； （7）改线
2	腐蚀	（1）开展管道内外检测、完整性评价及修复； （2）增设排流措施； （3）输送介质腐蚀性控制； （4）降压运行
3	自然与地质灾害	（1）水工保护工程； （2）灾害体治理； （3）灾害点监测； （4）增加河流穿越埋深； （5）管道防护措施； （6）更改穿越方式； （7）改线
4	制造与施工缺陷	（1）内外检测、压力试验及修复； （2）降压运行
5	误操作	（1）员工培训； （2）规范操作流程； （3）超压保护； （4）防误操作设计、防护
6	失效后果	（1）安装泄漏监测系统； （2）手动阀室变更为 RTU 阀室； （3）增设截断阀室； （4）改线； （5）应急准备

3. 编写风险评价报告

管道风险评价工作应编制风险评价报告，风险评价报告是反映管道风险评价工作过程和工作成果的综合性报告，风险评价报至少应包含如下内容：

（1）概述（评价目的、评价背景、评价结果简介）；

（2）管道基本情况（管道基本参数、管道路由、管道管理现状）；

（3）评价方法与评价过程；

（4）管段划分（管段划分原则和结果）；

（5）风险评价（失效可能性分析、失效后果分析、风险排序、高风险原因分析）；

（6）评价结论及建议风险减缓措施。

第四节　管道风险评价方法

风险是事故发生的可能性与其后果的综合，是对潜在损失的度量。管道风险评价指识别对管道安全运行有不利影响的危害因素，评价管道失效发生的可能性和失效后果大小，对风险大小进行计算并提出风险控制措施的分析过程。

管道风险评价工作是开展完整性管理的核心环节，通过风险评价可以了解管道的各种危害因素，明确管道管理的重点，从而有利于实现风险的预控，保障管道的安全运行。

由于管道风险评价实际上只是对时间进程中的某一瞬间的风险场景进行评定和估计，所以完整的风险评价需要回答以下三个问题：

（1）什么会出问题，即回答客观因素会引起管道失效？

（2）可能性（概率）有多大，即诱发管道事故的概率有多大？

（3）其事故后果是什么，即管道失效事故会造成哪些方面的损失？

只要回答了这三个问题，管道的风险便可以按一定的计算法则来确定。计算风险后可对管段根据风险值大小进行筛选排序，对风险较高的管段提出风险控制措施。

管道风险分析的目的，是通过计算某段管道或整条管道系统的相对风险值对各个管段（或各条管道）进行风险排序，以识别高风险的部位，确定最大可能导致管道事故和有利于潜在事故预防的至关重要的因素，也就是提出确定和不确定性影响因素。将风险分析的结果作为确定管道是否进行检测、检测的优先次序和判定检测活动经济性的决策依据，最终使管道的运行管理更加科学化。

管道风险评价技术当前已经比较成熟，有许多管道企业和专业机构形成了自己的风险分析方法，并有不少相关的文献出版。根据评价结果的量化程度可把风险评价方法分为三类，即定性风险评价方法、半定量风险分析方法和定量风险分析方法。常用到的风险评价方法见表 2-11。

表 2-11　常用管道风险评价方法

方法名称	方法类别	主要用途
专家经验判断	定性方法	具体风险点的风险判断
风险矩阵图	定性方法或半定量方法	风险分级、风险结果展示
安全检查表	定性方法或半定量方法	合规性检查

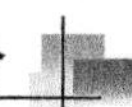

续表

方法名称	方法类别	主要用途
肯特打分法	半定量方法	系统的风险评价
概率风险评价	定量方法	系统的风险评价
故障树分析	定性方法或定量方法	风险因素识别、失效可能性分析
事件树分析	定性方法或定量方法	失效后果分析
数值模拟	定量方法	失效后果分析
定量风险评价 / 量化风险评价	定量方法	侧重失效后果分析，优化平面布局，确定安全距离

定性评价方法通常比较简单，易于理解和使用，但一般具有较强的主观性，需要大量的经验判断。半定量方法的结果是相对值，不能量化事故的概率和严重程度，但是可以起到初步的风险的筛选排序功能。定量评价方法通常比较复杂，采用了大量计算公式和经验模型，需要较多数据。

定性风险评价（Qualitative Risk Assessment）的主要作用是找出管道系统存在哪些事故危险，诱发管道事故的各种因素，这些因素对系统产生的影响程度及在何种条件下会导致管道失效，最终确定控制管道事故的措施。传统的定性风险评价方法主要有安全检查表（CL），预先危害性分析（PHA），危险和操作性分析（HAZOP）等。其特点是不必建立精确的数学模型和计算方法，可以根据专家的观点提供高、中、低风险的相对等级，评价的精确性取决于专家经验的全面性、划分影响因素的细致性、层次性等，具有直观、简便、快速、实用性强的特点。其使用局限是危险性事故的发生频率和事故损失后果均不能量化。

半定量风险评价（Semi-Quantitative Risk Assessment）是风险的数量指标为基础，对管道事故损失后果和事故发生概率按权重值各自分配一个指标，然后用加和除的方法将两个对应事故概率和后果严重程度的指标进行组合，从而形成一个相对风险指标。最常用的是专家打分法，其中最具代表的是 W.Kent Muhlbauer 著的《管道风险管理手册》（Pipe Risk Management Manual）。目前，该书介绍的评价模型已为世界各国普遍采用，国内外大多数管道风险评价软件程序都是基于其提出的基本框架进行编制的。半定量风险评价方法是完整性管理二级工程必备的技能，本节重点介绍半定量风险评价方法。

定量评价法是管道风险评价的高级阶段，是一种定量绝对失效频率的严密数学和统计学方法，其预先给危险性的管道事故的发生概率和事故损失后果都约定一个具有明确物理意义的单位，通过综合考虑管道失效的每个事件，算出最终事故的发生概率和事故损失后果。定量法的评估结果有实际意义，可以与历史水平对比，也可以与其他管道对比，可以用于风险、成本、效益的分析之中，这是前两类方法都做不到的。但它也有不少缺点，如需要收集大量的数据，对数据的准确度要求也比较高；不适合数据不全的管道；需要进行大量的分析和计算工作，耗费人力、物力和财力也比较大等。另外目前大多数研究工作集中于生命安全风险或经济风险。而液体管道失效的环境破坏风险还不能定量评估，生命安全风险、环境破坏风险和经济风险的综合评价也尚未有合适的方法；另外，定量风险评价需要建立在历史失效率的概率统计的基础之上，而公用数据库一般没有特定管道的详细失效数据，公布的数据也不足以描述给定管道的失效概率。

一、典型管道半定量风险评价方法

1. 管道风险评价模型综述

半定量风险评价方法或称为相对的、以风险指数为基础的风险评价方法，能够克服定量风险评价在实施中缺少精确数据的困难，已在国内外管道风险评价广泛应用，半定量风险评价方法指标体系的设立主要是基于以下基本假设。

（1）独立性假设。

影响风险的各因素是独立的，即每个因素独立影响风险的状态，总风险是各独立因素的总和。

（2）最坏状况假设。

评价风险时要考虑最坏的情况，例如评价一条管道，该管道总长为 100km，其中 90km 埋深 1.2m，另 10km 埋深为 0.8m，则应按 0.8m 考虑。

（3）相对性假设。

评价的分数只是一个相对的概念。例如，一条管道所评价的风险数与另外数条管道所评价的风险数相比，其分数较高，这表明其安全性高于其他几条管道，即风险低于其他管道。事实上绝对风险数是无法计算的。

（4）主观性。

评分的方法及分数的界定虽然参考了国内外有关资料；但最终还是人为制定的，因而难免有主观性。建议更多的人参与，制定出规范，以便减小主观性。

（5）分数限定。

在各项目中所限定的分数最高值反映了该项目在风险评价中所占位置的重要性。

本节以 SY/T 6891.1—2012《油气管道风险评价方法 第 1 部分：半定量评价法》为例，介绍典型半定量风险评价方法指标设置及应用。该方法将所有影响管道安全运营的各种因素归类为第三方损坏、腐蚀、误操作、制造与施工缺陷、地质灾害及泄漏后果影响等六个方面的指标，并对每个指标进行赋值评分，综合分析其引起管道泄漏的可能性及泄漏后的事故严重程度，最终得到管道沿线的风险大小。风险模型如图 2-12 所示。

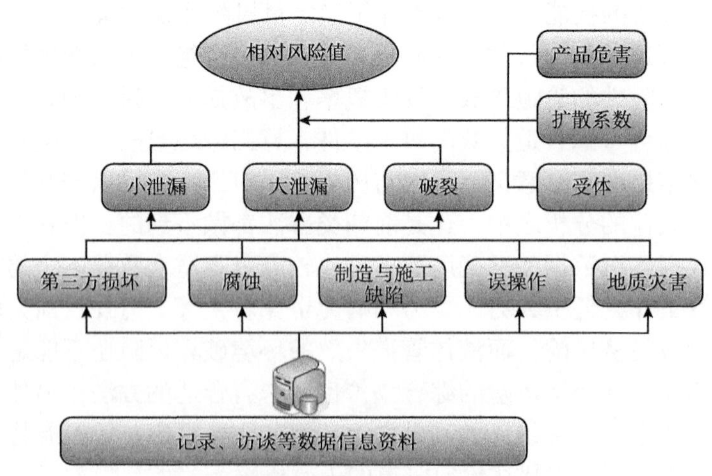

图 2-12　风险模型逻辑图

按照图 2-13 给出的总评分标准要求，对每个类型的风险因素制定详细的评分指标，构成半定量风险评价指标体系，针对指标体系中的每个指标设置评分细则，通过评分细则实现对管段风险评分。管道半定量风险评价指标体系见表 2-12。

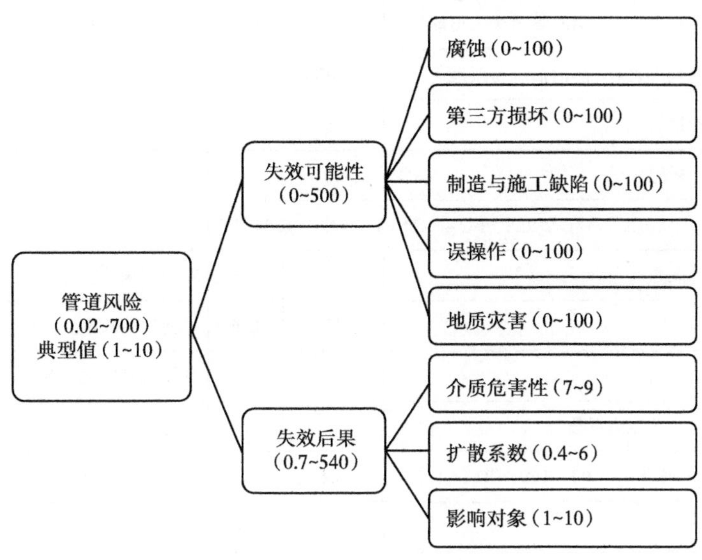

图 2-13　风险模型分值

表 2-12　半定量风险评价指标体系

风险类型	编号	属性名称	最大分值	编号	属性名称	最大分值
A 腐蚀	A.1	产品腐蚀	12	A.8	防腐层质量	15
	A.2	内腐蚀防护	8	A.9	防腐层检漏	4
	A.3	土壤腐蚀性	12	A.10	保护工（人员）	3
	A.4	阴保电位水平	8	A.11	保护工（培训）	2
	A.5	阴保电位检测	6	A.12	外检测	10
	A.6	恒电位仪	5	A.13	阴保电流	5
	A.7	杂散电流干扰	10	A.14	管道内检测	100%
	腐蚀得分 =100-［100-（A.1+ A.2+ A.3+ A.4+ A.5+ A.6+ A.7+ A.8+ A.9+ A.10+A.11+A.12+A.13）］×A.14					
B 第三方损坏	B.1	埋深得分	15	B.6	管道上方活动水平	15
	B.2	巡线频率与巡线效果综合得分	15	B.7	管道定位与开挖响应	12
	B.3	公众宣传	5	B.8	管道地面设施	8
	B.4	管道通行带与标识	5	B.9	公众保护态度	5
	B.5	打孔盗油（气）	15	B.10	政府态度	5
	第三方损坏得分 =B.1+ B.2+ B.3+ B.4+ B.5+ B.6+ B.7+ B.8+ B.9+ B.10					

续表

风险类型	编号	属性名称	最大分值	编号	属性名称	最大分值
C 地质灾害	C.1	已识别灾害点（灾害发生可能）	10	C.6	土体类型	20
	C.2	已识别灾害点（引起管道失效可能性）	10	C.7	管道敷设方式	25
	C.3	已识别灾害点（防治措施有效性）	100%	C.8	人类工程活动	15
	C.4	地形地貌	25	C.9	管道保护状况	5
	C.5	降雨敏感性	10			
	地址灾害得分 =MIN[C.1×C.2×C.3，（C.4+ C.5+ C.6+ C.7+ C.8+ C.9）]					
D 制造与施工缺陷	D.1	设计系数	10	D.5	轴向焊缝缺陷	20
	D.2	疲劳	10	D.6	环向焊缝缺陷	20
	D.3	水击危害	10	D.7	管体缺陷修复	10
	D.4	压力试验压力系数	5	D.8	运行安全裕量	15
	制造与施工缺陷得分 =100-[100-（D.1+ D.2+ D.3+ D.4+ D.5+ D.6+ D.7+ D.8）]×A.14					
E 误操作	E.1	危害识别	6	E.6	健康检查	2
	E.2	达到 MAOP 的可能性	15	E.7	员工培训	10
	E.3	安全保护系统	10	E.8	数据与资料管理	12
	E.4	规程与作业指导	15	E.9	维护计划执行	10
	E.5	SCADA 通信与控制	5	E.10	机械失误的防护	15
	误操作得分 =E.1+ E.2+ E.3+ E.4+ E.5+ E.6+ E.7+ E.8+ E.9+ E.10					

注：MIN（x1，x2，…，xn）表示取 x1，x2，…，xn 中的最小值。

2. 第三方损坏指标

第三方损坏指与管道无关人员的活动对管道造成的意外损坏，一般指第三方施工造成的管道损坏。第三方损坏是管道主要的危害因素之一，特别是目前我国处于高速发展阶段，工程建设活动频繁，第三方损坏活动对管道的危害越来越大。影响第三方损坏的指标主要包括两个方面：管道周边活动水平和第三方防护措施的有效性。第三方损坏的详细评分指标见表 2-13。

表 2-13　第三方损坏指标

属性分类	属性名称	最大分值
1	最小覆盖层厚度	15
2	管道上方活动水平	15
3	管道地面设施	8
4	管道定位与开挖响应	12
5	公众宣传	5

续表

属性分类	属性名称	最大分值
6	管道通行带与标识	5
7	打孔盗油（气）	15
8	政府态度	5
9	民众保护态度	5
10	巡护情况	15
总计		100

（1）埋深（15分）。

埋深（单位：m）得分计算公式为：

$$埋深评分 = 该段的埋深 \times 13.1$$

此项最大分值为15。

在钢管外加设钢筋混凝土涂层或加钢套管及其他保护措施，均对减少第三方破坏有利，可视同增加埋深考虑，保护措施相当于埋深增加值，如下：

①警示带，相当于0.15m；

② 50mm厚水泥保护层，相当于0.2m；

③ 100mm厚水泥保护层，相当于0.3m；

④加强水泥盖板，相当于0.6m；

⑤钢套管，相当于0.6m。

（2）巡线（15分）。

巡线得分为巡线频率得分与巡线效果得分之积。巡线频率按以下评分：

①每日巡查，15分；

②每周4次巡查，12分；

③每周3次巡查，10分；

④每周2次巡查，8分；

⑤每周1次巡查，6分；

⑥每月少于4次，而多于1次巡查，4分；

⑦每月少于1次巡查，2分；

⑧从不巡查，0分。

巡线效果根据巡线工的培训与考核综合考虑，按以下评分：

①优，1分；

②良，0.8分；

③中，0.5分；

④差，0分。

（3）公众宣传（5分）。

根据实施效果进行评分，无效果不得分，最大分值为5，为以下评分之和：

①定期公众宣传，2 分；

②与地方沟通，2 分；

③走访附近居民，2 分；

④无，0 分。

（4）管道通行带与标识（5 分）。

根据标志是否清楚，以便第三方能明确知道管道的具体位置，使之注意，防止破坏管道，同时使巡线或检查人员能有效检查，按以下评分：

①优，5 分；

②良，3 分；

③中，2 分；

④差，0 分。

（5）打孔盗油（气）（15 分）。

根据发生历史、当地社会治安状况和周边环境等因素，按以下评分：

①可能性低，15 分；

②可能性中等，8 分；

③可能性高，0 分。

（6）管道上方活动水平（15 分）。

根据管道周围或上方，开挖施工活动的频繁程度，按以下评分：

①基本无活动，15 分；

②低活动水平，12 分；

③中等活动水平，8 分；

④高活动水平，0 分。

（7）管道定位与开挖响应（12 分）。

最大分值为 12 分，为以下各项评分之和：

①安装了安全预警系统，2 分；

②管道准确定位，3 分；

③开挖响应，5 分；

④有地图和信息系统，4 分；

⑤有经证实的有效记录，2 分；

⑥无，0 分。

（8）管道地面设施（8 分）。

按以下评分：

①无，8 分；

②有效防护，5 分；

③直接暴露，0 分。

（9）公众保护态度（5 分）。

根据管道沿线的公众对管道的保护态度，按以下评分：

①积极保护，5 分；

②一般，2 分；

③不积极，0分。

（10）政府态度（5分）。

根据沿线政府机关积极配合打击盗油（气）工作的积极性，按以下评分：

①积极保护，5分；

②无所谓，2分；

③抵触，0分。

3. 腐蚀指标

腐蚀导致管道失效的主要原因是导致管道壁厚变薄，承压能力下降，随着管道服役年限的增长，导致腐蚀穿孔。腐蚀指标主要包括内腐蚀和外腐蚀两个方面，内腐蚀是由管道输送介质产品中的杂质所致，外腐蚀主要是受外部环境条件影响。管道内腐蚀最常见的是电化学腐蚀，由游离水、硫化氢、二氧化碳、氯化物等产生的酸性溶液引起，如果管道内存在微生物会加重管道内壁腐蚀。外腐蚀的主要影响因素包括土壤腐蚀性、阴极保护、防腐层、杂散电流、大气腐蚀性等。腐蚀指标见表2-14。

表2-14 腐蚀指标

序号	名称	最大分值
1	产品腐蚀性	12
2	内腐蚀防护	8
3	土壤腐蚀性	12
4	阴保电位水平	8
5	阴保电位检测	6
6	恒电位仪	5
7	杂散电流干扰	10
8	防腐层质量	15
9	防腐层检漏	4
10	保护工（人员）	3
11	保护工（培训）	2
12	阴保电流	5
13	外检测	10
14	内检测修正系数	100%
合计		100

（1）介质腐蚀性（12分）。

按以下评分：

①无腐蚀性（管输产品基本不存在对管道造成腐蚀的可能性），12分；

②中等腐蚀性（管输产品腐蚀性不明可归为此类），5分；

③强腐蚀性（管输产品含有大量的杂质，如水、盐溶液、硫化氢等杂质，对管道会造

成严重的腐蚀），0分；

④特定情况下具有腐蚀性（产品没有腐蚀性，但其中有可能引入腐蚀性组分，如甲烷中的二氧化碳和水等），8分。

（2）内腐蚀防护（8分）。

多选，最大分值为8，为以下各项评分之和：

①本质安全，8分；

②处理措施，4分；

③内涂层，4分；

④内腐蚀监测，3分；

⑤清管，2.5分；

⑥注入缓蚀剂，2分；

⑦无防护，0分。

（3）土壤腐蚀性（12分）。

按以下评分：

①低腐蚀性（土壤电阻率＞50Ω·m，一般为山区、干旱、沙漠戈壁），12分；

②中等腐蚀性（20Ω·m＜土壤电阻率＜50Ω·m，一般为平原庄稼地），8分；

③高腐蚀性（土壤电阻率＜20Ω·m，pH值、含水率、微生物的综合考量的指标，一般为盐碱地、湿地等），0分。

（4）阴极保护电位（8分）。

按以下评分：

①−1.2~−0.85V，8分；

②−1.5~−1.2V，6分；

③不在规定范围，2分；

④无，0分。

（5）阴保电位检测（6分）。

按以下评分：

①都按期进行检测，6分；

②每月1次通电电位检测，4分；

③每年1次断电电位检测，3分；

④都没有检测，0分。

（6）恒电位仪（5分）。

按以下评分：

①运行正常，5分；

②运行不正常，0分。

（7）杂散电流干扰（10分）。

按以下评分：

①无，10分；

②交流干扰已防护，10分；

③直流干扰已防护，8分；

④屏蔽，1 分；
⑤交流干扰未防护，4 分；
⑥直流干扰未防护，0 分。
（8）防腐层质量（15 分）。
指钢管防腐层及补口处防腐层的质量，根据经验进行判定，按以下评分：
①好，15 分；
②一般，10 分；
③差，5 分；
④无防腐层，0 分。
（9）防腐层检漏（4 分）。
按以下评分：
①按期进行，4 分；
②没有按期进行，2 分；
③没有进行，0 分。
（10）保护工（人员）（3 分）。
按以下评分：
①人员充足，3 分；
②人员严重不足，0 分。
（11）保护工（培训）（2 分）。
按以下评分：
①每年一次，2 分；
②每两年一次，1.5 分；
③每三年一次，1 分；
④无培训，0 分。
（12）外检测（10 分）。
根据系统的外检测与直接评价情况，按以下评分：
①距今小于 5 年，10 分；
②距今 5~8 年，6 分；
③距今大于 8 年，2 分；
④未进行，0 分。
（13）阴保电流（5 分）。
根据防腐层类型和电流密度进行评分。
①三层 PE 防腐层。
按以下评分：
a. 电流密度＜ $10\mu A/m^2$，5 分；
b. 电流密度为 $10\sim40\mu A/m^2$，3 分；
c. 电流密度＞ $40\mu A/m^2$，0 分。
②石油沥青及其他类防腐层。
按以下评分：

a. 电流密度＜ 40μA/m²，5 分；

b. 电流密度为 40~200μA/m²，3 分；

c. 电流密度＞ 200μA/m²，0 分。

（14）管道内检测修正系数（100%）。

管道内检测修正系数根据内检测精度和内检测距今时间来评分。

①高清。

按以下评分：

a. 未进行，100%；

b. 距今大于 8 年，100%；

c. 距今 3~8 年，75%；

d. 距今小于 3 年，50%。

②标清。

按以下评分：

a. 未进行，100%；

b. 距今大于 8 年，100%；

c. 距今 3~8 年，85%；

d. 距今小于 3 年，70%。

③普通。

按以下评分：

a. 未进行，100%；

b. 距今大于 8 年，100%；

c. 距今 3~8 年，95%；

d. 距今小于 3 年，90%。

4. 制造与施工缺陷指标

制造与施工缺陷指标主要包括制造缺陷和施工缺陷，一般主要包括环焊缝缺陷、轴向焊缝缺陷、凹陷等缺陷类型。同时制造与施工缺陷发生失效的过程与诱发因素相关，主要表现为内部压力、超压、疲劳、外部载荷的因素。内外部诱发因素会加速缺陷的失效。制造与施工缺陷指标见表 2-15。

表 2-15　制造与施工缺陷指标

序号	指标名称	最大分值
1	运行安全裕量	15
2	设计系数	10
3	轴向焊缝缺陷	20
4	轴向焊缝缺陷	20
5	管体缺陷修复	10
6	压力试验压力系数	5

续表

序号	指标名称	最大分值
7	疲劳	10
8	水击危害	10
9	内检测	0~100%
合计		100

（1）运行安全裕量（15 分）。

此项评分时可按如下公式计算：

运行安全裕量评分 =（设计压力 / 最大正常运行压力 −1）×30

此项最大分值为 15。

（2）设计系数（10 分）。

根据与地区等级对应管道的设计系数，按以下评分：

① 0.4，10 分；

② 0.5，9 分；

③ 0.6，8 分；

④ 0.72，7 分；

⑤ 0.8，1 分。

（3）疲劳（10 分）。

根据比较大的压力波动次数，如泵 / 压缩机的启停，按以下评分：

①＜ 1 次 / 周，10 分；

② 1~13 次 / 周，8 分；

③ 13~26 次 / 周，6 分；

④ 26~52 次 / 周，4 分；

⑤＞ 52 次 / 周，0 分。

（4）水击危害（10 分）。

根据保护装置、防水击规程、员工熟练操作程度，按以下评分：

①不可能，10 分；

②可能性小，5 分；

③可能性大，0 分。

（5）压力试验系数（5 分）。

指水压试验 / 打压的压力与设计压力的比值，按以下评分：

①＞ 1.40，5 分；

②＞ 1.25 且≤ 1.40，3 分；

③＞ 1.11 且≤ 1.25，2 分；

④≤ 1.11，1 分；

⑤未进行压力试验，0 分。

（6）轴向焊缝缺陷（20 分）。

钢管在制管厂产生的缺陷，根据运营历史经验和内检测结果，按以下评分：

①无，20 分；

②轴向焊缝缺陷，15 分；

③严重轴向焊缝缺陷，0 分。

（7）环向焊缝缺陷（20 分）。

根据运营历史经验和内检测结果，按以下评分：

①无，20 分；

②环向焊缝缺陷，15 分；

③严重环向焊缝缺陷，0 分。

（8）管体缺陷修复（10 分）。

按以下评分：

①及时修复，10 分；

②不需要修复，10 分；

③未及时修复，0 分。

（9）管道内检测修正系数（100%）。

同腐蚀指标。

5. 误操作

误操作指标指人员失误造成的管道失效。输油气管道操作人员、运行人员、维修人员、管理人员等自身的错误行为是造成误操作的主要原因。误操作导致的失效一般发生在油气站场，由于操作失误导致油气管道泄漏，并进一步引发事故。误操作指标见表 2-16。

表 2-16 误操作指标

序号	指标名称	最大分值
1	危害识别	6
2	达到 MAOP 的可能性	15
3	安全保护系统	10
4	施工质量	6
5	规程与作业指导	15
6	SCADA 通信与控制	5
7	健康检查	2
8	员工培训	10
9	机械失误的防护	15
10	数据与资料管理	6
11	维护计划执行	10
合计		100

（1）危害识别（6 分）。

根据站队的危险源辨识、风险评价、风险控制等风险管理情况，按以下评分：

①全面，6 分；
②一般，3 分；
③无，0 分。
（2）达到 MAOP 的可能性（15 分）。
根据管道运行过程中运行压力达到 MAOP 的可能性情况，按以下评分：
①不可能，15 分；
②极小可能，12 分；
③可能性小，5 分；
④可能性大，0 分。
（3）安全保护系统（10 分）。
按以下评分：
①本质安全，10 分；
②两级或两级以上就地保护，8 分；
③远程监控，7 分；
④仅有单级就地保护，6 分；
⑤远程监测或超压报警，5 分；
⑥他方拥有，证明有效，3 分；
⑦他方拥有，无联系，1 分；
⑧无，0 分。
（4）规程与作业指导（15 分）。
根据操作规程、作业指导书及执行情况，按以下评分：
①受控（工艺规程保持最新，执行良好），15 分；
②未受控（有工艺规程，但没有及时更新，或多版本共存，或没有认真执行），6 分；
③无相关记录，0 分。
（5）SCADA 通信与控制（5 分）。
根据现场与调控中心间的沟通核对工作方式，按以下评分：
①有沟通核对，5 分；
②无沟通核对，0 分。
（6）健康检查（2 分）。
按以下评分：
①有，2 分；
②无，0 分。
（7）员工培训（10 分）。
多选，最大分值为 10，为以下各项评分之和：
①通用科目（产品特性），3 分；
②通用科目（维修维护），1 分；
③岗位操作规程，2 分；
④应急演练，1 分；
⑤通用科目（控制和操作），1 分；

⑥通用科目（管道腐蚀），1 分；
⑦通用科目（管材应力），1 分；
⑧定期再培训，1 分；
⑨测验考核，2 分；
⑩无，0 分。
（8）数据与资料管理（12 分）。
根据保存管道和设备设施的资料数据管理系统情况，按以下评分：
①完善，12 分；
②有，6 分；
③无，0 分。
（9）维护计划执行（10 分）。
按以下评分：
①好，10 分；
②一般，5 分；
③差，0 分。
（10）机械失误的防护（15 分）。
多选，最大分值为 15，为以下各项评分之和：
①关键操作的计算机远程控制，10 分；
②连锁旁通阀，6 分；
③锁定装置，5 分；
④关键操作的硬件逻辑控制，5 分；
⑤关键设备操作的醒目标志，4 分；
⑥无，0 分。

6. 地质灾害

油气管道地质灾害风险主要包括岩土类、水利类和构造类三个类型，对管道危害最大的主要有滑坡、水毁、崩塌、地面塌陷等类型。地质灾害评价指标见表 2-17。

表 2-17　地质灾害指标

序号	指标名称	最大分值
1	灾害发生可能性	10
2	灾害引起管道失效的可能性	10
3	防治措施的有效性	100%
4	地形地貌	25
5	降雨敏感性	10
6	土体类型	20
7	管道敷设方式	25
8	管道保护状况	5
9	人类工程活动	15

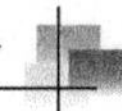

（1）已识别灾害点（100分）。

已识别灾害点评分为以下三项得分的乘积。

①已识别灾害点（易发性）。

潜在点发生地质灾害的可能性，如滑坡，应考虑发生滑动的可能性，按以下评分：

a. 低，10分；

b. 较低，9分；

c. 中，8分；

d. 较高，7分；

e. 高，6分。

②已识别灾害点（管道失效可能性）。

灾害发生后造成管道泄漏的可能性，按以下评分：

a. 低，10分；

b. 较低，9分；

c. 中，8分；

d. 较高，7分；

e. 高，6分。

③已识别灾害点（治理情况）。

按以下评分：

a. 没有必要，100%；

b. 防治工程合理有效，95%；

c. 防治工程轻微破损，90%；

d. 已有工程受损，但仍能正常起到保护作用，80%；

e. 已有工程严重受损，或者存在设计缺陷，无法满足管道保护要求，60%；

f. 无防治工程（包括保护措施）或防治工程完全毁损，50%。

（2）地形地貌（25分）。

按以下评分：

①平原，25分；

②沙漠，20分；

③中低山、丘陵，15分；

④黄土区、台田地，15分；

⑤高山，10分。

（3）降雨敏感性（10分）。

根据降水导致的地质灾害的可能性，按以下评分：

①中，6分；

②低，10分；

③高，2分。

（4）土体类型（20分）。

按以下评分：

①完整基岩，20分；

②薄覆盖层（土层厚度≥ 2m），18 分；

③薄覆盖层（土层厚度< 2m），12 分；

④破碎基岩，10 分。

（5）管道敷设方式（25 分）。

按以下评分：

①无特殊敷设，25 分；

②沿山脊敷设，22 分；

③爬坡纵坡敷设，18 分；

④在山前倾斜平原敷设，18 分；

⑤在台田地敷设，18 分；

⑥在湿陷性黄土区敷设，15 分；

⑦切坡敷设，与伴行路平行，15 分；

⑧穿越或短距离在季节性河床内敷设，15 分；

⑨在季节性河流河床内敷设，10 分。

（6）人类工程活动（15 分）。

根据人类工程对地质灾害的诱发性，按以下评分：

①无，15 分；

②堆渣，12 分；

③农田，12 分；

④水利工程、挖砂活动，8 分；

⑤取土采矿，8 分；

⑥线路工程建设，8 分。

（7）管道保护状况（5 分）。

按以下评分：

①有硬覆盖、稳管等保护措施，5 分；

②无额外保护措施，0 分。

7. 失效后果指标

失效后果指标指管道泄漏后对周边人员、财产、环境产生的影响，失效后果严重程度与管道管径、压力、输送介质等多种因素有关。输油管道和输气管道后果影响不同分别设置了评价指标。两种管道后果评价指标见表 2–18 和表 2–19，最终失效后果值为 A、B、C 三项指标得分的乘积。

表 2–18　输气管道后果评价指标

编号	指标		最大分值
A	输送介质评分（两者相加）	天然气介质危害性	9
		压力	2
B	泄漏分值	泄漏分值	6
C	后果（影响对象）（两者相加）	人口密度	7
		特殊地区	2
失效后果值 =A×B×C			

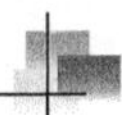

表 2–19　输油管道后果评价指标

序号	指标		最大分值
A	输送介质评分（两者相加）	油品介质危害性	7~9
		压力	2
B	泄漏分值	泄漏分值	6
C	后果（影响对象）（三者相加，不超过 10 分）	人口密度	5
		环境污染	5
		特殊地区	2
失效后果值 =A×B×C			

（1）介质危害性（10 分）。

介质危害性为以下两项评分之和，最大分值为 10。

①介质危害。

按以下评分：

a. 天然气，9 分；

b. 汽油，9 分；

c. 原油，8 分；

d. 煤油，8 分；

e. 柴油，7 分。

②介质危害修正。

a. 输气管道。

按以下评分：

A. 内压大于 13MPa，2 分；

B. 内压大于 3.5MPa 小于 13MPa，1 分；

C. 内压大于 0MPa 小于 3.5MPa，0 分。

b. 输油管道。

按以下评分：

A. 内压大于 7MPa，1 分；

B. 内压大于 0MPa 小于 7MPa，0 分。

（2）影响对象（10 分）。

按输气管道和输油管道两种类型进行评分，最大分值为 10。

①输气管道。

输气管道的影响对象得分为以下两项评分之和。

a. 人口密度。

按以下评分：

A. 城市，7 分；

B. 特定场所，6 分；

C. 城镇，5 分；
D. 村屯，4 分；
E. 零星住户，3 分；
F. 其他，2 分；
G. 荒无人烟，1 分。
b. 其他影响。
按以下评分：
A. 码头、机场，2 分；
B. 易燃易爆仓库，2 分；
C. 铁路、高速公路，2 分；
D. 军事设施，1.5 分；
E. 省道、国道，1.5 分；
F. 国家文物，1 分；
G. 其他油气管道，1 分；
H. 其他，1 分；
I. 保护区，0.5 分；
J. 无，0 分。
②输油管道。
输油管道得分为以下三项评分之和。
a. 人口密度。
按以下评分：
A. 城市，5 分；
B. 特定场所，4.5 分；
C. 城镇，4 分；
D. 村屯，3 分；
E. 零星住户，2 分；
F. 其他，1.5 分；
G. 荒无人烟，1 分。
b. 环境污染。
按以下评分：
A. 饮用水源，5 分；
B. 常年有水河流，4 分；
C. 湿地，3 分；
D. 季节性河流，3 分；
E. 池塘、水渠，2.5 分；
F. 无，1 分。
c. 其他影响。
按以下评分：
A. 易燃易爆仓库，2 分；

B. 码头、机场，2 分；

C. 铁路、高速公路，2 分；

D. 军事设施，1.5 分；

E. 国家文物，1 分；

F. 其他，1 分；

G. 无，0 分。

（3）泄漏扩散影响系数（6 分）。

泄漏扩散影响系数评分可根据表 2-20 进行插值计算获得。

表 2-20　泄漏扩散影响系数

泄漏值	分值
24370	6
13357	5.5
12412	5.1
12143	5
11746	4.8
11349	4.7
10747	4.4
10018	4.1
8966	3.7
7762	3.2
7057	2.9
6756	2.8
5431	2.2
4789	2
4481	1.8
1288	0.5
949	0.4

泄漏值根据介质不同，选择不同公式进行计算：

$$\text{气体泄漏分值} = 0.474MW\sqrt{d^2P}$$

$$\text{液体泄漏分值} = \ln(m\times1.1023) / (T\times9/5+32)^{1/2}\times20000$$

式中，m 为最大泄漏量的液体质量，kg；T 为沸点（至少 50% 的馏点），℃；d 为管径，mm；P 为运行压力，MPa；MW 为介质分子量。

二、管道半定量风险评价方法的局限性

以肯特法为代表的半定量风险评价方法的优点是能够快速评价管道风险，然而随着风险评价工作的不断深化和管理要求的提高，肯特法本身存在的问题也开始暴露出来：

（1）肯特法假设影响管道安全的风险因素是相互独立的，没有考虑指标之间的相互影响关系；

（2）对于威胁因素和防护措施没有进行分类，没有建立明确的威胁因素和防护措施对应关系；

（3）肯特法采用简单加和的计算方法，忽略了各个风险因素之间的逻辑联系；

（4）外腐蚀和内腐蚀没有分开考虑，给内腐蚀风险因素分配的权重过小，不能有效识别和评价内腐蚀风险；

（5）对于管道全线采用统一的评价精细度，针对典型的风险点没有进一步采集数据，评价精细度需要进一步提升；

（6）失效后果值域过大，最终风险计算结果由失效后果值主导。

上述因素导致风险评价工作中，风险点识别不全面，部分风险点被遮蔽，风险分级比较困难，需要基于经验判断人工分级。

随着管道风险评价工作的推进和深化应用，管道企业对于风险评价工作和结果提出了更高的要求：

（1）目前管道大部分开展了内检测工作，风险评价方法需要充分利用内外检测数据，分析和评价管道风险发展情况；

（2）针对不同风险因素采取的风险控制措施不同，需要对风险管控措施进行评价；

（3）实现管段的风险分级，给出各管段明确的风险可接受性。

目前以肯特法为基础框架的半定量管道风险评价方法，较难满足管道企业上述新的需求。2014 年起，张华兵团队对该方法进行了改进，形成了新一代的半定量管道风险评价方法，命名为基于威胁与防护模型的管道半定量风险评价方法。

（1）该方法优化了失效可能性评价模型，引入了科学的布尔代数运算公式，失效可能性评价结果更加准确；

（2）该方法优化了失效后果评价模型，采用求最大值的方法，解决了失效后果计算时的值域过大导致主导风险的问题；

（3）该方法细化了评价场景，针对高风险段补充细化数据要求，评价更加精细化；

（4）该方法实现了风险分级，可以自动确定管段的风险等级，自动筛选确定高风险管段；

（5）该方法提出了风险致因分析方法，分析确定高风险因素，指导风险管控。

采用新的评价方法，开发形成了相应的评价软件，目前该软件每年在几万千米管道上应用。

管道企业在应用半定量风险评价方法时，需要了解各方法的局限性，合理利用其评价结果，也可以综合运用多种风险评价方法，充分发挥各种评价方法的优势，来满足最终实际需求。

三、管道定量风险评价方法

管道定量风险评价方法是管道风险评价的高级方法，其在评价的过程中采用严密的推理及大量数据统计结果，相比半定量评价方法具有更好的科学性和客观性，但同时更复杂，通常需要专业技术人员采用专业评价软件才能完成。目前该方法在管道线路上主要用在人员密集型的高后果区管段。

根据评价，管道定量风险评价的结果可用于管道的建设和运营期，分别用于设计优化和风险管控。管道定量风险评价流程如图 2-14 所示。

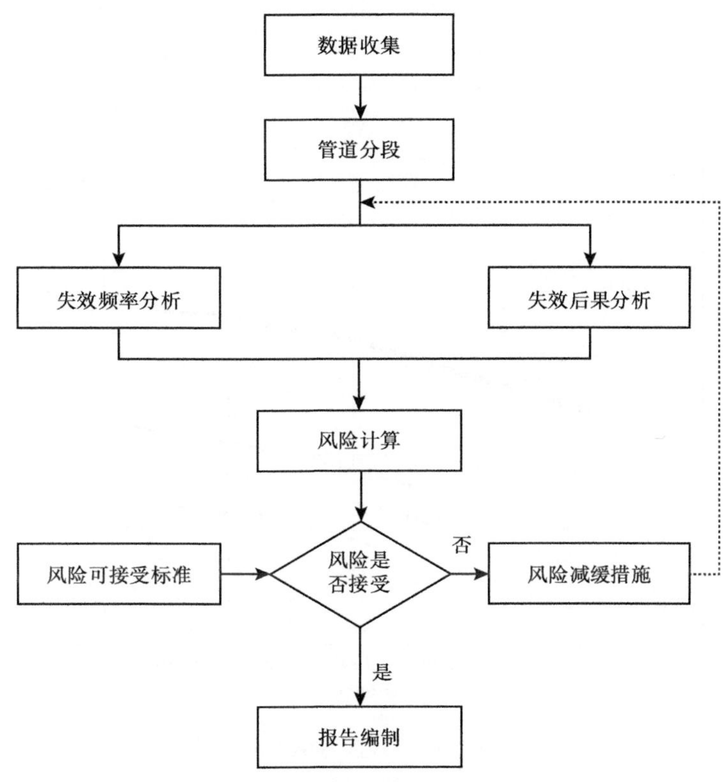

图 2-14　管道定量风险评价流程

管道定量风险评价方法又基于其失效可能性的计算方法，分为基于历史失效频率修正的方法和基于极限状态方程的方法，目前国内外主要采用基于历史失效频率修正的定量风险评价方法。

在进行失效频率分析时，管道定量风险评价人员需要选择可信的管道基础失效频率来源，本书第二章第二节介绍了国内外主要油气管道失效库，各管道失效库会定期发布相应的管道失效频率统计结果，可供参考。由于管道基础失效频率代表的是统计对象的平均水平，因此在评价特定的管道时，通常还会对其进行修正，以接近待评价管道的实际情况。修正过程主要是考虑管道的基本参数和完整性管理实施情况，对失效频率乘以相应的系数，以增大或减小最终的管道失效频率。

目前管道定量风险评价主要考虑管道潜在失效导致的人身伤亡风险，在进行失效后果分析时，需要逐步进行管道泄漏、扩散、火灾、爆炸和人身伤害过程的分析计算，确定管道周边不同范围内人员的伤害程度。该计算过程需要用到较多的气象数据和管道周边环境数据。该环节的计算结果，如管道大孔泄漏后着火的轻伤半径、重伤半径和死亡半径等，可以作为管道定量风险评价过程的中间结果展示。

管道定量风险评价最终结果主要以个人风险和社会风险来表示。同时也可以用于与风险可接受准则进行比较，判定风险的可接受性。

个人风险（Individual Risk）代表一个人死于意外事故的频率，且假定该人没有采取保护措施，个人风险在地形图上以等值线的形式给出，如图 2-15 所示。

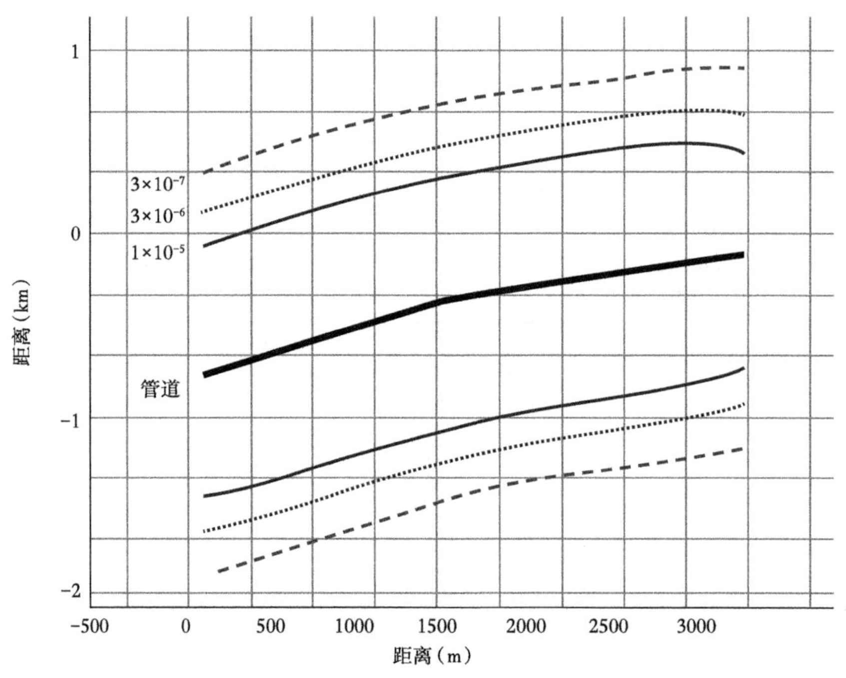

图 2-15　个人风险等值线示意图

导致人员死亡的风险通过个人风险来衡量，但实际上，人们关心的往往是整个事故对社会造成的后果。因此，许多情况下需要求给出对整个社会的风险总和，比如事故对整个社会的总影响，即为社会风险（Social Risk）。

社会风险代表有 N 个或更多人同时死亡的事故发生的频率。社会风险一般通过 F—N 曲线表示（F 为频率，N 为伤亡人员数），如图 2-16 所示。F—N 曲线表示可接受的风险水平，即频率与事故引起的人员伤亡数目之间的关系。F—N 曲线值的计算是累加的，比如与“N 或更多”的死亡数相应的特定频率。

风险可接受准则表示在规定时间内或者某一行为阶段可接受的总体风险等级，为风险分析及制定减小风险的措施提供了参考依据，应该在风险评价前就预先给出。在风险管理活动中，被广泛接受和采用的确定风险可接受准则的方法是最低合理可行原则（As Low As Reasonably Practical，简称 ALARP）。ALARP 原则要求尽可能降低风险，同时这样低的风险程度应该是能够实现的。

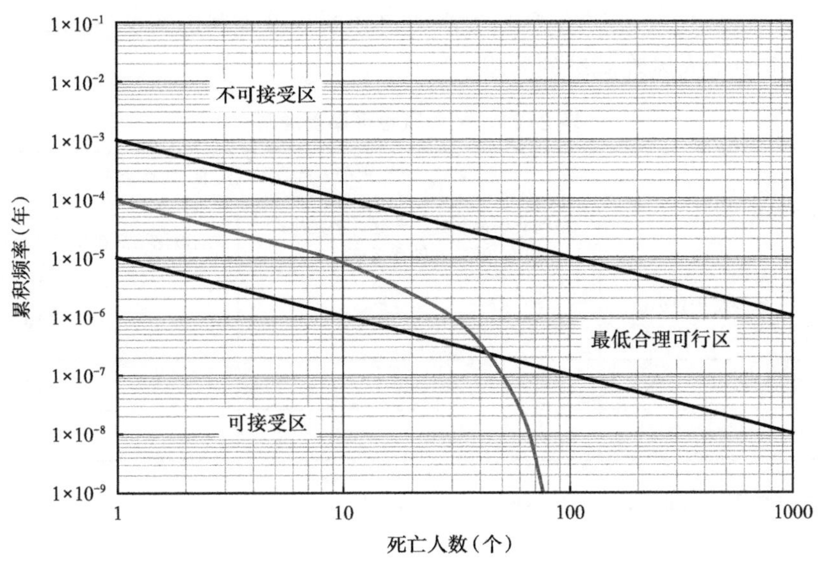

图 2-16　*F*—*N* 曲线示意图

按照 ALARP 原则，风险可以划分为 3 个等级水平（图 2-17）：

（1）可以接受的风险，该风险低于容许下限，完全可以不加以考虑，无须采取安全改进措施；

（2）不可接受的风险，该风险超过容许上限，除非在特别情况下，否则该风险不能接受，必须采取措施降低以使其可容忍或可接受；

（3）处于两者之间的为可容忍的风险，即 ALARP 区域，应在经济、可行的前提下采取措施尽可能地降低这一区域的风险水平。当采取降低风险措施得到的收益低于所采用的风险措施本身的成本时，或者已经使用了普遍采用的标准来控制风险时，则该风险是可以容忍的。

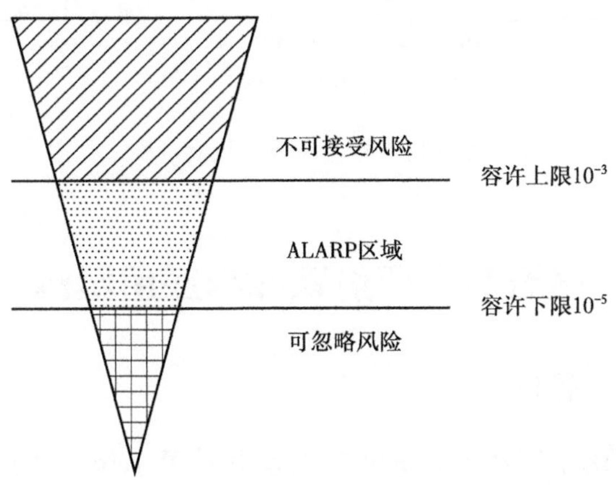

图 2-17　ALARP 原则划分的风险等级

国内最典型的风险可接受准则可参考 SY/T 6859—2020《油气输送管道风险评价导则》和 GB 36894—2018《危险化学品生产装置和储存设施风险基准》。其中 GB 36894—2018 的风险可接受标准规定为：危险化学品生产装置和储存设施周边防护目标所承受的个人风险不超过表 2-21 中个人风险基准的要求。

表 2-21　个人风险可接受准则

防护目标	个人风险可接受准则（次/a）	
	危险化学品新建、改建、扩建生产装置和储存设施	危险化学品在役生产装置和储存设施
高敏感防护目标、重要防护目标、一般防护目标中的一类防护目标	≤ 3×10^{-7}	≤ 3×10^{-6}
一般防护目标中的二类防护目标	≤ 3×10^{-6}	≤ 1×10^{-5}
一般防护目标中的三类防护目标	≤ 1×10^{-5}	≤ 3×10^{-5}

社会风险可接受准则如图 2-18 所示。

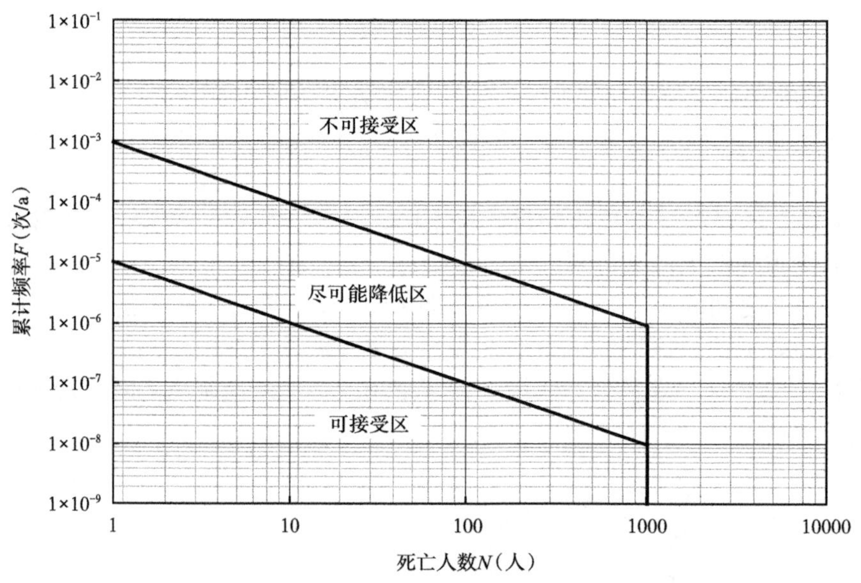

图 2-18　社会风险可接受准则

第五节　评价软件与应用案例

一、管道风险评价软件

管道风险评价过程由于涉及大量的数据处理和计算工作，通常需要软件来辅助完成。国外比较知名的管道风险评价软件有加拿大 C-Fer Technology 公司的 Piramid 软件、美国

Dynamic Risk Assessment Systems 公司 IRAS 软件中的 Risk Analyst 模块、美国 American Innovation 公司 Bass-Trigon 分部开发的风险评价模块、英国 ATP 公司的 PiMSlider 系列软件中的 Threat and Mitigation Expert 与 PipeSafe Lite 模块、美国 GE-PII 公司开发的 PVI 软件，以及国内自主开发的 RiskScore TP 软件和 RiskInsight 等。此外，非管道专用的定量风险评价还有挪威船级社（DNV）研发的 SAFETI 软件和荷兰应用科学研究院（TNO）研发的 RiskCurve 软件等。

管道风险评价软件可以帮助用户轻松实现以下功能：

（1）数据管理。

管道基础属性数据、运行数据和周围环境数据等都可以按照一定的规则在软件中进行有序的存储和维护。

（2）风险计算。

将风险计算公式写入软件后，软件可在输入必要数据之后自动实现风险的计算。

（3）结果展示。

风险计算结果可以采用大量图形和表格来展示，软件可轻松实现图形的绘制和表格的生成。

加拿大 C-Fer Technology 公司的 Piramid 软件是一款定量风险评价软件，其主界面如图 2-19 所示，评价结果界面如图 2-20 所示。

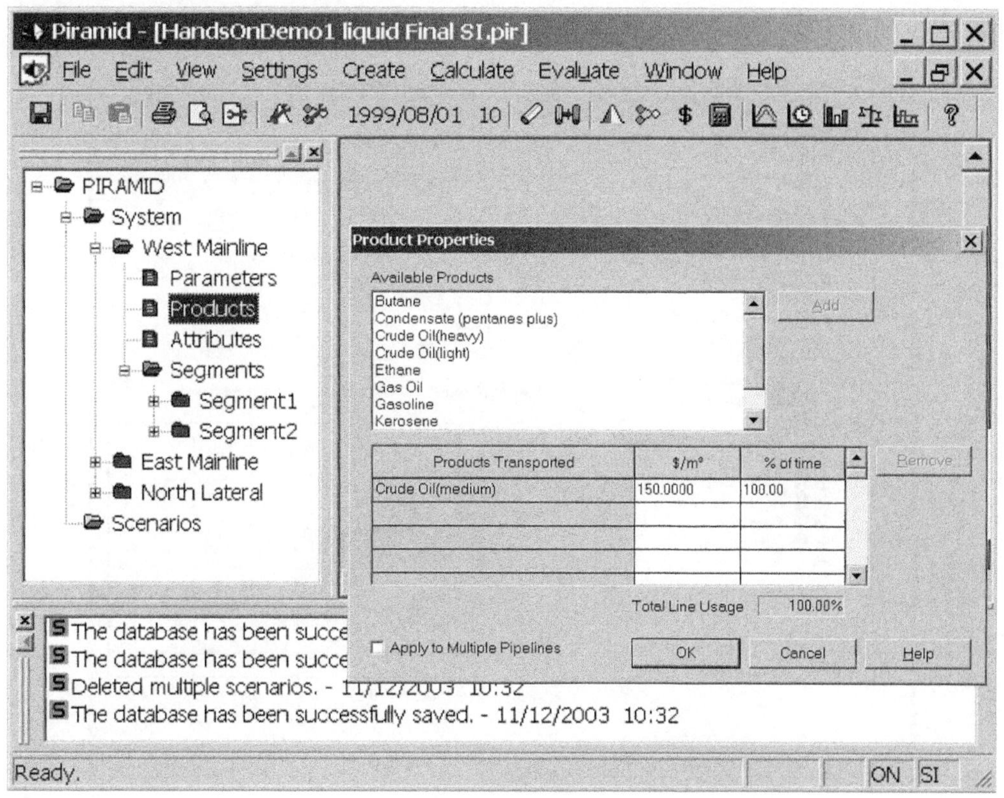

图 2-19　Piramid 软件数据录入界面

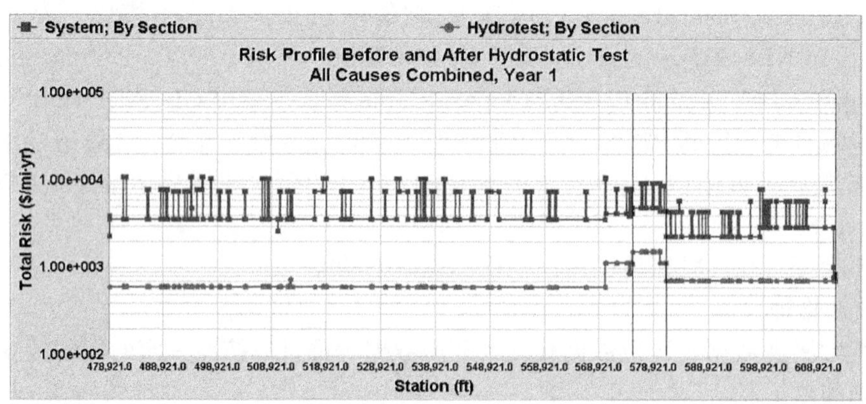

图 2-20　Piramid 软件评价结果界面

Piramid 软件主要功能和特点为：

（1）采用动态分段，实现管道风险的定量计算；

（2）采用与 ASME B31.8S 一致的管道失效原因分类；

（3）考虑了管道失效后的人员安全影响、环境影响和财产损失影响；

（4）对控制措施的风险减缓效果进行对比分析。

英国 ATP 公司的 PiMSlider 软件风险评价模块是一款管道半定量风险评价软件，其界面如图 2-21 和图 2-22 所示。

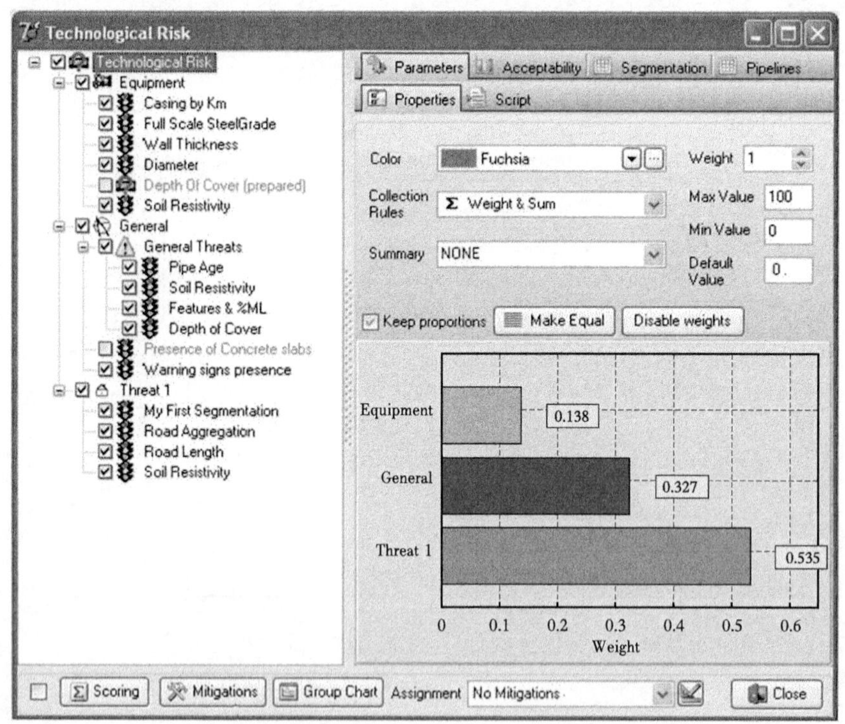

图 2-21　英国 ATP 公司管道半定量风险评价模块

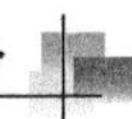

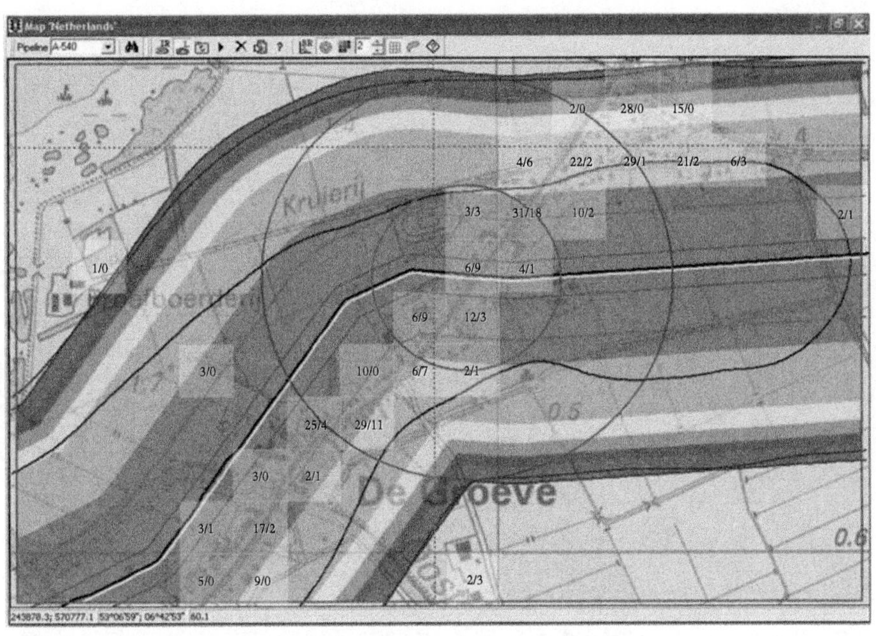

图 2-22　英国 ATP 公司定量管道风险评价模块

PiMSlider 软件主要功能和特点为：

（1）可以多种来源的数据导入交换或直接录入数据；

（2）基于肯特打分法研发了半定量风险评价模块，可以实现管道风险排序；

（3）研发了定量风险评价模块，可以计算管道通过区域的个人风险和社会风险；

（4）与管道地图模块进行了集成，可以在管道地图上展示风险。

张华兵团队开发的 RiskScoreTP 管道风险评价软件是一款管道半定量风险评价软件，采用改进的肯特评分法评价模型，目前该软件在国内广泛应用。

RiskScoreTP 软件主界面如图 2-23 和图 2-24 所示。

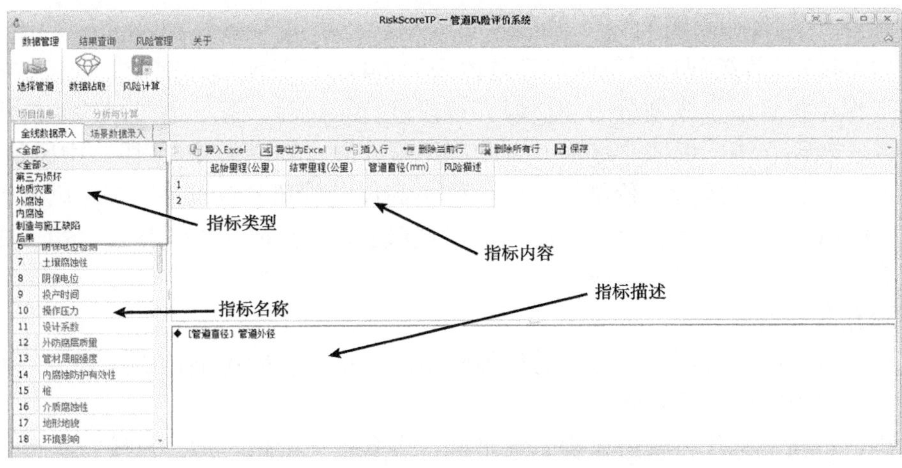

图 2-23　RiskScoreTP 软件数据录入界面

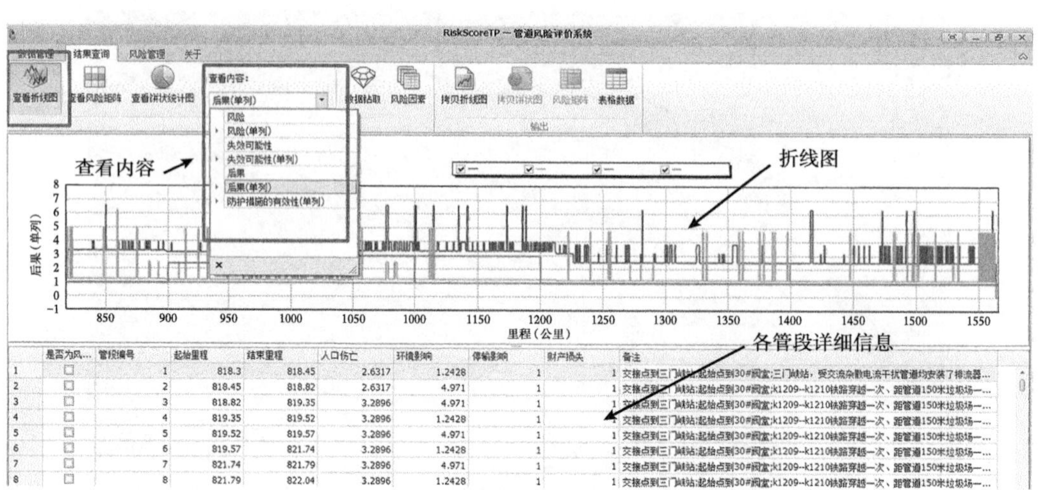

图 2-24　RiskScoreTP 管道风险评价结果界面

RiskScoreTP 软件主要特点有：

（1）对 SY/T 6891.1—2012 标准中所载管道半定量风险评价方法进行了大幅改进；

（2）采用自动分段，实现管道半定量风险计算；

（3）支持通过 Excel 等方式进行数据交换；

（4）采用折线图等方式对管道风险进行形象展示；

（5）支持评价结果一键导出。

二、管道半定量风险评价方法应用案例分析

采用管道风险评价软件开展评价工作时，工作的主要内容是根据评价指标采集数据，根据风险计算结果开展结果分析和报告编制。本节以某管道风险评价项目为例，简要介绍管道风险评价工作过程和结果。

1. 评价过程和结果概述

某管道位于湖北和湖南境内，输送介质为原油，管道规格为 ϕ508mm×7.1mm，管材一般段采用 L415 螺旋缝埋弧焊钢管，穿越段采用 L415 直缝埋弧焊钢管，全长 206km。

评价工作中将管道全线划分为 402 段，逐段进行了风险计算。通过风险矩阵将 402 个管段分为高、较高、中、低四个级别，其中高风险 0 段，较高风险 77 段，中风险 216 段，低风险 109 段。管道的风险评价结果显示：管道高风险管段长度为 0，较高风险管段长度占 7.26%，中风险管段长度占 27.42%，低风险管段长度占 65.32%（图 2-25）。管道主要的风险因素为第三方损坏和外腐蚀。

2. 评价结果分析

管道风险评价结果分析主要包括总体风险折线分析、失效可能性折线分析、失效后果折线分析、风险矩阵分析等方面。

风险折线的横坐标代表管道里程，纵坐标代表管道风险值，通过风险折线可以直观的分析管道风险沿着里程的变化情况。针对总体风险、失效可能性、失效后果、单项失效可能性等每个单项，除了采用折线反应整体变化趋势以外，还需要根据计算结果选取一些重

点管段作为每个项筛选出的重点。

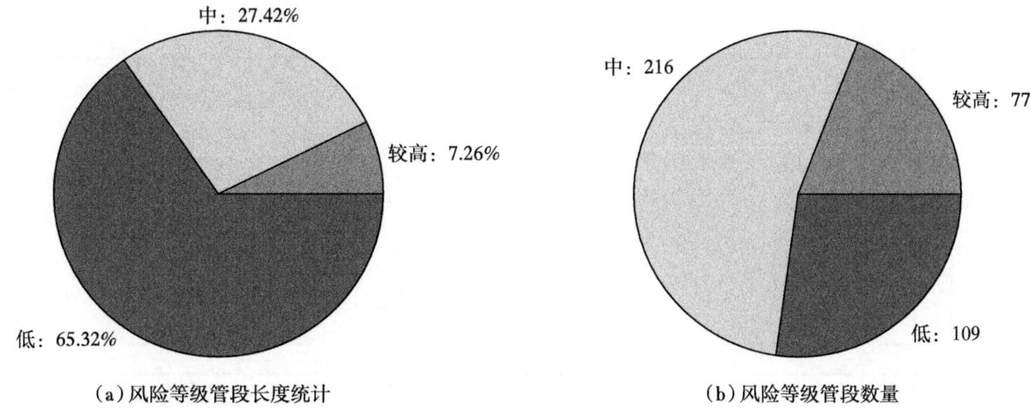

图 2-25　管道风险评价等级分布情况

管道全线风险变化折线图（图 2-26），反映了管道全线总体风险值随着里程变化的规律，风险值越大表示管道风险越大。

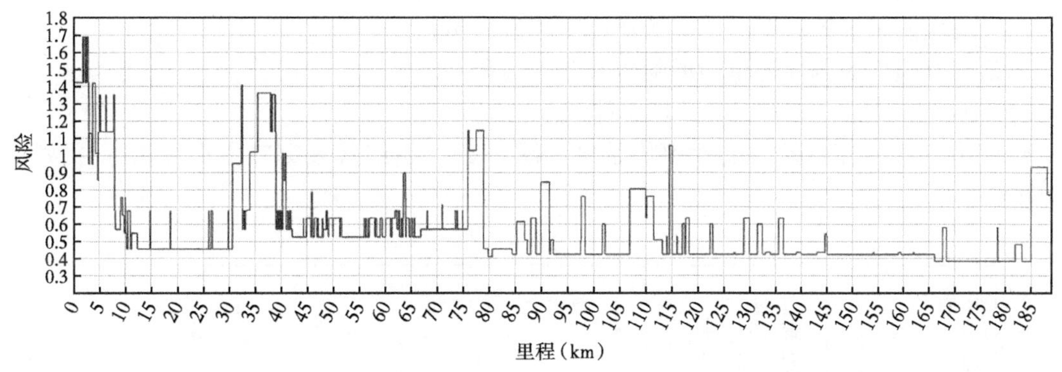

图 2-26　某管道全线风险折线图

除了进行总体风险分析意外，还需要分别从失效可能性和失效后果两个角度分析计算结果，以便于更好地识别和评估管道风险。这是因为管道风险是失效可能性和失效后果两个维度，有些管段失效可能性较高，但在失效后果非常低的情况下，从风险折线难以凸显风险，需要借助单项分析，识别出单项重点管段。将不同类型的失效可能性放在同一张折线图进行综合分析，通过对比确定管道的主导风险因素。

对数据进一步分析，第三方损坏失效可能性较高的原因是，从管道起点 K1 到 K76 区间内，管道位于某市的开发区，建设活动和勘探活动频繁，同时在该区域，管道与地下管道交叉并行，易发生挖掘施工损伤。外腐蚀风险较高的原因是管道沿线环境腐蚀性强，地下水水位 0.5~1.5m，根据国内类似管道防腐层补扣失效的案例，保温管道补口位置外防护层密封性差、防水性差，管道发生外腐蚀可能性较大。

管道失效后果严重管段主要由于管道途经地区存在敏感水体或人口密度较高，一旦发生泄漏事故会造成严重的环境影响或人员伤亡（图 2-27）。管道出站位置紧邻渤海湾，穿越海河、独流减河等，距离入海口小于 1km，一旦发生泄漏事故，会造成严重水体污染。

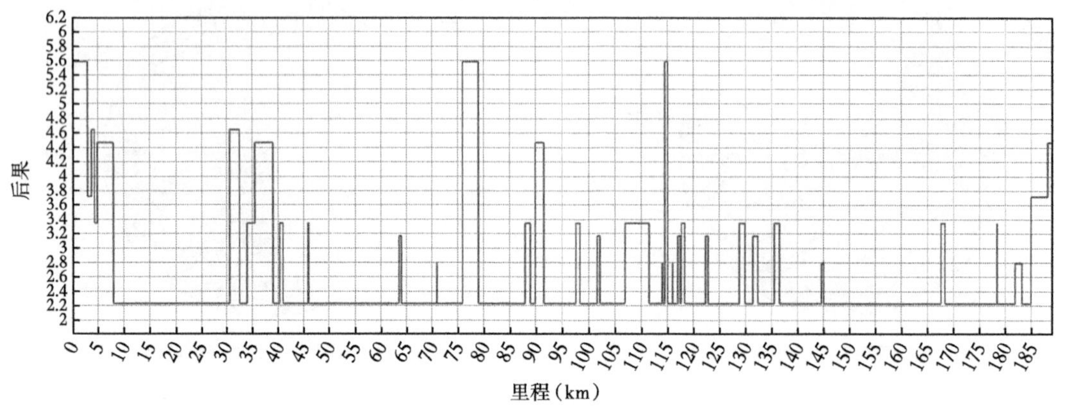

图 2-27　管道失效后果折线图

管道失效后果从人员伤亡、环境影响、财产损失、停输影响四个方面进行评价，用于识别评价管道失效后果可能产生重大后果的区域。管道附近存在敏感水体或人口密度较高，一旦发生泄漏事故会造成严重的环境影响或人员伤亡。

以第三方损坏为例简述单项风险因素分析过程：

（1）通过折线图分析第三方损坏总体风险情况。

管道第三方损坏失效可能性评价结果如图 2-28，折线代表第三方损坏指标导致的失效可能性。

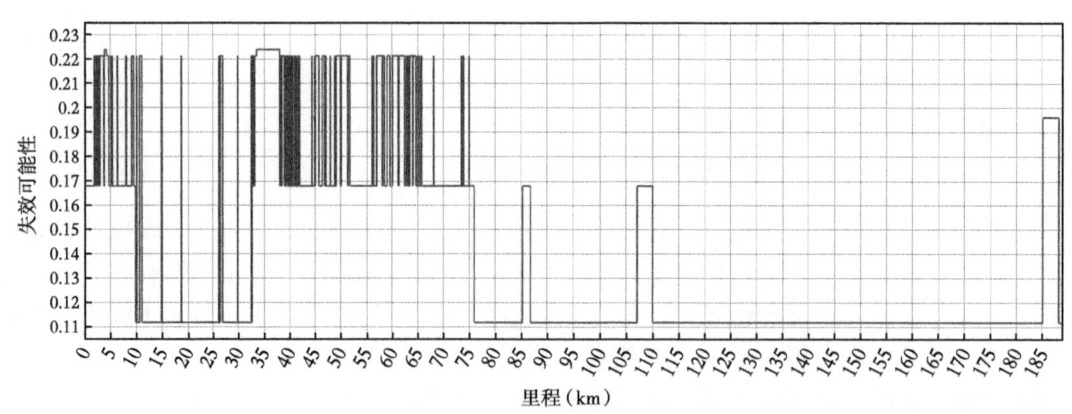

图 2-28　第三方损坏失效可能性

确定管道第三方损坏主要的危害形式有第三方施工、打孔盗油、勘探钻探、挖沙取土。管道位于某市城乡接合部，建设活动较多，管道敷设于管廊带，多条管道交叉并行，易发生第三方交叉施工损坏。管道穿越的区域是打孔盗油易发区域，在管道投产以来，已发现建设期间的预埋盗油阀门，故打孔盗油是管道面临的重大风险之一。管道穿越沟渠处，存在挖沙、取土、清淤的风险。

（2）根据计算结果确定第三方损坏风险较高的管段。

管道第三方损坏失效可能性分值为 0.1119~0.2239 分，分值较高的管段见表 2-22。管段一般应标出位置、分值和风险原因，必要时应列出建议风险管控措施。

表 2-22　第三方损坏高失效可能性段

序号	分段起始位置（km）	分段结束位置（km）	第三方损坏失效可能性	原因描述
1	0	3.8	0.1697	出站位置，管道在管廊带敷设，多条管道交叉并行
2	3.8	4.3	0.2239	管道附近约 250m 有居民小区，城乡接合部内空地，发生施工活动概率大；区域内与其他地下管道交叉
3	4.3	9.9	0.2221	交通繁忙，多条油气管道并行
4	32.6	33.5	0.2221	城乡接合部，管道与海滨大道并行距离不足 50m，管道两侧 15m 范围内与两条输油管道、一条输气管道并行；区域内与其他地下管道交叉
5	39	45	0.2221	城乡接合部，其他管道交叉；与另一条间距不足 15m 的输油管道和间距不足 50m 的津岐公路并行，与 6 条输油管道交叉
6	45.846	46.1	0.2221	城乡接合部，此处管道油流方向左侧有两排房屋，为管道经过的三级地区；区域内与其他地下管道交叉

（3）进一步分析数据确定第三方损坏风险较高管段的具体风险原因。

分析不同位置风险的主要原因，当对重点管段结合图片详细描述管道风险情况，管道第三方损坏失效可能性较大的原因主要分为第三方施工损坏、打孔盗油、勘探钻探、挖沙清淤取土。针对上述每个类型可选取一个典型的具体点结果现场图片分析风险原因。

（4）提出针对风险的管控措施。

进行每个单项分析时，提出针对性风险控制措施，便于根据风险评价报告开展风险管控。该案例中针对管道第三方损坏风险，建议采取如下控制措施：

①管道与其他关系交叉并行较多，交叉并行区域是第三方损坏易发区，应认真测绘管道中心数据，确保管道位置准确。对 400 多处与其他管道的交叉点应准确测量坐标信息，并详细记录每个交叉点管道交叉角度、埋深、垂直距离等信息。

②设置清晰、准确的管道标识，对于第三方损坏易发区域管段设置加密桩、警示牌。目前管道标识为水泥桩喷刷油漆，在雨季容易被冲刷，建议做好标识信息的维护，对于活动水平高的区域，设置能防止字迹脱落的警示标识。

③新投产管道沿线民众对于管道知识、管道失效危害等不清晰，管道投产后应着力组织管道保护宣传活动，走访沿线民众、企业，使其能熟悉管道，积极保护管道。

④管道穿越城乡接合部区域，有较多的待开发空地、管廊带等，针对上述区域，建议逐步收集沿线土地所有人信息，收集沿线交叉并行管道的管理单位信息，并与对方建立长久联系机制，防止对双方管道的危害。

⑤针对发生的交叉施工严格施工管理程序。明确发现—报告—保护—关闭流程，明确

流程中各方的职责，明确记录要求。一是从管道保护方案的审批、管道保护安全协议的签订到工程的验收、资料归档必须形成严密的全过程闭环；二是第三方施工关联管段的管道必须开挖验证，对于不能开挖验证的管段，必须采取物探等手段探明管道的位置，做到管道精确定位，设置必要的临时警示标志，管道两侧各 5m 范围圈定警示范围，保证监护及警示措施的落实；三是第三方施工过程中必须做到 24h 监护，监护人员必须明白所监护的关键内容，什么情况应予以制止、纠正，什么情况应向上级部门汇报。

⑥对与第三方损坏易发区域加密巡线的频率，由于新雇佣的巡线工对管道巡护要点和要求可能不熟悉，投产前期要加大对巡线工培训的力度。

⑦对管道附近挖沙取土行为坚决制止，已有挖沙取土的情况，应监测其影响。

3. 风险管段与立项建议

风险评价结果中应包含风险管道汇总表，提出观点风险管控重点管段和初步的风险控制措施建议，并将汇总表作为风险评价的主要结果。风险管段汇总表在对总体风险和各个分项分析的基础上得出，风险管段汇总表中对于需要立项治理的风险点应当明确列出，并列入下一年度风险治理立项建议。管道风险管段汇总表见表 2-23。

表 2-23　管道风险管段汇总表

管道名称	评价日期	管段起点	管段终点	主要威胁因素	失效可能性	失效后果	风险值	风险等级	管段风险描述	完整性评价建议	是否立项治理	费用估算	是否有应急预案	临场处置方案	管控建议措施分类	管控建议措施内容	现场照片	是否已受控

三、管道定量风险评价方法应用案例分析

以某管道的一高后果区管段为例进行计算，主要输入参数见表 2-24。

表 2-24　主要输入参数

参数	值
管材	L485
外径	720mm
管壁厚度	10mm
输送介质	原油
管道长度	2km
运行压力	6MPa

管道失效频率采用基于历史失效频率修正的方法进行计算，基础失效频率选用 GB 32167—2015 附录 G，取值 2.251 次 /（10^3km · a）。

管道失效后果主要考虑池火，失效后果计算过程如图 2-29 所示。

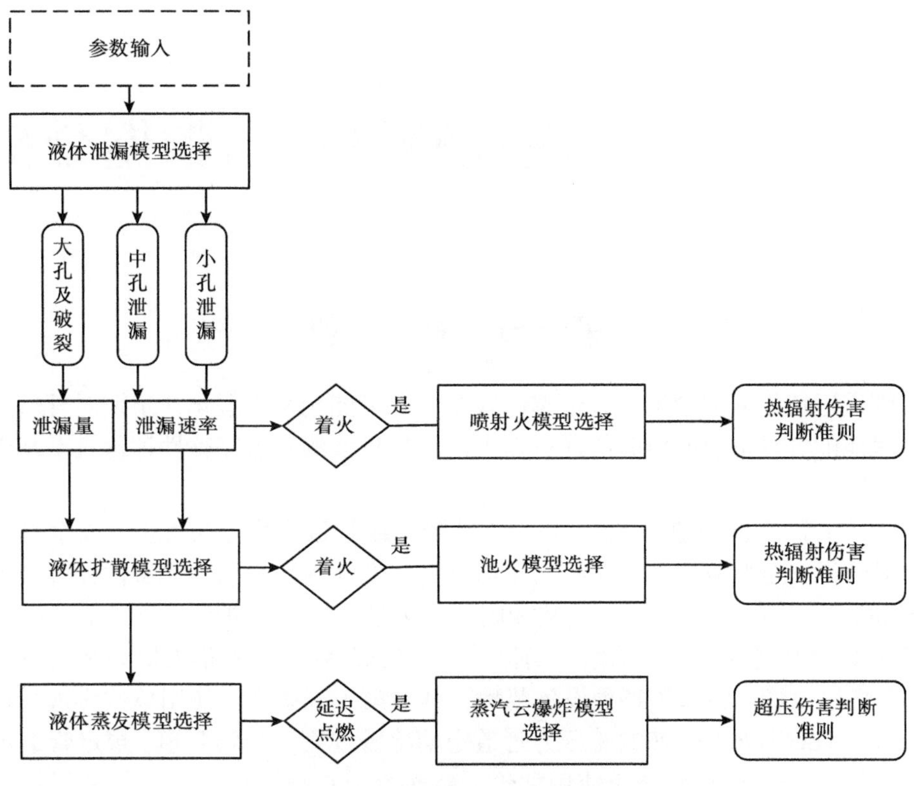

图 2-29 管道失效后果计算过程

最终采用 GB 36894—2018《危险化学品生产装置和储存设施风险基准》中的个人风险可接受标准进行反推，确定了管道安全距离，结果见表 2-25。

表 2-25 某高后果区管段（新建管道及在役管道）安全距离

管道周边重要目标和敏感场所类别	在役管道安全距离（m）
低密度人员场所（人数＜ 30 人）：单个或少量暴露人员	118
（1）居住类高密度场所（30 人≤人数＜ 100 人）：居民区、宾馆、度假村等； （2）公众聚集类高密度场所（30 人≤人数＜ 100 人）：办公场所、商场、饭店、娱乐场所等	180
（1）高敏感场所：学校、医院、幼儿园、养老院、监狱等； （2）重要目标：军事禁区、军事管理区、文物保护单位等； （3）特殊高密度场所（人数≥ 100 人）：大型体育场、大型交通枢纽等	240

分析该计算结果，发现计算得到的管道安全距离远远大于目前法规标准中控制的管道两侧 5m。对结果进行深入分析，对比发现 GB 32167—2015 附录 G 的失效频率相比其他基础失效频率较高，同时在进行失效频率修正过程中，因该管道较为老旧，失效频率最终取值很高。此外管道输送压力较高，应急响应时间较长，失效后果也较高。最终导致该管道个人风险值较高，通过个人风险值反推得到的管道安全距离值较大。

第三章 管道内检测管理与数据分析

第一节 概 述

随着管道运行年限的增加，管道本体安全状况可能会发生恶化，定期对管道进行内检测是实施埋地油气管道全面检验的最有效手段，且目前的管道完整性评价大多基于管道内检测数据开展。

“11 · 22”青岛输油管道爆炸、“6 · 10”晴隆中缅管道爆炸等几次重大安全事故发生之后，国家对管道安全监管日益严格。对管道开展周期性的内检测与完整性评价逐步被写入法律法规和标准规范中。《中华人民共和国石油天然气管道保护法》第二十三条规定管道企业应定期对管道进行检测、维修，确保其处于良好状态。《中华人民共和国特种设备安全法》首次将压力管道纳入了特种设备范畴，其中第十五条规定使用单位应进行自行检测和维护保养。TSG D7003—2022《压力管道定期检验规则—长输管道》规定管道定期检验包括年度检验、全面检验和合于使用评价，新建管道在投产后三年内须进行首次全面检验。GB 32167—2015《油气输送管道完整性管理规范》对管道内检测及完整性评价周期进行了详细规定，且明确了内检测与管道完整性评价之间的关系。

GB 32167—2015 规定新建管道在投用后 3 年内完成完整性评价，输油管道高后果区完整性评价的最大时间间隔不超过 8 年。宜优先选择内检测方法进行完整性评价。对不能改造或清管的管道，可采用压力试验或直接评价等其他完整性评价方法。内检测时间间隔需要根据风险评价和上次完整性评价结果综合确定，根据管道服役条件下应力水平最大评价时间间隔分别为 10 年、15 年和 20 年。

国内关于油气管道内检测技术相关的标准有：SY/T 6597—2018《油气管道内检测技术规范》、GB/T 27699—2023《钢质管道内检测技术规范》等。这些标准规定了在役油气线路管道内检测技术与设备选择、检测方案编制、检测实施、检测成果提交、检测结果开挖验证、检测器性能指标验证、检测数据管理、检测风险控制与应急处理、检测服务方能力的要求。

这些法规标准为管道内检测管理提供了依据和方法，在实际内检测管理过程中仍应注意以下几点：

（1）应基于检测目的和对象选择合适的内检测方法，并使内检测器的能力和性能与管道检测的需求相适应；

（2）内检测前，应评估管道的可检测性。当存在限制条件时，宜通过改造或临时改变运行工况使其具备内检测条件；

（3）检测前需要清管，管道清洁度是获得高质量检测数据的关键因素；

（4）检测前应确定管道内检测数据的可接受准则，包括检测精度、通道数据丢失、传感器噪声、定位偏差、特征遗漏、检测器运行速度等，并应约定检测结果初始报告与最终报告的提交要求。

按照实施时间，管道内检测可分为投产前管道内检测、管道基线检测、管道再检测等三个阶段。

（1）投产前管道内检测。当前，投产前管道内检测多用于发现管道施工建设过程中产生的变形。投产前传统管道测径方法是使用测径板清管器，该方法需要多次发送测径板清管器，确定管道中可能存在的变形，之后再发送带有跟踪仪的清管器，利用憋压停球定位的方式对变形进行定位，确定不满足管道验收标准的变形。投产前传统管道测径方法，只能对较为严重的变形进行定位，且存在着一定的距离误差，不能对变形进行精确量化及确定变形的周向位置。其可实施性差，不能一次完全、准确地找到管道中不满足验收要求的变形，对于存在较多变形的管段，使用传统管道测径方法会导致管道连续测径不合格，不能满足管道验收要求，人力、物力消耗较大。由于投产前传统管道测径方法的局限性，导致有些变形在投产前被遗留下来，而管道运营后，由于地质移动及载荷的变化，使变形加重，给管道运营带来了严重的影响。通过投产前实施变形检测，可快速地发现管道中存在的变形并可以对其准确地定位和量化，依据变形检测结果对不满足验收要求的变形进行处理，消减管道日后运行的风险，满足管道测径验收的要求。

（2）管道基线检测。管道基线检测是指管道运行投产后的第一次检测。基线检测的直接结果是获得管道的基础状态，同时发现工程遗漏问题，为管道完整性管理提供了基础数据。通过实施基线检查能够查明管道中存在的各类附件，以及施工过程中产生的机械损伤、管道变形及焊缝异常。搭载 IMU 惯性导航系统，还能够对管道走向进行测量。除对施工遗留问题进行查明外，还能够为日后开展的管道周期性检测的分析提供了数据基础。为准确评估管道状况和缺陷增长趋势，需尽早对管道进行基线检测。

（3）管道再检测。管道再检测也被称为周期性检测，是按照标准规范或是上一次管道完整性评价结论的要求而开展的再次管道内检测。管道内检测数据是完整性评价的数据基础，但由于管道检测技术时效性，只进行一次内检测无法及时准确掌握管道缺陷状态，尤其是存在活性腐蚀缺陷的管道；实践过程中，缺陷类型的不确定性及保守的剩余寿命预测，往往会造成管道完整性管理中不必要的开挖维修，给管道企业的日常管理带来巨大的压力。通过管道再检测，依据两次或多次管道内检测数据的对比结果，能够分析管道缺陷如内部缺陷、外部缺陷、补口缺陷、焊缝异常等的生长情况及其对管道危害的严重程度；合理地计算腐蚀生长速率，降低剩余寿命预测的保守性，排除剩余寿命预测的不确定性。两次或多次检测数据的对比结果是分析管道缺陷存在原因及制定缺陷维修计划的重要依据，对管道完整性评价具有科学的指导意义。

第二节 管道内检测管理

一、管道内检测技术分类及适用性

管道内检测（In-Line Inspection，简称 ILI）指借助于输送介质的压差使检测器在管道内运动，检测管道缺陷（内外部腐蚀、机械损伤、制造缺陷、变形、裂纹等）、管道中心线位置和管道结构特征（三通、阀门、法兰、焊缝等）的方法。

管道内检测按照检测方法可以分为漏磁（MFL）、超声波（UT-WM/UT-CD）、电磁超声（EMAT）、测绘（MAPPING、IMU）等；按照检测对象或缺陷类型可以分为变形检测（Caliper）、腐蚀检测、裂纹检测、中心线检测等。

内检测数据是管道完整性管理和管道安全评价的数据基础，不同检测技术具备不同缺陷类型检测能力，通常管道在实施内检测之前需要对管道进行评估，选择适合的检测方法来实施管道内检测，有必要时可以选择多种检测技术或复合检测设备来实施管道内检测。常见管道缺陷类型及内检测技术见表 3-1。

表 3-1　常见管道缺陷类型及内检测技术

缺陷类型		适用的检测器
性质	几何变形	变形内检测器
	金属损失（体积型）	漏磁内检测器；超声测厚内检测器（液体）
	裂纹与类裂纹（平面型）	超声裂纹内检测器（液体）；电磁超声内检测器（气体）；环向漏磁检测器
位置	焊缝异常	漏磁内检测
外力	弯曲应变	惯性测绘（IMU）内检测器

管道内检测是对管道壁厚金属损失、几何变形等进行直接或间接检测，是对管道进行全面检验的最直接有效手段。目前，成熟的管道壁厚金属损失内检测技术是漏磁法和超声波法，这两种检测方法各有其局限性，超声波管道内检测只适用于液体管道，对于管道的清洁度要求较高，适用于管道壁厚较厚的管道，薄壁管（壁厚小于 4mm）不适用；但超声波属于直接的壁厚检测，检测精度较高，而且可以检测裂纹缺陷。漏磁管道内检测对于管道介质没有限制，适用于液体和气体管道，对于厚壁管需要加大励磁强度，检测性能会有所下降；漏磁检测为间接检测，缺陷的漏磁场反映了缺陷的大小，但与缺陷的形状、取向相关，随着漏磁检测技术的不断发展，缺陷的量化水平在不断提高。相对而言，漏磁检测因与输送介质无关，对管道的清洁度要求相对较低，所以应用范围更为广泛。

实践过程中，每一条管道的主要缺陷类型不尽相同。可根据具体的管道缺陷失效风险，选择最适合的内检测方法，使得检测效益最大化。GB 32167—2015《油气输送管道完整性管理规范》附录 H 将现有内检测技术分为金属损失检测器、裂纹检测器及变形检测器等三类，将可检测的管道异常分为金属损失、类裂纹、变形、部件、维修特征及各种异常等六大类。将六大类的可检测管道异常又进一步细分为外腐蚀、内腐蚀、应力腐蚀开裂、凹陷、环焊缝异常等 38 种管道缺陷特征。

管道凹陷、椭圆等几何变形选择变形内检测。如图 3-1 所示，几何内检测器通过位移传感器识别管道内径的变化来判断管道几何变形情况，结合多个里程轮数据完成弯头识别。可检测外力导致的管道几何变形，确定变形的具体位置和变形量，如凹陷、椭圆变形、内径变化、弯头等管道缺陷特征。

表 3-2　内检测器类型和用途对照表

异常	瑕疵 / 缺陷 / 特征	金属损失检测器			裂纹检测器		变形检测器
		漏磁（MFL）		超声纵波[m]	超声横波[m]	环向漏磁	
		标准分辨率	高分辨率				
金属损失	外腐蚀	可检出[a] 可判定尺寸[b]	可检出[a] 可判定尺寸[b]	可检出[a] 可判定尺寸[b]	可检出[a] 可判定尺寸[b]	可检出[a] 可判定尺寸[b]	检不出
	内腐蚀						
	划痕						
类裂纹	狭窄轴向外腐蚀	可检出[a]	可检出[a]	可检出[a] 可判定尺寸[b]	可检出[a] 可判定尺寸[b]	可检出[a] 可判定尺寸[b]	检不出
	应力腐蚀开裂	检不出	检不出	检不出	可检出[a] 可判定尺寸[b]	有限检出[ac] 可判定尺寸[b]	检不出
	疲劳裂纹	检不出	检不出	检不出	可检出[a] 可判定尺寸[b]	有限检出[ac] 可判定尺寸[b]	检不出
	直焊缝裂纹等	检不出	检不出	检不出	可检出[a] 可判定尺寸[b]	有限检出[ac] 可判定尺寸[b]	检不出
	周向裂纹	检不出	可检出[c] 可判定尺寸[b]	检不出	可检出[a] 可判定尺寸[b,d]	检不出	检不出
	氢致裂纹	检不出	检不出	可检出[a]	有限检出	检不出	检不出
变形	弯折凹陷	可检出[e,g]	可检出[e,l]	可检出[e,g]	可检出[e,g]	可检出[e,g]	可检出[f] 可判定尺寸
	平滑凹陷	可检出[e,g]	可检出[e,l]	可检出[e,g]	可检出[e,g]	可检出[e,g]	可检出[f] 可判定尺寸
	鼓胀	可检出[e,g]	可检出[e,l]	可检出[e,g]	可检出[e,g]	可检出[e,g]	可检出[f] 可判定尺寸
	皱纹、波纹	可检出[e,g]	可检出[e,l]	可检出[e,g]	可检出[e,g]	可检出[e,g]	可检出[f] 可判定尺寸
	椭圆度	检不出	检不出	检不出	检不出	检不出	可检出 可判定尺寸[b]
部件	管式阀和配件	可检出	可检出	可检出	可检出	可检出	可检出
	套管（同心）	可检出	可检出	检不出	检不出	可检出	检不出
	套管（偏心）	可检出	可检出	检不出	检不出	可检出	检不出
	弯管	有限检出	有限检出	有限检出	有限检出	有限检出	可检出[h] 可判定尺寸[h]
	支管 / 带压开孔	可检出	可检出	可检出	可检出	可检出	检不出
	临近金属物	可检出	可检出	检不出	检不出	可检出	检不出
	铝热焊接	检不出	检不出	检不出	检不出	检不出	检不出
	管道坐标	检不出[k]	可检出[k]	可检出[k]	可检出[k]	可检出[k]	可检出[k]

续表

异常	瑕疵 / 缺陷 / 特征	金属损失检测器			裂纹检测器		变形检测器
		漏磁（MFL）		超声纵波[m]	超声横波[m]	环向漏磁	
		标准分辨率	高分辨率				
维修特征	A 型套筒	可检出	可检出	检不出	检不出	可检出	检不出
	复合套筒	可检出[i]	可检出[i]	检不出	检不出	可检出[i]	检不出
	复合材料补强	检不出	检不出	检不出	检不出	检不出	检不出
	B 型套筒	可检出	可检出	可检出	可检出	可检出	检不出
	补丁 / 半圆补强板	可检出	可检出	可检出	可检出	可检出	检不出
	沉积焊	有限检出	有限检出	检不出	检不出	有限检出	检不出
各种异常	分层	有限检出	有限检出	可检出 可判定尺寸[b]	有限检出	有限检出	检不出
	夹杂物 / 未熔合	有限检出	有限检出	可检出 可判定尺寸[b]	有限检出	有限检出	检不出
	冷作	检不出	检不出	检不出	检不出	检不出	检不出
	硬点	检不出	可检出[j]	检不出	检不出	检不出	检不出
	磨痕	有限检出[a]	有限检出[a]	可检出[a,b]	可检出[a,b]	有限检出[a,b]	检不出
	应变	检不出	检不出	检不出	检不出	检不出	可检出[j]
	环焊缝异常	有限检出	可检出	可检出	可检出[d]	检不出	检不出
	螺旋焊缝异常	有限检出	可检出	可检出	可检出	可检出	检不出
	直焊缝异常	检不出	检不出	可检出	可检出	可检出	检不出
	疤 / 毛刺 / 鼓泡	有限检出[a]	有限检出	可检出[a,b]	可检出[a,b]	有限检出[a]	有限检出

注：[a] 受可检测的指示的深度、长度和宽度的限制。

[b] 由检测器的尺寸精度确定。

[c] 闭合裂纹减小了检测概率（POD）。

[d] 传感器旋转 90°。

[e] 检测概率（POD）的减小取决于尺寸与形状。

[f] 如装配设备，也可检测周向位置。

[g] 尺寸不可靠。

[h] 如装配弯头测量设备。

[i] 不可探测未做标记的复合套筒。

[j] 如装配设备，取决于参数。

[k] 如装配具有测绘能力的设备（IMU）。

[l] 量化精度取决于设备。

[m] 仅在液体环境，即液体管道或液体耦合的气体管道中能使用的内检测技术。

图 3-1　管道典型凹陷变形缺陷及几何内检测器示例

腐蚀、制造缺陷等金属损失与焊缝缺陷选择漏磁内检测。如图 3-2 所示，漏磁内检测器通过钢刷与磁铁耦合，在管壁全圆周上产生轴向磁饱和回路。存在缺陷时，缺陷处磁通路变窄，磁力线发生变形，部分磁力线穿出管壁两侧产生漏磁场，通过安装在磁化单元中间的霍尔传感器探测缺陷信号。漏磁场的分布和强度作为原始检测信号数据为金属损失缺陷尺寸量化提供依据，因此数据信号识别分析模型及相关人员水平，是不同内检测商对金属损失尺寸量化精度差异的重要影响因素。

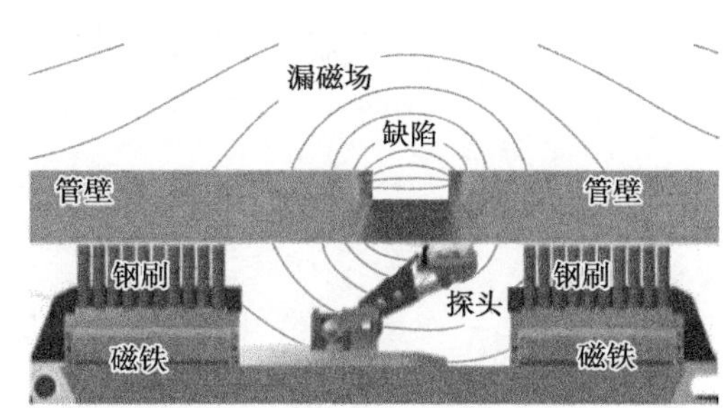

图 3-2　管道金属损失缺陷及漏磁内检测器示例

液体管道腐蚀与夹层等选择超声测厚内检测。如图 3-3 所示，超声波探头垂直于管壁发出的超声压缩波，通过检测管道内表面和外表面的回波信号时间差，结合超声波在管壁中的传播速度，即可确定管壁的厚度。管壁剩余厚度越小，回波信号的时间差越小，分辨能力越差。因此，管壁腐蚀程度愈严重，测量精度愈差是超声波检测器的弱点之一；另外，管壁结蜡可以吸收超声波信号同样会对检测精度造成不良影响。超声波探头与管壁之间需要液体耦合剂，因此这种技术一般不适合输气管道。超声测厚内检测的特点是可对管道壁厚进行直接测量，精度高达 ±0.4mm，并可有效区分内外缺陷。

液体管道裂纹选择超声裂纹内检测。超声波裂纹检测：超声波检测对裂纹等平面型缺陷最为敏感，检测精度很高，是目前管道管体裂纹缺陷的最有效检测方法。如图 3-4 所示，与超声测厚内检测技术的区别就是超声波的入射角度不同，超声测厚内检测技术是垂直入射，而超声裂纹检测一般 45° 入射。斜入射的超声剪切波对管壁中的裂纹缺陷界面敏感，遇到裂纹界面时，发生回波信号，同时被超声传感器探测到，实现管道裂纹缺陷检测。可检测的典型缺陷有应力腐蚀开裂、疲劳裂纹、焊缝缺陷、划伤、沟槽、类裂纹缺陷等。该技术对于裂纹检测精度较高，但超声波在空气中衰减很快，检测时必须通过液体介质（如油或水）与管壁耦合，故较难应用于气体管道。

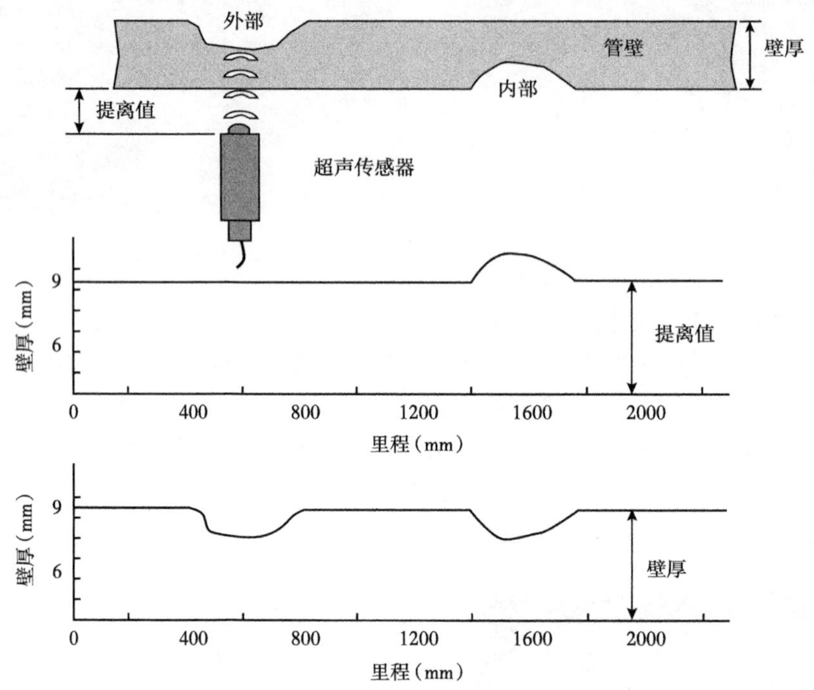

图 3-3　超声测厚内检测技术原理

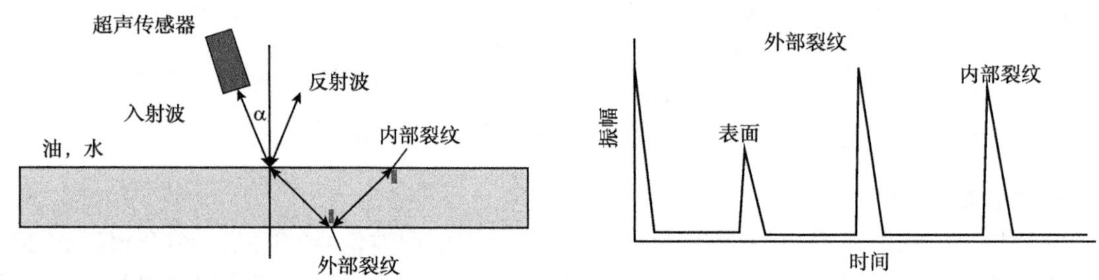

图 3-4　超声裂纹内检测技术原理

气体管道裂纹、防腐层剥离选择电磁超声（EMAT）内检测。传统的压电式超声换能器为了保证换能效率，不仅需要声耦合剂来实现与被测物的良好接触，而且常要求对被测物表面进行一定的预处理。20 世纪 60 年代末期出现了可以直接在导体中激发与接收超声波的电磁超声换能器，与压电式换能器相比，该技术是一种干耦合技术，具有无须接触、无须耦合且无须对试件表面进行处理等优势，但因其信号幅值较小，对周围环境噪声敏感度相对较高。如图 3-5 所示，EMAT 利用洛伦兹力、磁致伸缩效应为基础，产生超声波，被检测试件参与超声波换能，因此不需要液体耦合剂，适用于气管道裂纹及防腐层剥离检测。

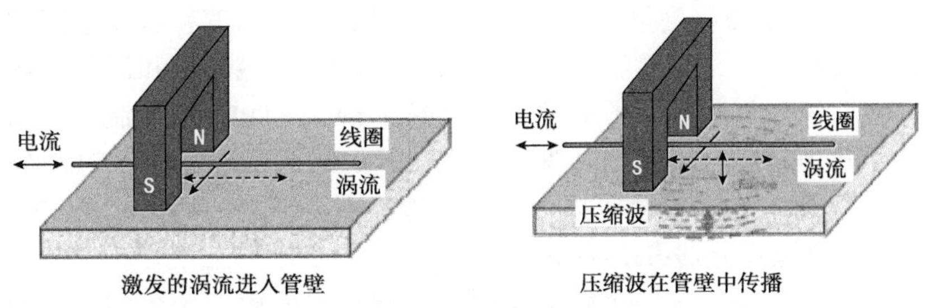

图 3-5　EMAT 内检测技术原理

管道中心线、弯曲应变选择惯性测绘内检测。基于惯性原理，使用三维正交的陀螺仪与加速度计组成的惯性测量单元（IMU）测绘出管道的三维相对位置坐标，结合地面 GPS 参考点与里程计进行位置与速度修正，能够精确测绘出管道中心线坐标，并识别出冻胀融沉、滑坡、沉降等引起的管道位移。如图 3-6 所示，根据管道各点的相对位移，可计算出管段应变，为排除管道外力（如土体位移等）风险提供有力检测手段。

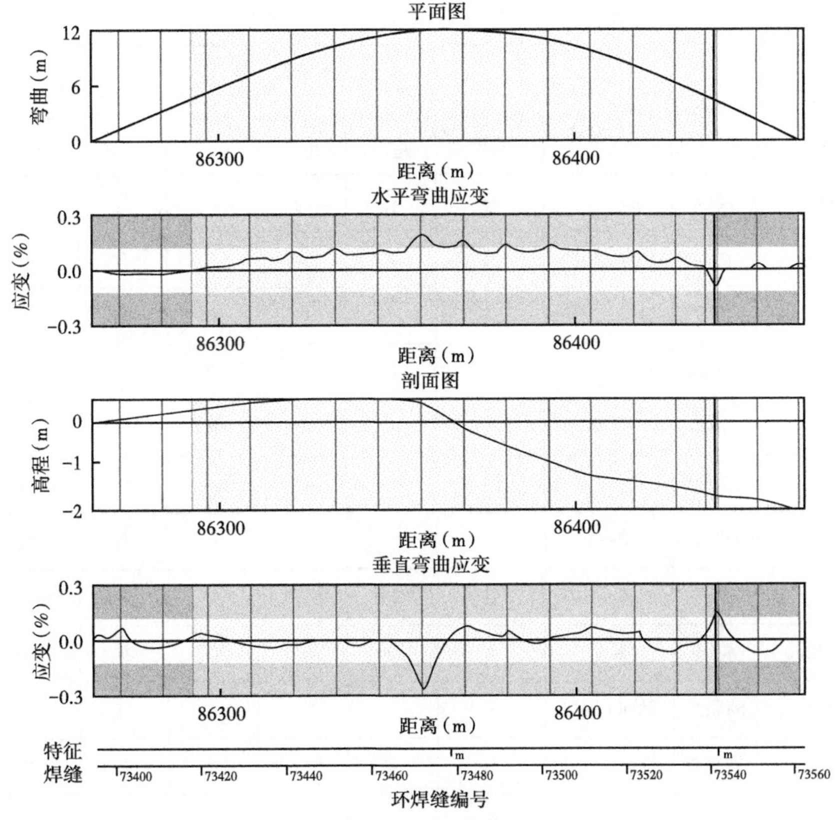

图 3-6　惯性测绘内检测应用

二、管道内检测技术服务能力现状

下面对国内外管道内检测技术服务能力现状进行介绍。

国外方面，GE-PII 公司最早拥有裂纹检测技术，开发出五种裂纹检测技术设备，包括超声波、超声波相控阵、弹性波（轮式耦合超声波）、电磁超声和周向磁场等裂纹检测技术和设备，目前该公司还进行了不可通球管道的 SMARTPIG 的研制和应用及各种新技术的研发，综合实力较强，引领国际管道检测技术的潮流和趋势。GE-PII 公司共提供了30 余款型号的内检测器，其中金属损失内检测里程占全部内检测里程的 62%，针对几何变形和裂纹的内检测里程分别占 24% 和 14%。

ROSEN 公司是继 GE-PII 公司后掌握裂纹检测技术的第二家公司。该公司的 EMAT 裂纹检测器不仅可以检测裂纹还可以进行防腐层剥离的检测，同时该公司的涡流技术、速度控制系统技术也居世界前沿，该公司是首先提出并实施组合检测技术的公司，可以实现变形检测、漏磁腐蚀检测、超声波腐蚀检测、管道测绘等技术组合实施，一次检测完成多种检测任务。一些其他公司如 TDW 公司、Weatherford 公司、NDT 公司、Enduro 公司、Diascan 公司、BJ 公司等都各具特色，拥有自己的特色产品和设备。世界先进检测公司技术服务能力情况见表 3-3，国内管道内检测公司检测能力情况详见英国清管产品及服务协会（PPSA）协会统计分析报告（报告发布后的一段时间内，部分公司发生了并购、转售）。

表 3-3　国外管道内检测公司技术服务能力

序号	内检测技术服务商	国家	检测技术能力							
			普通漏磁	三轴高清漏磁	压电超声	裂纹检测	组合检测	变形检测	管径（in）	主要市场服务范围
1	GE-PII	美国	轴向 / 周向	有	有	有	有	有	6~56	全球
2	ROSEN	德国	轴向 / 周向	有	有	有	有	有	3~56	全球
3	TDW	美国	轴向 / 周向	—	—	—	有	有	4~48	全球
4	BJ	加拿大	轴向 / 周向	—	—	—	有	有	6~56	全球
5	CPPI	中国	轴向	有	—	有	有	有	6~56	亚洲、非洲
6	Enduro	美国	有	—	—	—	—	有	4~36	全球
7	A.Hak	荷兰	轴向	—	—	有	有	有	4~52	全球
8	NDT	德国	轴向	有	有	有	有	有	4~48	全球
9	Weatherford	美国	轴向	—	有	有	有	有	8~40	全球
10	Lin Scan	阿联酋	轴向 / 周向	—	有	—	—	有	3~56	全球
11	Diascan	俄罗斯	轴向 / 周向	有	有	—	有	有	3~56	俄罗斯
12	Spetsneftegas	俄罗斯	轴向 / 周向	有	有	—	有	有	3~56	俄罗斯
13	Tuboscope	美国	轴向 / 周向	—	有	有	—	有	6~56	全球

国内管道内检测技术应用情况方面，统计分析相关项目招投标结果发现，国内主要干线长输管道内检测招标工作中，几乎全部采用漏磁检测技术。其中中标排在第一位的是中

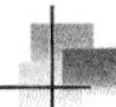

油管道检测技术有限责任公司（CPPI），中标工程量约占国内管道内检测市场一半。此外还有 GE-PII 公司、ROSEN、中国特检院等中标国内管道内检测项目。

三、内检测选商注意事项

SY/T 6597—2018《油气管道内检测技术规范》规定，宜根据管道存在的危害因素、历史检测情况及风险评估结果确定检测的目的和目标，并使选择的内检测技术及设备的检测能力和性能规格与管道检测的需求相适应。选择内检测器时，应考虑的因素包括但不限于：

（1）检测概率（POD）；

（2）检测阈值；

（3）类型识别能力；

（4）尺寸量化精度；

（5）特征定位精度；

（6）置信度；

（7）传感器采样频率或采样间距；

（8）壁厚范围；

（9）速度范围；

（10）温度范围；

（11）压力范围；

（12）可通过的弯头的最小曲率半径；

（13）可通过的最小内径；

（14）检测器长度、重量和节数；

（15）发送和运行检测器所需的压差；

（16）单次运行所能检测的管道长度（由运行时间和管道条件等共同决定）；

（17）收、发球筒的尺寸和操作空间；

（18）收、发球筒阀门和大小头（异径管）之间的最小距离；

（19）电池类型及电池寿命；

（20）检测器发生卡停时泄流指示。

应确保选择的内检测服务方满足管道检测的需求，检测质量达到预期的性能规格，实践中通常考虑：

（1）具有一定的资质和相关管道内检测行业经验。在内检测项目前，应提供检测历史经验、相关设备、数据分析能力、内部管理制度能够保证项目质量的证明。具体包括：①资质。建议参照 TSG 和国家标准执行，可与行业中内检测经验丰富的运营商进行对标，借鉴其他运营商的做法，分析对比自身的内检测需求和资质要求。②业绩。可要求内检测商提供同类检测技术在其他管道运营商的检测案例，并要求附有运营商验证结果及评价。

（2）建立分级认证体系，对内检测操作和数据分析人员进行培训和认证，保证人员具备相应的知识和技能。具体能力要求包括：①操作人员应具备下列工作能力：a. 内检测器准备及状态验证；b. 内检测器发球、运行和收球；c. 现场内检测器运行数据确认；d. 现场报告。②数据分析人员应至少具备进行下列工作的能力：a. 现场内检测数据确认；b. 整合并确认数据；c. 数据准备及处理；d. 特征探测及定位；e. 特征分类及评估；f. 特征尺寸判定；g. 异常交互作用准则的应用；h. 组织并报告内检测结果。

（3）建立质量控制体系，以保证内检测项目质量。根据实际情况编制检测方案并经管道企业审批，方案应至少包括以下内容：①管道基本情况；②运行条件评估及运行工艺要求；③现场勘测结果及风险分析，含硫管道接收检测器时应制定特别防护措施；④检测组织机构及检测程序；⑤检测跟踪、设标及地面测量要求（若采用便携式地面跟踪仪对检测器进行跟踪，应提前对全线设标点进行现场勘测，设标点间隔不宜超过 1km，在大型河流穿跨越等特殊地段可加密设置）；⑥检测计划表；⑦清管方案；⑧检测器运行方案；⑨数据下载要求；⑩检测结果可接受性准则；⑪开挖验证要求；⑫ HSE 作业要求；⑬应急预案。

当检测服务方能够证明或承诺其检测设备、数据分析人员达到上述标准要求时，可认可其具有检测能力。宜通过牵拉试验或开挖验证等程序验证其检测能力，也可参照检测服务方提供的验证结果或第三方评估结论。评价达到标准要求后，方可具备允许检测条件。

案例 1：评估检测数据样本。选商过程中，可要求检测方提供的检测数据样本，宜包含典型缺陷信号、管道附件等，对比不同检测方之间的数据质量，考察特征信号是否清晰，噪声处理是否得当等，以此评估内检测信号质量。

如图 3-7 所示，左图中的内检测信号平滑，噪声抑制较好，缺陷与正常金属损失信号区分明显。右图中的噪声较高，缺陷信号易被噪声掩盖。漏磁检测中的噪声信号可由探头的机械振动、电磁干扰等因素引起。对原始噪声信号进行有效识别和处理，有助于内检测信号质量的提高和缺陷识别分析。

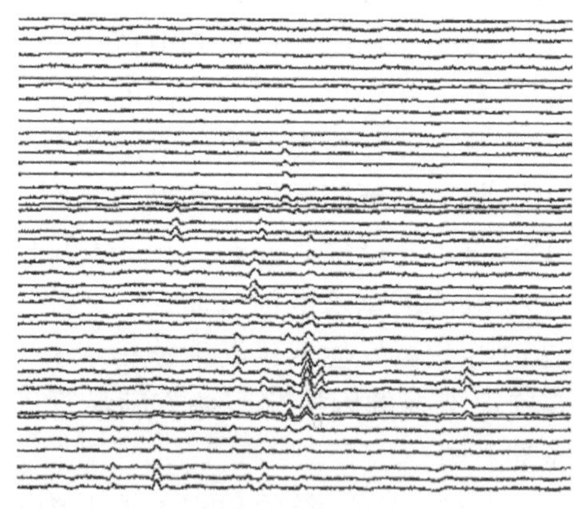

图 3-7　内检测数据信号噪声信号分析示例图

案例 2：牵拉试验验证检测阈值等指标。在试验管道上加工模拟缺陷，在不同速度下牵引检测器完成模拟缺陷的检测和尺寸对比分析，可验证检测器的检测阈值、检测概率、识别概率和尺寸量化精度。既可作为选择服务方提供参考，也可作为后期信号识别分析模型的重要依据。

图 3-8 为国内某内检测牵拉试验场，牵拉试验的内检测器运行速度在 0.5~1.5m/s，较实际管道检测过程中的运行速度低，理论上牵拉试验的检测信号质量要好。

图 3-8　某内检测器牵拉试验场

该牵拉试验检测的信号及缺陷报告结果如图 3-9 所示，管道上的一些环向狭窄缺陷和较宽缺陷被检测出，但仍有宽度小于 5mm 的缺陷未能检出。即使是深度为 60%WT（壁厚），宽度为 30mm 情况下，也同样出现漏报情况。其他缺陷报告和漏报情况见表 3-4。

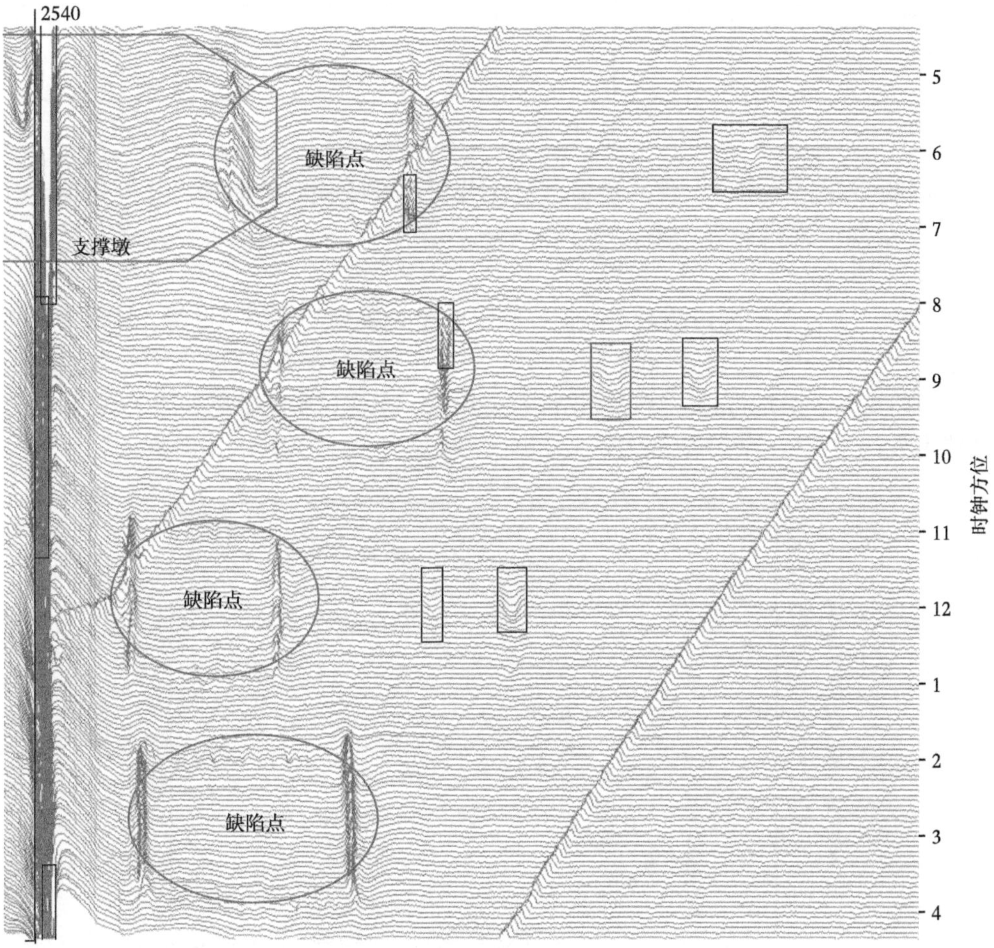

图 3-9　管道模拟缺陷的牵拉试验信号示例

表 3-4　牵拉试验中的缺陷检测报告情况和实际缺陷尺寸对比分析

牵拉试验报告结果					实际缺陷尺寸				误差（%WT）
内 / 外	深度（%WT）	长度（mm）	宽度（mm）	时钟方位	内 / 外	宽度（mm）	深度（mm）	深度（%WT）	
外	33	5	44	8∶26	内	1.7	3	21	12
外	11	5	53	9∶36	外	1.4	1.1	8	3
外	18.5	5	46	7∶28	内	1.5	1.9	13	5.5
外	22.5	7	43	5∶32	外	1.6	3	21	1.5
外	7.5	5	49	4∶57	外	1.8	2	14	−6.5
外	16	16	77	11∶10	外	1.8	3	21	−5
					内	1.4	0.9	6	
					内	1.6	1.9	13	
					外	1.8	1.3	9	
					外	1.6	2.1	14	
					内	1.4	1	7	
外	20.5	10	46	2∶40	内	1.6	3	21	−0.5

牵拉试验完成后，还可以进一步通过对比分析出缺陷检测阈值和尺寸量化精度等重要指标。分析发现该内检测器对宽度超过 80mm，深度在 20%~50%WT 的缺陷都能报告出来，深度尺寸量化精度为 ±25%WT。

需要说明的是，漏磁内检测对金属损失缺陷的量化模型与管径、壁厚、缺陷形貌等参数紧密联系，因此一条管道的牵拉试验验证结果仅适用于当前管道参数的验证，推广至其管径或壁厚管道检测时，需进行相应修正或论证其适用性。某次试验的结果如图 3-10 所示。其中，黑色实线为无误差实线，两条虚线为正负 25% 误差线，一个三角形表示一次试验结果。

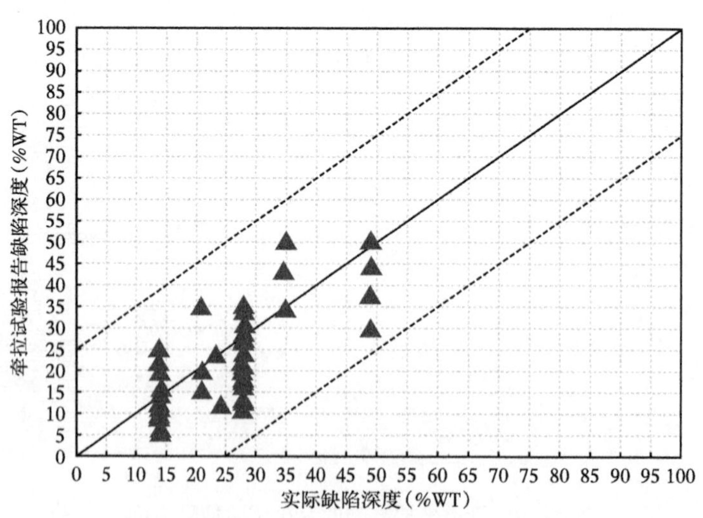

图 3-10　牵拉试验中的缺陷检测阈值和尺寸量化精度分析

案例 3：选择试验段进行不同检测器性能指标验证。除对某一服务商的内检测器进行牵拉试验外，还可以邀请一家或者多家检测商在同一段管道上进行试验性检测，分别提交检测报告，之后进行开挖验证，比较各检测商之间的结果是否达到预定的规格要求。

如图 3-11 所示，选择某一管段进行了 A 和 B 两家服务商的漏磁内检测器性能验证。从检测报告结果看,A 和 B 对缺陷尺寸报告阈值基本一致，仅在缺陷数量上有较小的差异。

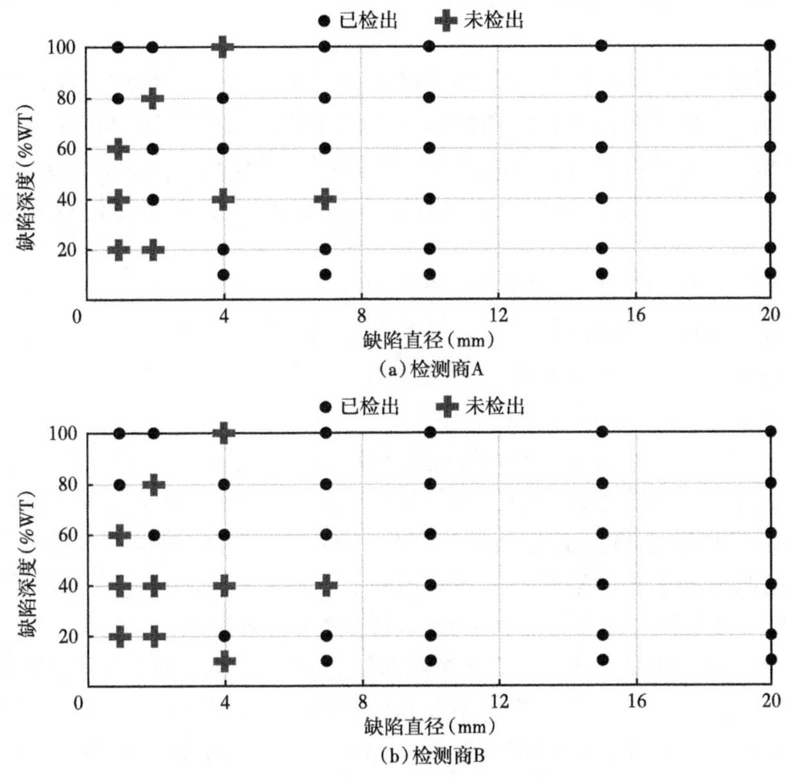

图 3-11　两家服务商的内检测器性能验证

四、管道内检测合同注意事项

合同签订时，建议对工程实施到最后报告提交等各个方面，均明确界定检测服务方与管道企业的责任。对于如重新运行、进度变化、项目中断或中止等情况的处理均应提前约定。明确不同阶段的报告提交与付款进度时间节点。约定检测器性能规格等技术细节。约定检测数据的可接受准则。相关规定可参见 SY/T 6597—2018《油气管道内检测技术规范》等相关标准。

可在合同责任条款中约定:(1)更换部件费用、检测器装卸、保管运输和其他相关条款;(2)检测器损伤责任条款及保管、运输的要求;(3)根据检测器运行失败的原因，澄清再次运行的责任和义务;(4)提前讨论、制定相应的应急计划，明确应急处置原则和各方职责;(5)项目执行滞后、变更或中止等。

可在合同技术条款中约定:(1)数据分析规范;(2)检测器性能参数—有关腐蚀尺寸、形状、检测概率、置信水平等性能规格;(3)提交检测报告的内容及格式，检测数据和解读软件；（4）对严重缺陷的报告要求（如＞80%WT金属损失，一经发现应立即报告）；（5）开挖验证准则等。

应根据相关标准约定最终内检测数据的可接受条件。具体内容应包括：

（1）通道数据丢失：对原始数据进行初步评估时，某些通道数据的丢失可以接受。之前检测过且运行历史良好的管道，传感器通道数据丢失可接受总数不大于2%；首次检测管道或高风险管道，可接受的通道数据丢失应小于1%，且不应有2个以上相邻通道的数据同时丢失。

（2）传感器噪声：传感器损坏或电路接触不良可能产生通道噪声，噪声信号会掩盖邻近的正常数据通道，噪声通道可接受条件应参照通道数据丢失可接受条件。

（3）距离偏差：当管道企业验证或维修异常需要定位时，检测距离偏差的影响很大，如果整条管道的报告里程与准确参考里程的偏差都超过1%，宜重新检查管道长度并做出必要的修正。

（4）特征遗漏或没有记录：管道的小特征如压力表配件、小口径放空口与排污口，以及其他的分接头和直径≤25mm的配件，特别是这些特征处于两个传感器之间或跨过两个传感器时，遗漏这些特征可不必重新运行检测器。若丢失已知的法兰组、阀门或大内径三通，则要质疑所有记录信息的真实性。

（5）速度过低或过高：当检测器速度超过检测服务方给出的速度上限与下限时，会导致严重的数据丢失；气体管道或含有大量气体的原油管道的冲击导致速度漂移，如果受速度漂移影响的距离超过检测管道总长度的2%，应重新运行检测器，在重新运行检测前，应确保导致速度漂移的工艺参数得到处理与改进；如果接受已知速度漂移的数据，应限定超速对数据降级（采集与分级）的影响，使该问题得到有效解决。

签订合同前，建议对收发球筒等管道基础信息进行评估，如需进行检测器结构改造以适应球筒的，则在合同中明确。管道企业和检测服务方宜共同收集待检测管道的相关信息，评估管道检测的适宜性，并对影响管道检测的限制进行更新和改造。管道企业应向检测服务方提供管道调查表，列出待检管道的物理特征和运行条件，以便检测服务方评估管道条件是否满足检测器运行，评估应至少包括以下内容。

（1）收发球条件，包括但不限于：

①收发球筒的尺寸。检测服务方应评估发球筒与收球筒尺寸的适用性。

②操作空间。内检测器收发球操作时，应具有足够的操作空间。

③三通，包括但不限于：是否存在无挡条或挡板三通；两相邻三通中心间距。

④弯头，包括但不限于：管道上存在的最小弯头曲率半径；两相邻弯头之间的直管段长度；斜接弯头及弯头斜接角度；连续弯头。

⑤阀门，包括但不限于：阀门类型及阀腔内径；如果存在单向阀，应确保其在清管器或检测器运行时能锁定在全开位置。

⑥管道材质，包括但不限于：钢材等级、制管类型，管道壁厚分布和范围。

⑦运行条件，包括但不限于：介质类型，介质类型影响检测技术的选择；介质成分，腐蚀性介质可能损坏检测器；介质流速，介质流速影响检测器运行速度、检测所需总时间和检测精度。当介质流速不满足条件时，可考虑调整输量或启用检测器调速功能；介质温度，介质温度不应超出运行期间检测器所能承受的温度范围；运行压力，大多数检测器都

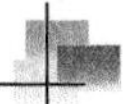

有适用的压力范围，运行压力过低或检测器前后压差过低会导致检测器驱动力不足，运行压力过高超过耐压设计会导致内检测器失效。

⑧其他限制，包括但不限于：管道内涂层；管道清洁度；管道内径变化；植入管道的探头；管道大落差与跨越管桥；管道机械支撑与非设计跨越；管道内水合物与自燃物质。

（2）管道企业应提供与检测相关的管道建设、维修信息及历史检测结果。检测服务方应根据管道调查表信息初步评估管道的可检测性。检测服务方应在管道企业的配合下对管道调查表中的内容进行现场勘测并进行最终评估。管道企业应对不满足检测器运行条件的管道及管道附属设施进行改造或更换。

（3）合同应约定保密、知识产权条款。①资料保密，运营方提供的在执行检测项目过程中所需的原始资料及其成果所有权归甲方，属于甲方所有的原始资料及检测成果，未经书面许可，乙方及乙方相关工作人员不得以任何方式提供给第三方，不许进行 GPS 测量；②管道信息，关于检测管道的信息，仅可用于检测项目的实施或者数据分析，不得提供第三方或者与履行检测项目无关的承包方人员。检测方设备和人员在检测过程中不应进行坐标信息测量；③检测成果，检测工具、数据处理方法相关的知识产权归乙方所有。乙方在提供服务中专门为甲方编写的报告或数据等内容归甲方所有。如需进行中心线测绘内检测的，中心线测绘报告还应符合国家相关法规关于测绘的保密要求。

第三节　管道内检测成果验收

一、检测报告提交

内检测实施完成后，按照时间顺序检测公司通常会提交 3 个报告：现场运行报告、初步检测报告及最终检测报告。

（1）现场运行报告。检测运行结束后（如约定 3 天内），检测方应提供现场运行报告确认检测是否成功。现场运行报告应至少包括以下内容：

①管道名称；

②运行日期；

③检测器类型；

④管道直径和运行距离；

⑤对检测器采取的所有重要改动；

⑥运行的平均速度与速度曲线；

⑦运行成功或失败；如果失败，失败的原因和再次运行措施。

（2）初步检测报告。应在合同约定的时间内提交漏磁检测或者其他检测的初步检测报告。

变形检测完成后 15 个工作日内，应提供初步检测报告，给出变形量超过阈值的几何变形点，并报告变形量大于 5% 管道外径的变形点及影响后续检测器通过的变形点。

漏磁及超声检测完成后 30 个工作日内，检测方完成检测数据初步分析，评估检测数据质量，并报告深度超过管道壁厚 50% 以上的缺陷。对影响安全运行严重缺陷点，则应立即开挖验证并修复。

如图 3-12 所示，严重管道凹陷［6%OD（外径）］和金属损失（58%WT）缺陷应在初步检测报告提交，以便管道业主单位能够在更短的时间内完成严重管道缺陷的排查和治理。

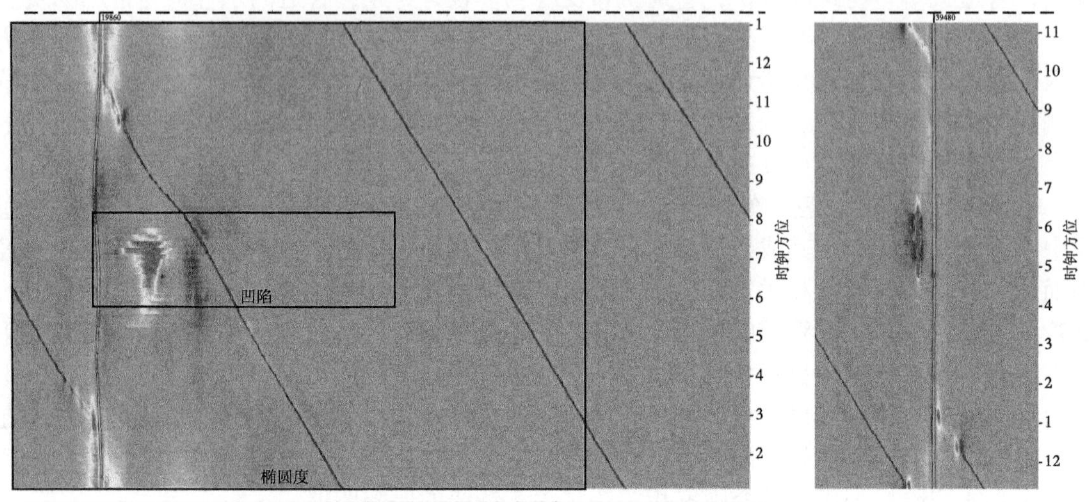

图 3-12 初步检测报告提交的严重管道凹陷（6%OD）和金属损失（58%WT）缺陷

（3）最终检测报告。应在合同约定时间内提交漏磁检测或者其他检测的最终检测报告。

检测完成 30 个工作日内，提交几何内检测最终报告和检测信号数据；检测完成 90 个工作日内，提交报告焊缝分析报告在内的漏磁检测内检测报告和检测信号数据。

管道企业进一步审核检测结果与检测信号质量，并制定开挖验证方案进行验证。

检测报告应包含如下信息：检测工程概述，包括管道缺陷状况；检测器性能规格；检测时间；检测器运行数据；管道特征列表；异常列表；统计数据和概要；ERF（破裂压力比）及缺陷评价方法；严重缺陷点开挖单；地面参考点与管道上相对永久标志（如测试桩等）的对应关系。

检测服务方应提供异常特征列表文件电子版，并应提供检测数据的硬盘拷贝和客户版管理软件。软件应具有的功能包括但不限于：展示原始数据；展示特征的绝对距离和相对距离；展示特征的时钟方位；测量管道上任意两点的轴向距离和环向距离；生成螺旋焊缝（直焊缝）与环焊缝交点的时钟方位；生成开挖单；能基于环焊缝编号或检测里程快速定位查询。

对于几何变形和金属损失检测报告，除要求以数据和统计图形式给出几何变形分类统计结果外，还应包括 15 个最深的金属损失和 15 个 ERF 值最高的金属损失列表，列表应包括以下内容，以便严重缺陷的开挖定位和修复：

①金属损失所在管节的长度，对于直焊缝管应给出直焊缝的环向位置，螺旋焊缝管应给出螺旋焊缝与上下游环焊缝的交点时钟位置；

②金属损失所在管节上下游各两根管节的长度，对于直焊缝管应给出直焊缝的环向位置，螺旋焊缝管应给出螺旋焊缝与上下游环焊缝的交点时钟位置；

③上游参考环焊缝分别距上游参考点和下游参考点的距离；

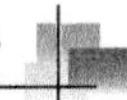

④金属损失分别距上游环焊缝和下游环焊缝的距离；

⑤金属损失的环向位置；

⑥特征描述和尺寸；

⑦内部 / 外部信息。

二、内检测数据审核

对检测服务商提交的检测报告和内检测数据进行审核，有利于及时发现并解决检测过程存在的问题。检测数据的审核应包括：

（1）数据完整性，主要考察是否采集到管道从起点到终点全部数据。包括里程起点至终点，及管道环向全部时钟方位信号数据是否完整。图 3-13 显示了某管道进行漏磁检测时，由于污物影响造成管道底部探头的检测信号丢失。

图 3-13　由于污物影响造成通道信号环向部分检测信号丢失示例

（2）数据质量，主要考察所有通道是否工作正常，有无丢失或异常情况，是否消除了背景噪声。图 3-14 显示了某管道进行漏磁检测时，由于探头损坏，导致 90km 后大量通道传感器信号丢失或降级情况。图 3-15 显示了某管道漏磁检测时发生周向磁化不均情况。图 3-16 漏磁内检测数据中的噪声信号与缺陷信号同时存在，缺陷信号识别分析时，可能导致缺陷误判或误报等。

（3）特征遗漏是对管道部件及缺陷特征的检出率和识别率是否达到了规定的指标（如无特别约定，应至少 90% 以上）。由于焊缝余高、变壁厚及材料铁磁性变化等情况，采用漏磁内检测技术对焊缝异常进行检测时，容易发生尺寸量化精度不高，漏报等情况，如图 3-17 所示，通过环焊缝信号审核发现了内检测未报告的环焊缝异常。

（4）定位偏差，通常相对于地面参考点＜ ±1%，相对于参考环焊缝＜ ±0.1m。如图 3-18 所示，内检测报告列表中，通常会报告管道缺陷在某一管节的具体位置，以及该管节距离参考桩的距离，通过这两个距离，进行准确开挖定位，但当定位误差过大时，往往需要多次开挖才能找到正确的开挖点，造成不必要的经济损失。

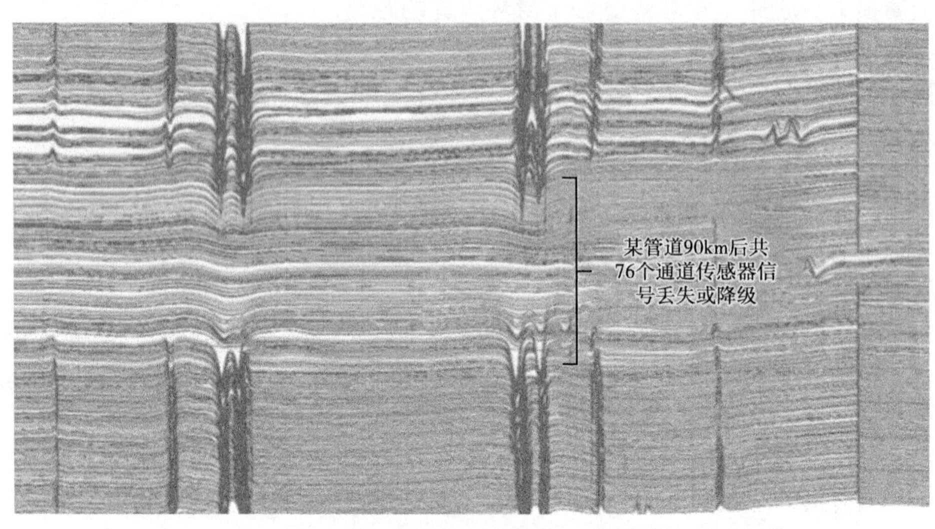

图 3-14　某管道 90km 后大量通道传感器信号丢失或降级

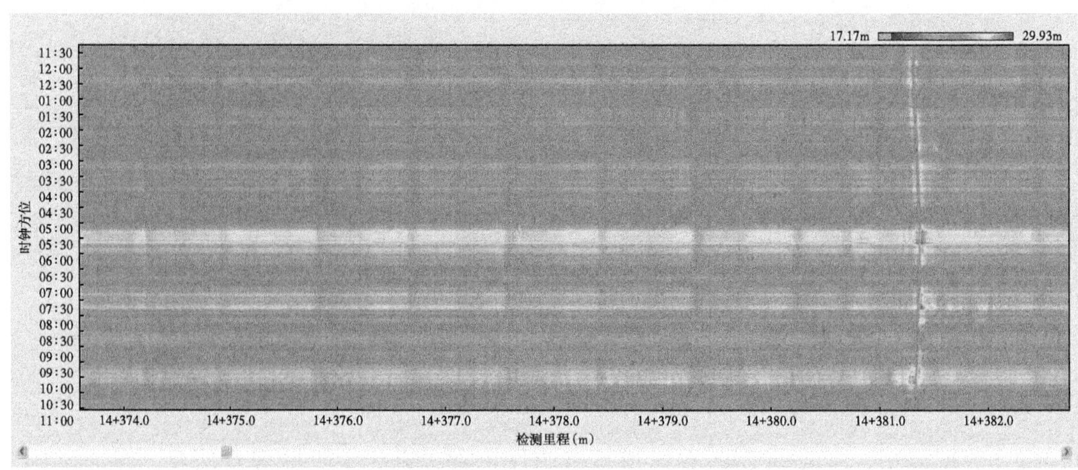

图 3-15　某管道漏磁检测时发生周向磁化不均情况

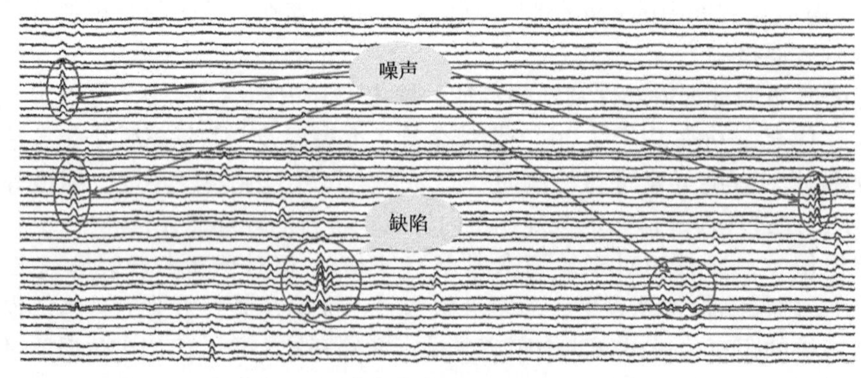

图 3-16　漏磁内检测数据中的噪声信号

焊缝异常点列表

环焊缝编号	检测里程	长（m）	宽（m）	名称	周向	距上游环焊缝距离（m）	最近参考点名称	距最近参考点距离（m）	备注
50	8.834	27	192	GWAN	06:27	0.010	压气站	8.834	轻度*
50	9.953	24	359	GWAN	00:00	1.129	压气站	9.953	轻度
50	9.966	38	926	GWAN	07:48	1.142	压气站	9.966	轻度
60	14.818	49	3160	GWAN	00:00	4.842	压气站	14.818	轻度
130	44.411	28	3192	GWAN	03:07	0.017	压气站	44.411	轻度
140	47.572	34	439	GWAN	09:04	0.007	压气站	47.572	轻度
160					3:00/9:00				疑似漏报
190	85.346	19	176	GWAN	08:56	11.991	压气站	85.346	轻度
210	97.353	29	1309	GWAN	05:50	0.003	压气站	97.353	轻度
220	108.805	32	981	GWAN	09:26	0.007	压气站	108.805	轻度
220	108.808	55	638	GWAN	03:23	0.010	压气站	108.808	轻度
270	168.640	20	351	GWAN	03:28	0.010	压气站	168.640	轻度

图 3-17 漏磁内检测数据中的环焊缝异常漏报示例

金属损失列表

发球站一收球站

上游环焊缝	相对距离(m)	绝对距离(m)	备注	深度（%外径）	轴向长度(mm)	环向宽度(mm)	ERF	时钟方位(时:分)	上游参考点	上游参考点距环焊缝的距离(m)	下游参考点	下游参考点距环焊缝的距离(m)
100	0.4	15.0	外部金属损失	19%	39	30	0.692	07:00	球阀	11.9	定标点1721	1017.1
120	2.8	41.2	外部金属损失	15%	27	24	0.686	05:30	球阀	35.6	定标点1721	993.4
130	11.5	61.8	*外部金属损失	25%	96	77	0.731	07:00	球阀	47.6	定标点1721	981.4
140	1.6	63.9	*外部金属损失	20%	68	30	0.707	06:45	球阀	59.6	定标点1721	969.4
150	2.6	77.0	外部金属损失	11%	19	41	0.683	05:00	球阀	71.6	定标点1721	957.4
150	4.6	79.0	外部金属损失	19%	19	23	0.685	07:00	球阀	71.6	定标点1721	957.4
150	11.1	85.4	外部金属损失	11%	50	66	0.690	06:00	球阀	71.6	定标点1721	957.4
290	0.9	177.7	外部金属损失	11%	23	36	0.684	01:15	球阀	3.1	定标点1721	854.9
290	1.6	178.4	外部金属损失	20%	24	26	0.686	05:15	球阀	3.1	定标点1721	854.9
290	3.2	180.0	外部金属损失	14%	18	23	0.684	05:15	球阀	3.1	定标点1721	854.9

图 3-18 漏磁内检测报告缺陷的相对环焊缝及定位桩距离

（5）内检测器运行速度过高或过低（停滞）都会造成检测数据质量降低，从而对缺陷信号识别分析造成不良影响。如图 3-19 所示，某管道漏磁内检测器运行过程中，出现多次停滞（速度为 0m/s），随后又出现速度过高，最高速度超过 10m/s，反映出内检测器前进过程中，可能存在卡堵、过冲等情况，漏磁内检测器的最佳运行速度在 2.5m/s 左右，速度过低或过高不仅会降低数据采集质量，严重情况下还可能对传感器等硬件造成不可逆损伤。

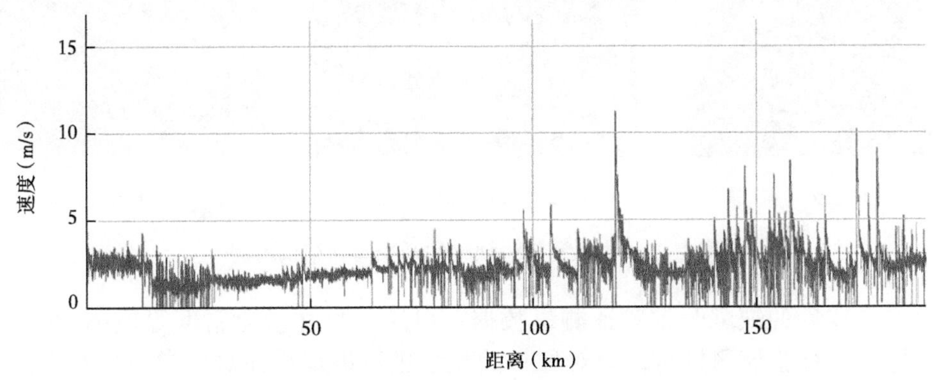

图 3-19 某管道漏磁内检测器运行速度示例

（6）报告特征尺寸是否达到了检测性能指标。通过缺陷的开挖验证结果，对比分析缺陷类型、尺寸等误报或精度等指标，判断内检测是否满足合同要求。

三、内检测结果的开挖验证

通过开挖验证，对缺陷类型和尺寸进行验证，可以判断检测结果是否达到了所约定的检测精度。图 3-20 为内检测报告缺陷的开挖验证结果示例，金属增加信号可能识别为补丁，实际可能是嵌板、补焊等情况。漏磁内检测中的金属损失信号可能是腐蚀，特殊情况下也有可能是焊缝处的裂纹缺陷。

开挖验证点的选择应包含内检测报告的主要缺陷类型，如金属损失、凹陷变形和焊缝异常等。可参考如下规则确定开挖验证点：

（1）尽量选择管道企业关心的缺陷点和被检测管道的主要缺陷点；

（2）尽可能选择包括多种类型的缺陷或数量较多的同类缺陷的开挖验证点；

（3）应至少包括一个最深的缺陷或最严重的缺陷；

（4）应至少包含一个深度小于 20%WT、大于或等于报告阈值的缺陷；

（5）应至少包含一个内部缺陷点。

验证准则可参考行标 SY/T 6597—2018。如果检测报告与开挖验证结果不符，则可要求检测方重新分析检测数据，修正检测报告。根据检测方提交的修正报告，再次组织开挖验证，如验证结果与修正报告不符，可要求重新运行检测器。

（a）腐蚀　（b）嵌板　（c）阴极保护板

（d）裂纹　（e）补焊　（f）手工补焊

图 3-20　内检测报告缺陷的开挖验证结果示例

内检测完成后的缺陷开挖验证测量数据，可用于尺寸量化精度等检测指标的验证。对单个开挖点进行验证测量时，应对异常的类型进行识别，并对异常的尺寸、位置进行测量并记录。将单个异常点的开挖验证测量结果与内检测结果进行比较时，应考虑内检

 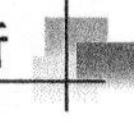

测器公差与开挖验证测量方法误差之间的误差传递，同时考虑内检测器性能规格中规定的置信度下的误差分布。如果不符合预计总公差，则单点测量就不符合内检测器性能置信度期望。

以金属损失的深度验证为例，其验证过程包括：

（1）计算内检测与现场测量的差异；

（2）计算公差；

（3）进行比较，得出是否符合的结论。

对于某一金属损失，内检测与现场测量的差异如式（3-1）所示：

$$e=(d/t)_{\mathrm{ILI}}-(d/t)_{\mathrm{FIELD}} \tag{3-1}$$

式中，e 为内检测与现场测量的差异；$(d/t)_{\mathrm{ILI}}$ 为内检测测量的结果；$(d/t)_{\mathrm{FIELD}}$ 为现场测量的结果。

当采用超声测厚等手段进行现场壁厚测量时，现场测量得到的相对深度如式（3-2）所示。

$$(d/t)_{\mathrm{FIELD,UT}}=\frac{t-t_{\mathrm{r}}}{t} \tag{3-2}$$

式中，$(d/t)_{\mathrm{FIELD,UT}}$ 为采用超声现场测量得到的相对深度；t 为壁厚测量的结果；t_{r} 为剩余壁厚测量的结果。

基于误差传递，得到超声现场测量相对深度的标准差如式（3-3）所示。

$$\sigma_{(d/t)_{\mathrm{FIELD,UT}}}=\frac{1}{t}\sqrt{\left(\frac{t_{\mathrm{r}}}{t}\right)^2(\sigma_t)^2+(\sigma_{t_{\mathrm{r}}})^2} \tag{3-3}$$

式中，$\sigma_{(d/t)_{\mathrm{FIELD,UT}}}$ 为超声现场测量相对深度的标准差；t 为壁厚测量的结果；t_{r} 为剩余壁厚测量的结果；σ_t 为壁厚测量结果的标准差，依赖于现场测量方法和工具；$\sigma_{t_{\mathrm{r}}}$ 为剩余壁厚测量结果的标准差，依赖于现场测量方法和工具。

由于测量误差可以假定服从正态分布，现场测量误差可以转换为指定置信度下的公差［式（3-4）］。

$$\delta(d/t)_{\mathrm{FIELD,UT}}=Z_{\alpha}\sigma_{(d/t)_{\mathrm{FIELD,UT}}} \tag{3-4}$$

式中，$\delta_{(d/t)_{\mathrm{FIELD,UT}}}$ 为超声现场测量相对深度的公差；Z_{α} 为指定置信度下，由标准正态分布表得到；$\sigma_{(d/t)_{\mathrm{FIELD,UT}}}$ 为超声现场测量相对深度的标准差。

现场超声测厚设备的测量误差以正态分布给出时，80% 可信度对应的尺寸公差可以由 1.28 乘以标准差得到；90% 可信度对应的尺寸公差可以由 1.64 乘以标准差得到。具体可以查询标准正态分布表。

表 3-5 给出了单点验证测量的 5 组示例，表中内检测器给出的性能规格可信度为 80%，通过计算可以得到是否符合的结论。

表 3–5 单点验证测量的示例

示例序号	内检测报告		超声现场测量							对比		
	$(d/t)_{\mathrm{ILI}}$（%）	$\delta(d/t)_{\mathrm{ILI}}$（%）	t（mm）	σ_t（mm）	t_r（mm）	σ_{t_r}（mm）	d（mm）	$(d/t)_{\mathrm{FIELD}}$（%）	$\sigma_{(d/t)_{\mathrm{FIELD}}}$（%）	$\lvert e\rvert$（%）	δe_{comb}（%）	
	测量值	规定值	测量值	规定值	测量值	规定值	计算值	计算值	计算值	计算值	计算值	是否符合
1	42	10	6.4	0.15	3.0	0.25	3.4	53.1	4.1	11.1	11.3	是
2	57	12	8.2	0.15	2.5	0.25	5.7	69.5	3.1	12.5	12.6	是
3	21	5	4.9	0.15	4.3	0.25	0.6	12.2	5.8	8.8	8.9	是
4	33	10	6.3	0.15	4.0	0.25	2.3	36.5	4.2	3.5	11.4	是
5	33	10	6.3	0.15	5.8	0.25	0.5	7.9	4.5	25.1	11.6	否

基于统计学的性能规格验证。若进行了大量的单点验证，则可以通过对比分析进行基于统计学的性能规格检验，计算内检测器的估计可信度的上限，与其性能规格中的可信度进行比较，得出是否符合的结论。在总共 n 组单点验证测量中，有 X 组验证结论为符合，在置信度 α 下的估计可信度上限由式（3–5）得到。

$$\hat{p}_{\text{upper}} = \tilde{p} + Z_\alpha \sqrt{\frac{\tilde{p}(1-\tilde{p})}{\tilde{n}}}$$

$$\tilde{n} = n + Z_\alpha^2 \tag{3-5}$$

$$\tilde{p} = \frac{X + \dfrac{Z_\alpha^2}{2}}{\tilde{n}}$$

式中，$\hat{p}_{\text{upper}}$ 为内检测器的估计可信度的上限；n 为单点验证测量的总数量；X 为单点验证测量中结论为符合的数量；Z_α 为指定置信度下，由标准正态分布表得到。

使用式（3–6）进行比较。如果式（3–6）成立则内检测器的估计可信度的上限低于性能规格，结论为不符合；反之，则结论为符合。

$$\hat{p}_{\text{upper}} < p \tag{3-6}$$

式中，$\hat{p}_{\text{upper}}$ 为内检测器的估计可信度的上限；p 为内检测器性能规格给出的可信度。

假定内检测器性能规格给出的可信度为 80%，给出 2 个检验示例如下：

（1）假定总共 10 组单点验证测量中，5 组结论为符合，则计算出 $\hat{p}_{\text{upper}} = 0.73$，低于性能规格给出的 0.8，结论为不符合。

（2）假定总共 25 组单点验证测量中，18 组结论为符合，则计算出 $\hat{p}_{\text{upper}} = 0.84$，高于性能规格给出的 0.8，结论为符合。

第四节　内检测数据综合分析

一、基于内检测数据的统计分析

基于内检测完整性评价的目的是分析管道可能存在的问题，确定管道在规定的安全极限范围内是否有足够的结构强度来承载运行过程中受到的各种载荷。即对报告的管道缺陷，应调查其性质、范围、深度和原因，应评估缺陷是否可以接受，并确定目前的最大运行压力。如需降低最大运行压力，应当通过适用性评价来确定当前安全运行压力，如有必要，需重新确定最大运行压力或维修、更换部分受影响的管道。

基于内检测的管道完整性评价过程中，对管道内检测成果进行充分的数据挖掘和分析，有助于发现缺陷分布规律和与地理环境的对应关系，分析得出缺陷的可能成因。管道完整性评价中主要统计分析内容包括：

（1）缺陷总体统计分析；

（2）缺陷分类统计分析；

（3）缺陷数目沿检测里程段分布统计与产生原因分析；

（4）缺陷沿检测里程与时钟方位分布统计及产生原因分析；

（5）缺陷深度、轴向长度和环向宽度沿检测里程分布统计及产生原因分析；

（6）缺陷位于弯头、焊缝及其他特殊位置的统计分析；

（7）缺陷与地理环境、高程对应分析；

（8）两次或多次检测缺陷生长变化的统计分析。

对内检测数据进行统计分析，可以得出主要缺陷类型、严重程度、分布等规律，也可以在一定程度上分析缺陷的形成原因。但仅依靠内检测数据，在作出缺陷成因的结论时往往显得理由不够充分，通常还需要与竣工资料数据、外检测数据、多次检测结果数据等进行综合分析，给出更有说服力的完整性评价结果。

二、与竣工资料综合分析

管道缺陷产生原因分析中，常与内检测数据结合分析的竣工资料数据包括：（1）管道高程及埋深；（2）管道管节列表，主要包含环焊缝焊口信息，如短管、弯管、死口、返修口等；（3）管道水压试验、存放环境，建造及服役时间等。

案例1：某原油管道内腐蚀原因分析。该管段共报告120123处内腐蚀缺陷，占全部报告缺陷的79%，从内检测结果来看管道内腐蚀状况较严重，需分析内腐蚀原因。图3-21为内腐蚀缺陷数量沿检测里程分布及与高程对应图，从图中可以看出内腐蚀缺陷在40~70km异常集中。

结合高程图发现40~70km段高程起伏较大，应该是建设期试压后清管不净导致高程局部低点积水形成液池，从而产生内腐蚀。查阅建设施工资料，该段于2011年5月左右试压，于2013年1月投产，推断投产前的管道局部积水是造成内腐蚀的主要原因。

对内检测结果数据统计分析表明，40~70km段内检测报告的内腐蚀缺陷超过100处的管节有51根。进一步查看该范围内的漏磁信号，如图3-22所示。腐蚀整体形貌呈椭圆形，且分布于管道底部，符合局部管段积水产生液池腐蚀的特征，再次确认了积水腐蚀的推断。

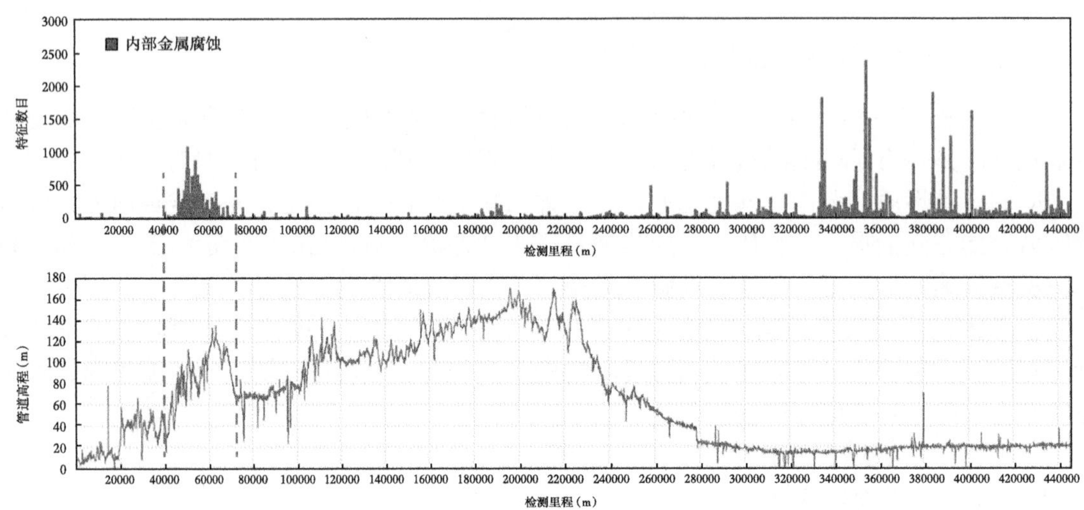

图 3-21　某原油管道内腐蚀分布与高程图综合分析

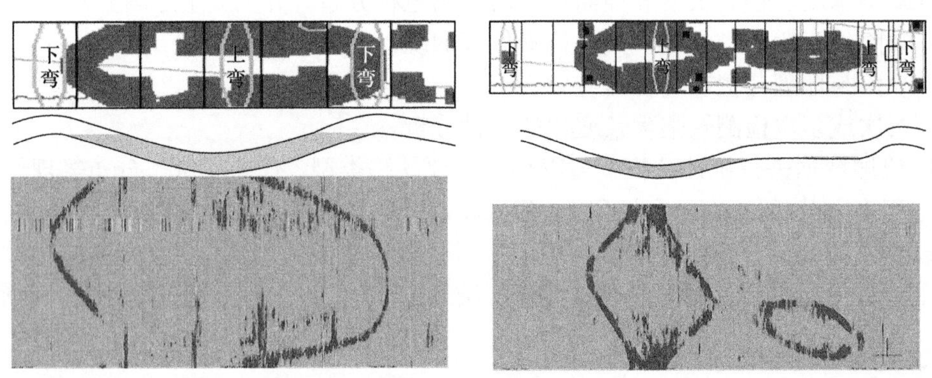

图 3-22　某原油管道内腐蚀集中管段漏磁内检测信号图

案例 2：某原油管道补口外腐蚀原因分析。对内检测报告的外腐蚀统计分析发现，管道补口范围内（环焊缝两侧大约 0.3m）存在外腐蚀为 1833 处，占全部外腐蚀数目的 36%。因此怀疑该管道可能已经发生补口腐蚀，但本次内检测结果中并未报告补口失效缺陷。

图 4-26 为各段管道按照环焊缝两侧各 0.3m 范围统计得到的补口相关外腐蚀沿检测里程的时钟分布图及与地下水位对比图。从图中可以看出，缺陷分布较为分散，在 0~120km 段和 450~560km 段外腐蚀数量较多。

结合自然地下水位和冬灌区沿管道的分布图可以看出，管道大部分位于地下水位较浅区域或冬灌区，地下水丰富且季节性干湿交替是造成补口失效并产生腐蚀的重要因素。如图 3-24 所示，进一步选择漏磁内检测的异常信号明显的焊口进行开挖，确认管道发生补口失效。

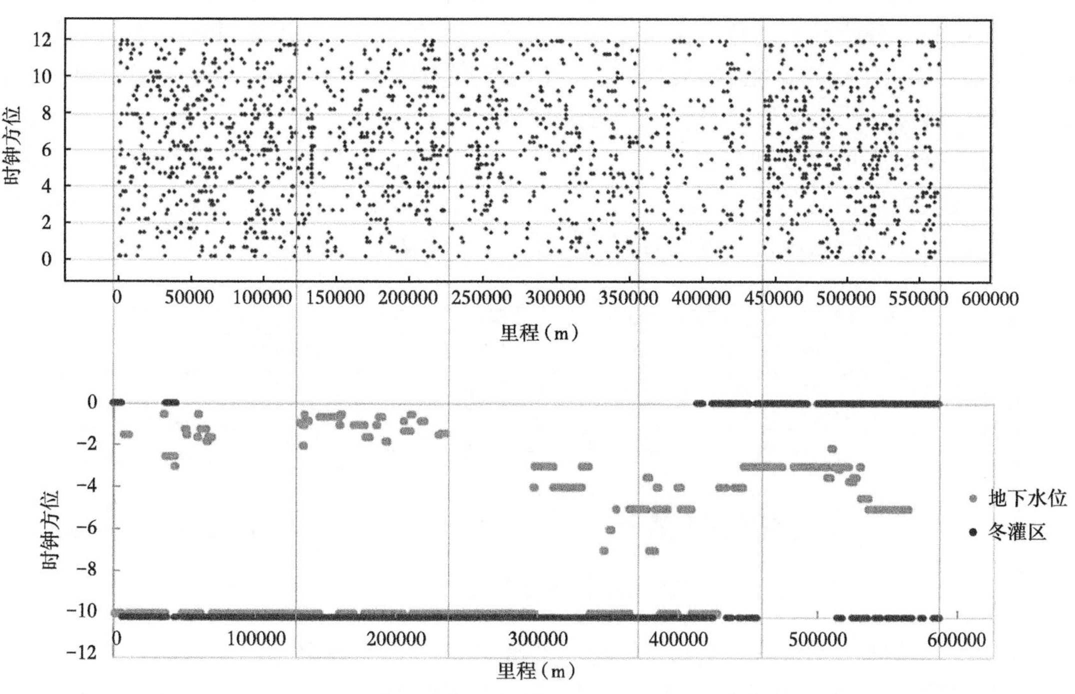

图 3-23　全线补口相关外腐蚀分布与地下水位综合分析

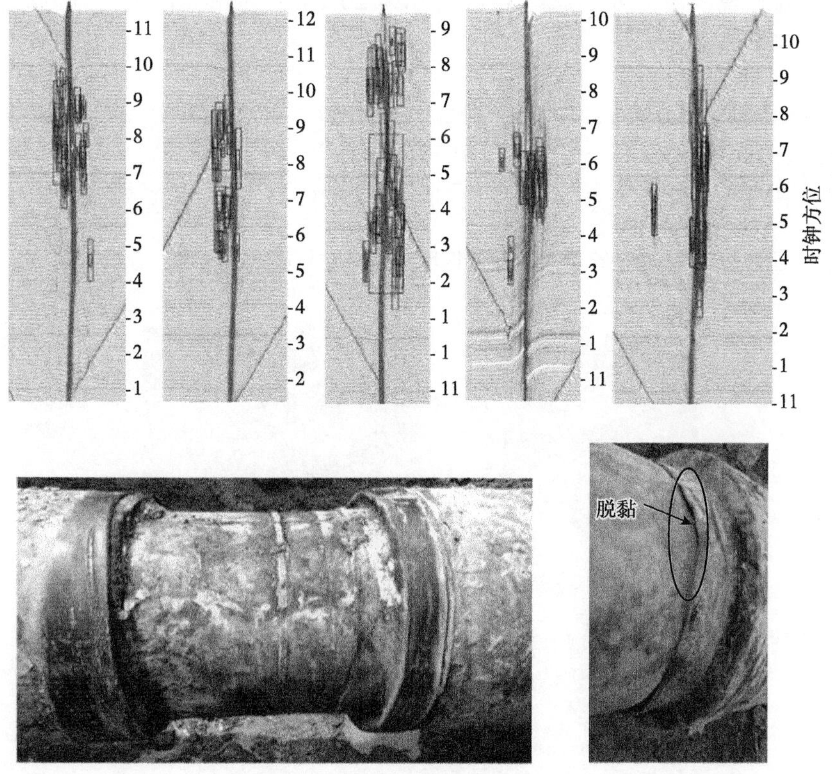

图 3-24　某原油管道补口失效形貌

案例 3：焊缝异常分析。管道内检测通常会报告大量焊缝异常或缺陷。环焊缝缺陷失效不仅与缺陷本身位置、尺寸有关，还与除内压外的管道沉降、温度载荷、强制组装、局部变形等外部因素有关。能够引起管道焊缝局部应力集中的因素主要有：碰死口、返修口、短节、斜接、凹陷变形集中管段、变壁厚等。

通过数据对齐可以发现焊口的类型（返修口、死口、短节）等，找到相应焊口的射线底片、焊接机组等信息，为焊缝缺陷分析提供帮助。如图 3-25 所示，竣工资料中管节列表数量多，记录的信息量大，因此对齐工作量巨大，比较耗费精力和人力。

	位置（桩号+里程）	钢管规格	管号	防腐等级	累计长度（km）	焊口编号	单根管长（m）	内检测焊缝编号	内检测管长	管长差	匹配备注
1			三通	—	0	QS-AA001+001-LH3/04-LS1	—				
2	AA001+0	—	QS-A-20045	环氧粉末	0.00472	QS-AA001+001-LH2/04-LS1	4.720	160	5.231	0.511	管长差偏大，但是根据特殊值的对应和弯头的对应，判断此匹配是正确的
3	AA001+4.72	ϕ1016×26.2	JL601468	高温加强	0.00627	QS-AA001+001+01-LH2/04-BRW	1.550	170	1.718	0.168	管长差偏大，根据上游焊缝对应关系。判断此匹配正确
4	AA001+6.27	ϕ1016×21.0	QS-A-20044	环氧粉末	0.0112	QS-AA001+001+02-LH2/04-LS2	4.930	180	1.790	(3.140)	疑似变管，2根内检测的管长对应一根施工管长
5						QS190		190	1.620	(3.180)	
6	AA001+11.2	ϕ1016×26.2	绝缘接头	高温加强	0.016	QS-AA001+002-LH2/04-RW	4.800				从内检测的角度，此记录多余
7	AA001+16	—	JL601468	高温加强	0.0232	QS-AA001+002+01-LH2/04-LS3	7.200	200	7.307	0.107	管长差偏大，根据特殊值对应关系，判断此匹配正确
8	AA001+23.2	ϕ1016×21.0	JL601468	高温加强	0.0252	QS-AA001+002+02-LH2/04-LS5	2.000	210	2.000	0.000	
9	AA001+25.2	ϕ1016×21.0	BG120652	高温加强	0.0294	QS-AA001+002+03-LH2/04-LS6	4.200	220	4.200	0.000	
0	AA001+29.4	ϕ1016×21.0	BG120652	高温加强	0.0311	QS-AA001+002+04-LH2/04-LS4	1.700	230	1.860	0.160	管长差偏大，根据上游焊缝对应关系。判断此匹配正确
1						QS240	5.597	240	5.597	0.000	人工插补
2						QS250	8.036	250	8.036	0.000	人工插补
3						QS260	12.024	260	12.024	0.000	人工插补
4	AA001+31.1	ϕ1016×21.0	QS-B-252	环氧粉末	0.03593	QS-AA001+003-LH2/04-RW	4.830	270	12.240	7.194	疑似变管，2根施工的管长对应一根内检测管长
5	AA002+4.83	ϕ1016×21.0	JL605616	高温加强	0.04393	QS-AA002+001-LH2/04-RW	8.000			4.240	
6	AA002+12.83	ϕ1016×21.0	BG146880	高温加强	0.056085	QS-AA002+002-LH2/04-Z	12.155	280	12.087	(0.068)	管长差偏大，根据上游焊缝对应关系。判断此匹配正确

图 3-25　某输气管道内检测与竣工资料管节对齐大表示例

碰死口、返修口、短节、斜接、凹陷变形集中管段、变壁厚等以上特征管节需从管道竣工资料获取。如图 3-26 所示，某输气管道内检测报告 1 处焊缝异常，通过对齐大表中的竣工资料显示该管节为短节，可能产生局部应力集中，识别为高失效风险焊缝异常。进一步的开挖检测发现该短节处的焊缝异常实际为 20%WT 的超标错边，其内检测信号和缺陷形貌如图 3-27 所示。

12-GTGCY1+18C-G2-2B	37.639118	ϕ1016×17.5	HB154460	高普	12.65	10° 13′	2005/7/10	74180	12.114	194080.895		环焊缝
								74180	0	194080.895	130 MM GIRTH WELD ANOMALY	环焊缝异常
								74180	12.432	194093.327	INT MFG	内部制造缺陷
12-CC101-84-G2-2B	37.651998	ϕ1016×17.5	HB154204	高普	12.88		2005/7/10	74170	12.653	194093.548		环焊缝
								74160	12.923	194106.471		环焊缝
								74160	0	194106.471	185 MM GIRTH WELD ANOMALY	环焊缝异常
12-CC101-83-G2-2B	37.653698	ϕ1016×17.5	HB154213	高普	1.7		2005/7/11	74150	1.69	194180.161		环焊缝

图 3-26　某输气管道内检测报告环焊缝异常与竣工资料对齐分析示例

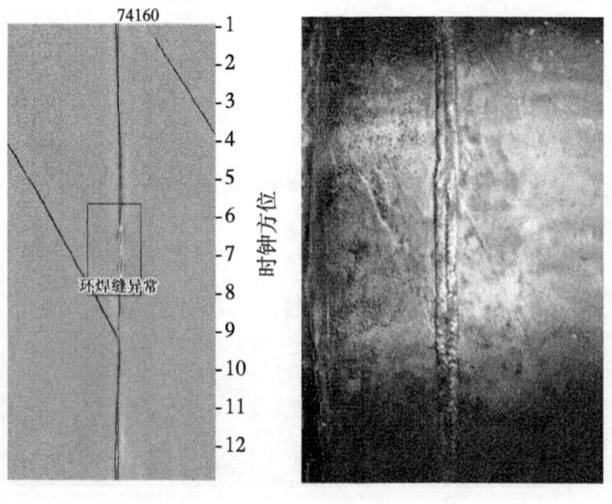

图 3-27　通过对齐大表综合分析发现的短节焊口超标错边缺陷

除管节列表外，管道竣工资料中的 X 射线底片也同样是环焊缝异常分析的重要资料。对于漏磁内检测报告的严重环焊缝异常，或对齐大表中发现可疑焊口，通过查看其竣工资料的 X 射线底片，即可在不开挖的情况下快速确定管道缺陷类型和严重程度，必要情况下进一步组织开挖和修复工作。

图 3-28 显示了通过竣工验收的焊口 X 射线底片、漏磁内检测报告的环焊缝异常，排查发现的严重内凹、未焊透等焊接缺陷。

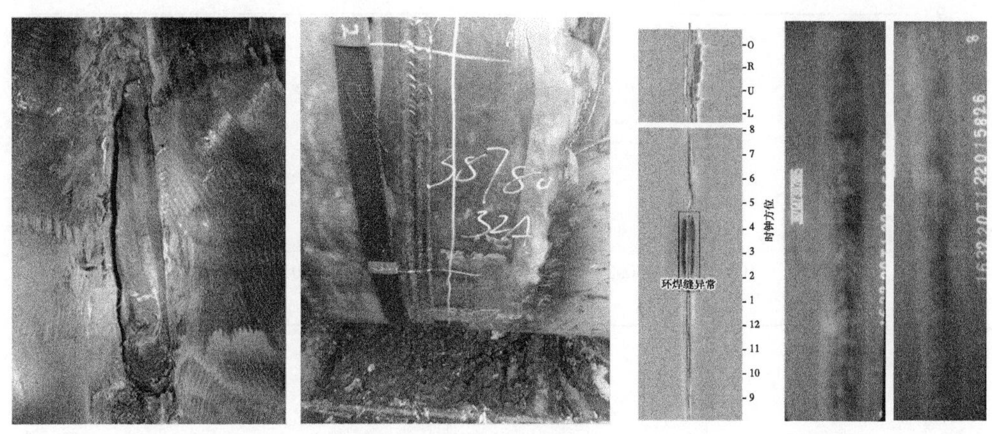

图 3-28　通过竣工验收的焊口 X 射线底片初步确定环焊缝缺陷类型

案例 4：凹陷与岩石地质环境分析。通过几何内检测发现某管道共报告凹陷 907 处，最大深凹陷深度为 9.81%OD，其沿里程的分布及相关缺陷信号如图 3-29 所示。由图 3-29（b）可知，绝大多数凹陷位于管道底部（6：00—9：00），且有多处凹陷深度超过允许值 6%OD。该条管道凹陷变形情况严重，需分析原因。

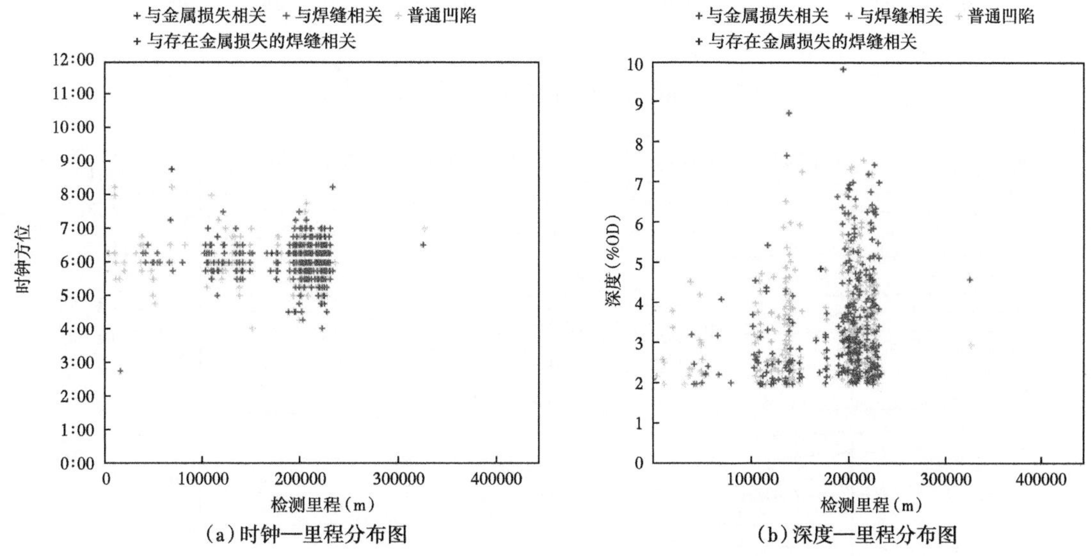

（a）时钟—里程分布图　　（b）深度—里程分布图

图 3-29　某管道内检测报告大量管道底部的严重凹陷变形

图 3-30 为凹陷沿检测里程的分布及与高程对应图。在里程 100~150km、190~235km 左右较为集中，而 236km 以后只报告了 2 处凹陷。经调查，该管道地形地貌大致以 12#—13# 阀室为界，东部以山地、丘陵和平原为主，西部以平原为主。山地、丘陵多岩石，可能是导致凹陷的原因。另外，查看几何内检测数据发现，有 337 处凹陷与椭圆变形相关，典型几何内检测信号如图 3-31 所示。

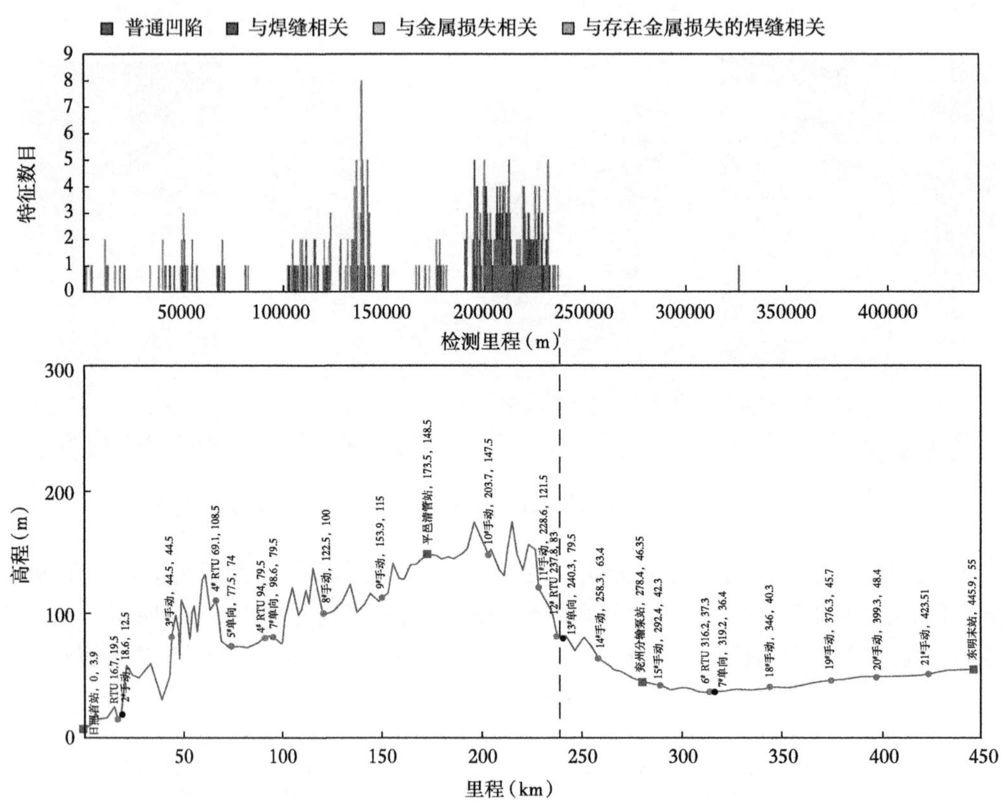

图 3-30　凹陷沿里程分布与管道高程综合分析

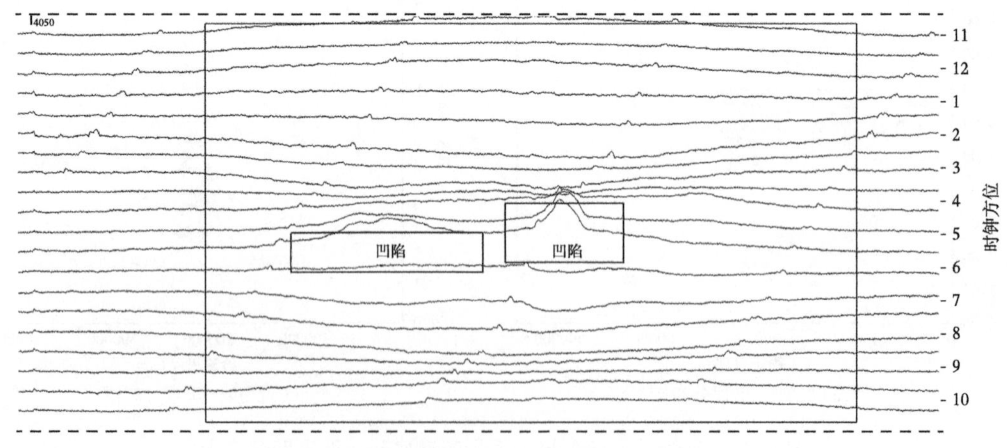

图 3-31　4050# 管节凹陷变形的几何内检测信号图

如图 3-32 所示，现场开挖验证确认了山地、丘陵地带的岩石挤压导致管道底部凹陷变形这一推断。

图 3-32 岩石挤压导致管道底部凹陷变形

三、与外检测结果综合分析

案例 5：某原油管道 1975 年 8 月投产运行，A 站至 B 站长 60km。管道建设时采用石油沥青防腐层外加强制电流阴极保护对管道进行腐蚀控制，A 站与 B 站各有一套阴极保护系统对管道施加阴极保护。该段管道防腐层自 1992 年以来陆续进行过大修。2004 年前，防腐层大修采用改性石油沥青防腐层，2004 年后采用聚乙烯冷缠胶带防腐层。防腐层大修总长 42.4 km，约占该段管道总长的 71%。管道采用加热输送工艺，多年在低输量下运行，出站温度超过 45℃，管道沿线地势平坦，地质环境以砂土与砂黏土为主。

该段管道 2011 年完成内检测，根据检测结果，其外腐蚀严重。如图 3-33 所示，未经大修或 2005 年大修的管段外腐蚀数量较多。为查找外腐蚀原因，2012 年开展了管道外检测，主要包括管道外防腐层缺陷点检测、阴极保护有效性评价、杂散电流干扰情况等工作。

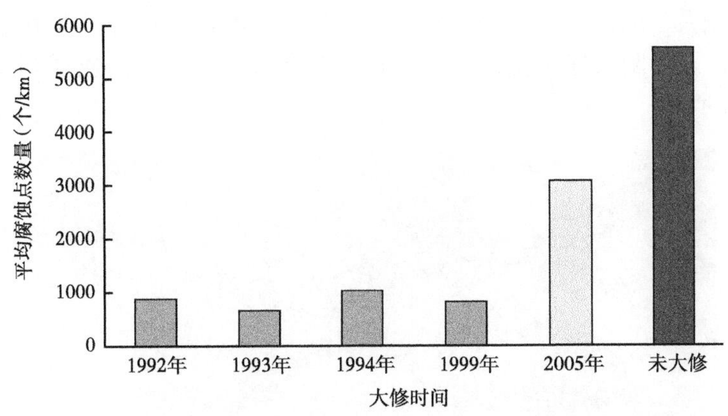

图 3-33 某原油管道外腐蚀点数量与防腐层大修时间分布图

通过对内外检测结果进行分析，可以初步得出如下结论：（1）内检测检测出的管道外腐蚀点数远远大于外检测检测出的外防腐层缺陷点数；（2）管道外腐蚀点分布与石油沥青防腐层使用年限具有对应关系；（3）根据外检测结果，管道防腐层与现有的阴极保护能够有效减缓管道的腐蚀，理论上该段管道应不存在严重腐蚀，与内检测结果不吻合；（4）管道外腐蚀点分布与阴极保护电位无明显对应关系；（5）管道外腐蚀点时钟分布表明管道防腐层存在剥离的可能。

由于外检测数据无法与内检测数据较好对应，因此采用直接开挖方式对管道内检测数据进行分析。为了更好地确定内检测数据与管道外防腐系统之间的关系，对内检测显示管体腐蚀严重、内检测显示管体无腐蚀、外检测显示防腐层存在破损点和安装有阴极保护检查片的检测点进行直接开挖。选取 29 处典型的开挖点（表 3-6），对管体腐蚀与防腐层状况的对应关系进行验证。

表 3-6　开挖点情况

开挖点情况	防腐层	开挖数量	5kV 电火花检漏	状态描述
内检测表明管体腐蚀严重	石油沥青	8	通过	邻近区域防腐层完全剥离
	冷缠胶带	1	通过	黏结良好，腐蚀缺陷防腐层大修时未处理
内检测表明管体无腐蚀	石油沥青	5	通过	黏结尚可
	冷缠胶带	3	通过	黏结良好
外检测显示防腐层存在破损点	石油沥青	8	击穿	防腐层缺陷点处，管体表面有浮锈，无坑蚀，管体无明显减薄
安装有阴极保护检查片	石油沥青	4	—	与管道连接的检查片，管体表面有致密的阴极保护膜，阴极保护效果较好

根据开挖检测结果，可以确定管体腐蚀与防腐层状况有如下对应规律：（1）内检测表明有严重腐蚀的管段，防腐层普遍剥离。管道防腐层虽然剥离，但通过电火花检测结果表明，其局部绝缘性能尚可。由于防腐层尚具有绝缘性能，因此会屏蔽阴极保护电流或者检测电流。（2）内检测表明管体良好的管段，防腐层绝缘性能与黏结性能均较好。（3）有防腐层缺陷点（检查片）的管段，管体（检查片）表面有浮锈，但无明显坑蚀，管体（检查片）无明显减薄，说明阴极保护能够有效保护缺陷点处的管道。防腐层剥离与黏结良好管体形貌如图 3-34 所示。

图 3-34　防腐层剥离与黏结良好管体实物图

通过直接开挖检测，并结合管道内外检测数据结果，可以认为管道外防腐层剥离为管道发生腐蚀的主要原因。管道防腐层与钢管表面剥离后，阴极保护电流受到屏蔽，从而使防腐层剥离处的管体无法得到有效保护。水和腐蚀性介质由外部土壤通过防腐层的缺陷或石油沥青防腐层固有的微孔渗入，在防腐层与管体之间形成腐蚀环境，造成钢管表面产生腐蚀。随着腐蚀产物的不断生成，又迫使防腐层与管体进一步剥离，形成较大面积的腐蚀环境，最终导致管道腐蚀加剧。高运行温度是防腐层老化、剥离的主要诱发因素。该段管道管输温度较高，在高温下，石油沥青防腐层老化速率加快，防腐层与管体黏结力逐渐丧失，而该段管道大多处于砂土及砂黏土环境中。该环境下，土壤受季节性降水影响而产生干湿交替现象，土壤应力较大，促进石油沥青防腐层剥离。出站段管道长期在高温环境下运行，管道的腐蚀速率增加，因此出站段管道腐蚀最为严重。

内检测数据与外检测数据对比分析中存在问题。外检测定位一般是以测试桩为参考点，地面定位精度较差。内检测报告缺陷点可精确定位到某个管节，对比分析中难以防腐层缺陷和内检测报告腐蚀点难以精确匹配。如图 3-35 所示，外检测报告防腐层缺陷点的定位参考为测试桩，而内检测报告缺陷的定位参考点一般为测试桩附件的标记盒，地面里程和管道实际里程之间会存在差异，因此防腐层破损点难以直接对应到内检测的某一管节上的腐蚀缺陷。但从统计角度，或局部管段来说，防腐层破损情况与内检测报告的外腐蚀情况会存在一定关联。

序号	站队	测试桩编号	相对里程	管道埋深	dB	Von	Voff	Vgon	Vgoff	缺陷等级	漏点位置	修复状况		防腐层缺陷点
			(m)	(m)	(ACVG)	(−V)	(−V)	(mV)	(mV)			修复状况	施工日期	现场编号
1	德州末站	4	878.8	1.81	31	1.266	0.995	5.2	4.9	轻微	5桩上游第1个警示牌上游15m	已修复	2009.10.21	4-2
2	德州末站	5	171.7	1.59	48	1.263	0.998	9.8	10.5	中等	5桩下游第2个B桩上游50步	已修复	2009.10.21	5-1
3	德州末站	13	740.5	1.24	52	1.235	1.001	-1.8	-0.8	中等	14桩上游第2个转角桩上游8.8m	已修复	2009.10.21	13-1
4	武城站	0	498.9	1.32	55	1.270	0.930	-0.3	-4.1	中等	KA002转角桩下游3.5m弯头处	已修复	2009.12.7	0-1
5	武城站	1	953.6	2.11	37	1.285	0.950	13	12.7	轻微	1桩下游第3个B桩上游1.4m	已修复	2009.12.7	1-1
6	武城站	2	182.0	1.61	40	1.293	0.920	10.5	9.8	轻微	2桩下游第2个警示牌上游1.4m	已修复	2009.12.8	2-1
7	武城站	2	265.6	1.86	36	1.293	0.960	16.3	13.3	轻微	2桩下游第2个B桩下游9m	已修复	2009.12.8	2-2
8	武城站	3	741.2	1.29	32	1.275	0.950	9.8	8.4	轻微	3桩下游第5个B桩上游21.2m	已修复	2009.12.8	3-1
9	武城站	3	875.1	2.12	42	1.255	0.965	20.1	19.2	中等	3桩下游第6个B桩上游1.9m			3-2
10	武城站	5	51.5	1.59	46	1.261	0.955	9.4	7.5	中等	5测试桩下游44m	已修复	2009.12.8	5-1

图 3-35　某输气管道防腐层缺陷点列表示例图

四、多次检测结果综合分析

实际工程应用发现，依据两次或多次管道内检测数据的对比结果，能够分析管道缺陷如内部缺陷、外部缺陷、补口缺陷、焊缝异常等的生长情况及其对管道危害的严重程度；合理地计算腐蚀生长速率，降低剩余寿命预测的保守性，排除剩余寿命预测的不确定性。两次或多次检测数据的对比结果是分析管道缺陷存在原因及制定缺陷维修计划的重要依据，对管道完整性评价具有科学的指导意义。

两次检测数据匹配的关键要素是对比环焊缝的变化规律，根据两组检测数据中管节长度的差值判断数据是否匹配，若管节长度的差值结果接近于 0，说明数据匹配成功。两次检测数据管节长度的数据匹配时，亦可选择明显的管道特征，如阀室、弯头、三通、短管节、环焊缝与制造焊缝的交点等，辅助判断数据匹配的准确性。对于未进行过改线或换管的管道，两次检测数据正确匹配后，两组检测数据的环焊缝应该是一一对应的，其属性信息（管节长度、焊缝交点位置等）基本一致。但如果任意一次检测数据存在问题，如里程打滑、数据丢失，将会导致两次检测的部分数据无法正确匹配。在两次检测数据正确匹配成功后，可以得到检测数据的数据集对比结果，并可以通过对比软件或匹配后的对应里程进行两次检测信号的对比。

两次或多次检测数据对比在工程评价中意义重大，充分发挥了管道内检测数据的作用，提高了内检测数据的使用率。利用两次或多次检测数据的对比结果，对管道进行综合的完整性评价，从而全面有效地分析缺陷产生的原因、生长情况（图 3-36），暴露管道存在的问题，排除完整性评价中的不确定因素，制定合理有效的腐蚀控制措施，使管道缺陷处于可控状态。

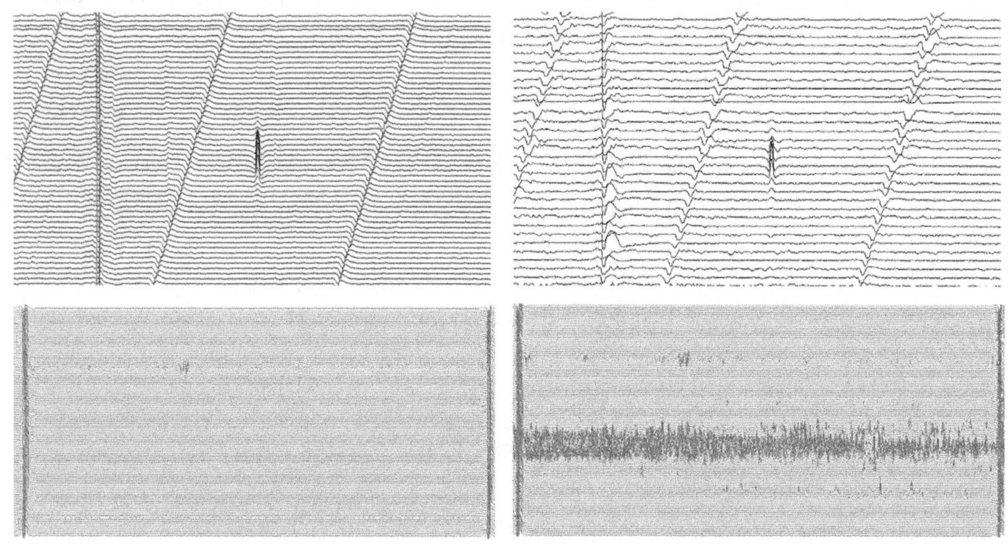

图 3-36　两次检测数据信号对比（金属损失缺陷增长信号）

从公开文献报道来看，国内外均开展了多次漏磁内检测数据对比分析研究工作。国外管道企业如 DOW、BP、Singapore Gas Company、Enbridge 等已有百余条管道开展了内检测数据比对工作。国内国家管网集团北方管道有限责任公司、国家管网集团西部管道有限责任公司、广东大鹏液化天然气有限公司（简称广东大鹏）、中航油集团京津管道运输有限责任公司等多家单位都开展过多次内检测数据对比工作。

加拿大 Desjardins Guy 等人对某管道在 2009—2011 年采用的 3 家内检测承包商的检测结果进行数据比对，主要包括不同检测承包商检出焊缝总数量、不同检测承包商异常检测重复性及特征尺寸量化能力。通过管节对齐及缺陷匹配后，对比分析了 3 家检测商报告的金属损失缺陷匹配情况。由表 3-7 可知，以 A 检测商的结果为基准，B 和 C 报告的缺陷分别有 48% 和 77% 与 A 报告的缺陷相匹配。

表 3-7　A、B 及 C 三家内检测商报告的深度大于 15%WT 金属损失缺陷对比

检测服务商	A	B	C
匹配异常	100%	48%	77%
不匹配异常	0%	52%	23%

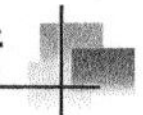

进一步对已匹配的金属损失缺陷进行缺陷深度尺寸量化结果进行对比分析。结果如图 3-37 所示，A 和 C 报告的深度尺寸较接近，而 B 报告的深度尺寸比 A 和 C 偏大。

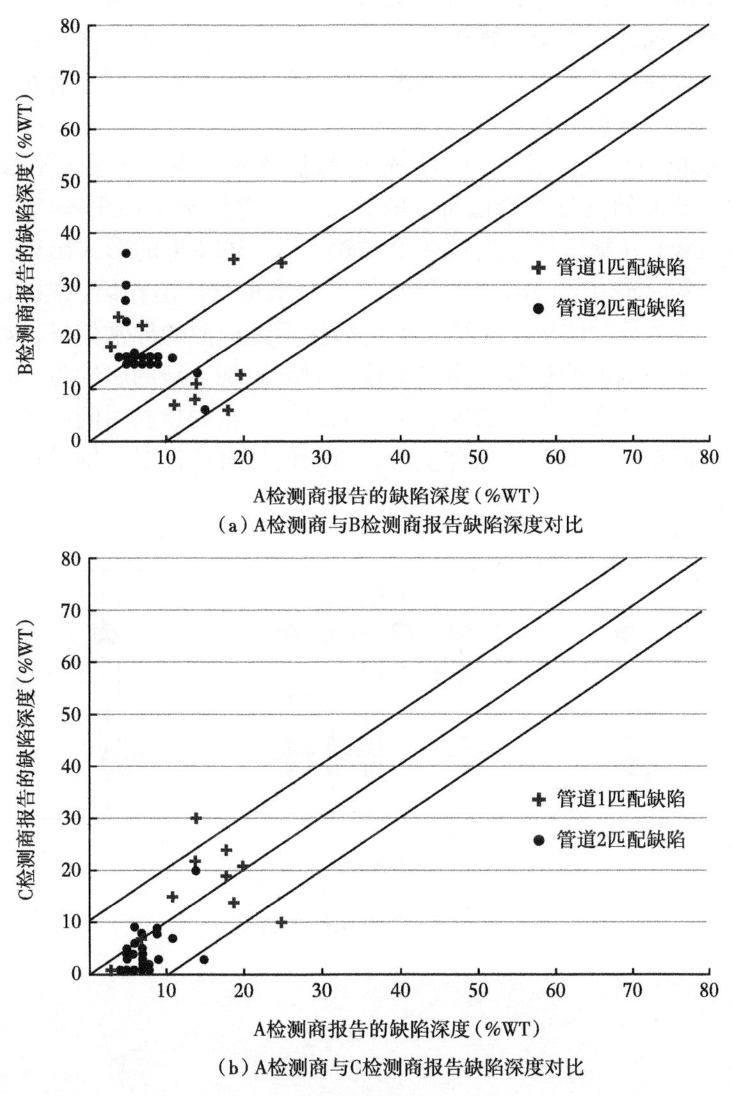

（a）A检测商与B检测商报告缺陷深度对比

（b）A检测商与C检测商报告缺陷深度对比

图 3-37　不同内检测商报告的金属损失深度对比

广东大鹏等单位对两轮次漏磁内检测数据进行了对比分析，分析指出了内检测数据对比工作中的两个关键步骤：管道内检测里程数据对齐，内检测特征数据比对。

在里程数据对齐过程中，有两种不同的情况：前后两次检测由同一承包商实施；前后两次检测由不同承包商实施。如图 3-38 所示，即使是相同承包商，在不同次检测中，焊缝总数也未必完全一致。

内检测数据里程对齐后，即可对特征数据进行比对。特征数据比对分为两类：基于检测承包商提交的内检测报告；基于内检测承包商提交的原始信号。基于内检测承包商提交的检测报告，如果管道企业对两次检测的检测报告阈值相同，且两次检测承包商相同，则只能对报告阈值以上的异常进行比较，阈值以下的异常则无法进行比较。在第一轮的检测报告中，位于 40557.4m 处发现了一个深度为 11%WT 的外部金属损失缺陷，但在第二轮的检测报告中，此位置并无外部金属损失缺陷。考虑到检测报告阈值和检测精度，并不能确定第二轮检测未发现此外部金属损失缺陷。同样，对于该点也不能确定外部金属损失增长了 11%。如果两次检测承包商不同，考虑到两次的检测精度，则只有对远大于报告阈值以上的异常进行比较才有实际意义。

基于内检测承包商提交的检测原始信号的数据比对，由于不受报告阈值的限制，因此，可以利用内检测原始信号对管道所有的异常信号进行比对（图 3-41）。在第一轮的内检测信号中的 26%WT 异常信号亦出现在第二轮中以 25%WT 的形式出现。考虑到检测器的检测精度，认为第一轮中的 26%WT 异常信号并未增长。但在第二轮的内检测信号中，却出现了一处 29%WT 异常信号，在第一轮中却找不到相似的异常信号。如果第一轮的检测时间在第二轮之前，则说明该管道第二轮检测时，出现了新的腐蚀点，根据两次检测的时间间隔，即可得出管道在该点的腐蚀速率。如果第一轮的检测时间在第二轮之后，则说明第一轮出现了管道缺陷的漏检。综合整条管道的信号对比情况，即可得出不同承包商对于管道缺陷的检出率。

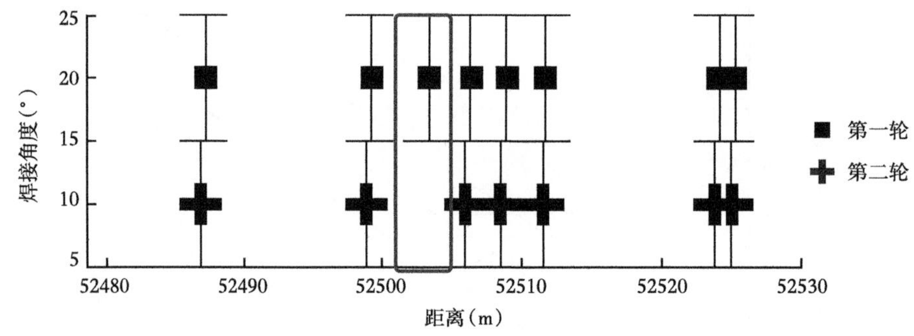

图 3-38　焊缝误报示意图

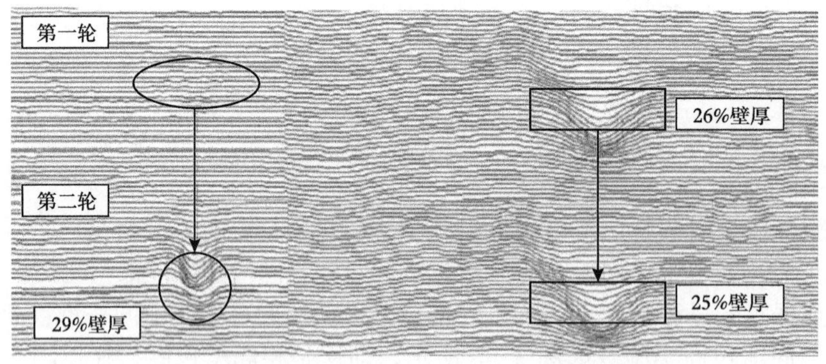

图 3-39　相同检测承包商不同检测轮次的信号比对

建议在管道第二轮内检测开展后，建立基于管道内检测数据比对的管道完整性数据综合分析机制，用于提升历次内检测数据及其他相关管道完整性管理数据的利用率，完善管道完整性再评价，进一步保障管道本质安全（图 3-40）。

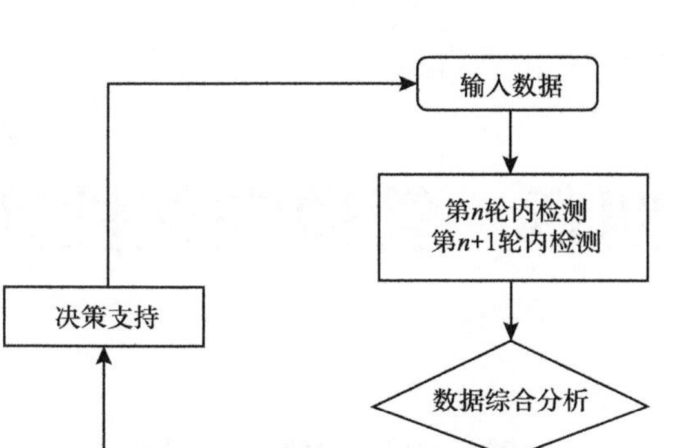

图 3-40　基于管道内检测数据比对的管道完整性数据综合分析流程图

其中，输入数据包括:(1)阴极保护数据;(2)外检测数据;(3)杂散电流干扰数据;(4)管道高程数据;(5)上一次风险评价数据;(6)管道以往的维修维护数据;(7)管道附属物设施，关注易产生阴极保护屏蔽的位置;(8)运营期新增管道保护数据，含管涵、箱涵等;(9)其他关注要素，如管道建设时产生的金口及运营期占压、重车碾压等所在位置。

输出结果包括:(1)确定的管道里程数据;(2)管道本体缺陷增长率;(3)新的管道缺陷点;(4)缺陷产生的原因分析;(5)调整阴极保护的运行策略;(6)检测器性能的验证;(7)核实已有管道缺陷实际修复效果;(8)管道本体现状;(9)制定基于风险的内检测实施策略。

第四章　管道完整性评价

第一节　概　　述

管道完整性评价是管道完整性管理的关键环节，是保证管道安全、实施有针对性修复的重要手段，其主要目的是通过评价明确管道的结构完整性状况，预测缺陷增长趋势，制定响应计划，降低管道的运营风险。

完整性评价的方法主要有内检测评价法、压力试验评价法和直接评价法等。

压力试验评价法一般通过水压或气压试验，暴露未达到设计压力或运行压力要求的缺陷，适用于新建管道投产前或封存管道启用前的评价，而在役管道受停输等因素影响，该评价方法适用性受到的限制较大。

直接评价法通过地面检测、开挖验证等综合分析管道整体状态，通常适用于与时间相关的外腐蚀等缺陷评价，而不适用评价制管缺陷与施工缺陷，无法做到对管道结构进行全面评价。

内检测评价法使用变形检测器、金属损失检测器及裂纹检测器直接检测、判定缺陷的尺寸与位置，再根据缺陷的尺寸与位置来评价管体的结构完整性。内检测器采用传感器阵列直接接触管体内壁检测管体缺陷，采用统一的算法与模型来回归与量化缺陷尺寸，保证了缺陷检测的高精度与高可重复性，能够对含缺陷管道结构进行全面评价，成为油气管道工业应用最广泛的检测评价方法。

考虑到与时间相关缺陷随着时间发展对管道未来结构完整性的影响，工程上应周期性地开展管道完整性评价。

对于报告的管道缺陷，应调查其性质、范围和原因。应确定管道在规定的安全极限范围内是否有足够的结构强度承载运行过程中的载荷，并确定当前安全运行压力。安全运行建议和维修建议的制定应考虑高后果区、介质温度、压力变化及土壤应力等综合情况。当管道升压运行、输送介质改变等运行工艺条件变化或封存管道再启用时，应进行完整性评价。

狭义的完整性评价是指针对检测发现的缺陷进行评价，包括剩余强度计算和剩余寿命预测等，确定缺陷的响应策略，提出修复建议的过程。狭义的完整性评价又称管道缺陷评价或含缺陷管道的适用性评价等。

第二节　管道缺陷类型

按照缺陷性质，管道缺陷可划分为几何变形（包括凹陷、椭圆变形、褶皱、屈曲等）、体积型缺陷（包括腐蚀、划痕、气孔、夹渣等）、平面型缺陷（包括裂纹、未熔合、未焊透等）。

按照缺陷位置，管道缺陷可划分为管体缺陷和焊缝缺陷，焊缝缺陷进一步可分为现场施工焊缝缺陷和制管焊缝缺陷。

按照与时间相关性，管道缺陷可分为与时间相关缺陷（包括内腐蚀、外腐蚀、应力腐蚀开裂、疲劳裂纹等）、与时间无关缺陷（包括第三方损伤等）、固有缺陷（包括管材缺陷、制管缺陷等）。

各种类型缺陷图片如图 4-1 至图 4-8 所示。

（a）受约束的岩石凹陷

（b）去除约束后的凹陷

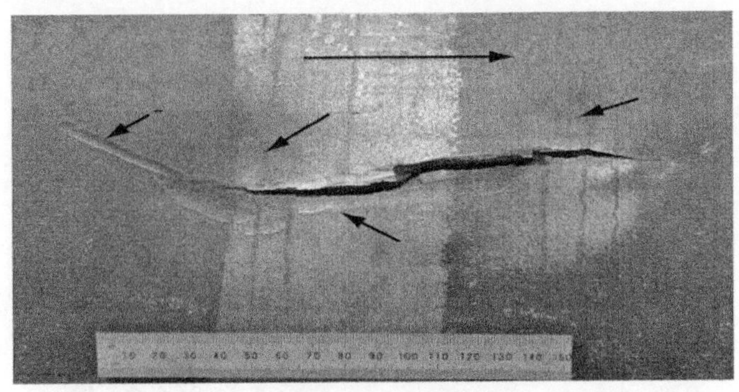

（c）凹陷划痕底部开裂失效

图 4-1 凹陷

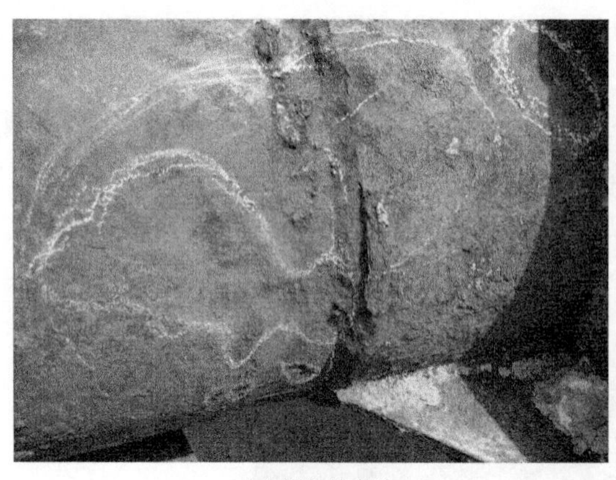

（a）管体外腐蚀　　（b）补口失效后产生的外腐蚀

图 4-2　外腐蚀

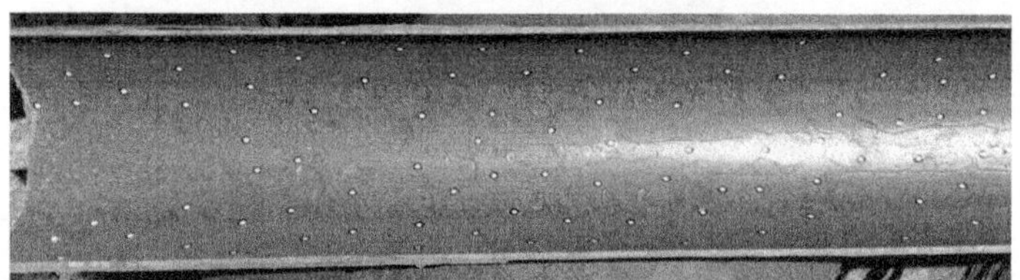

（a）成品油管道内腐蚀

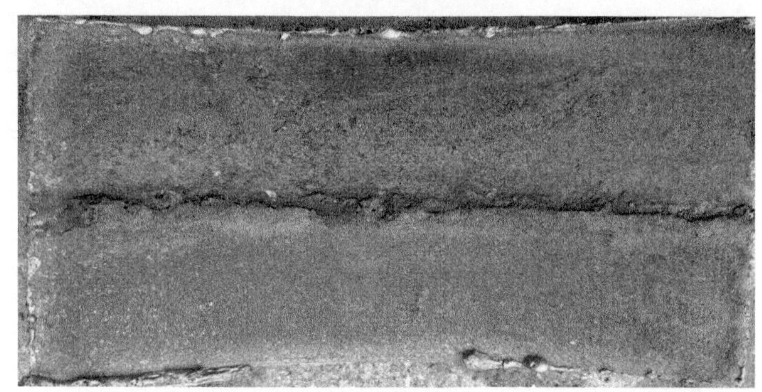

（b）原油管道内腐蚀

图 4-3　内腐蚀

图 4-4　划痕

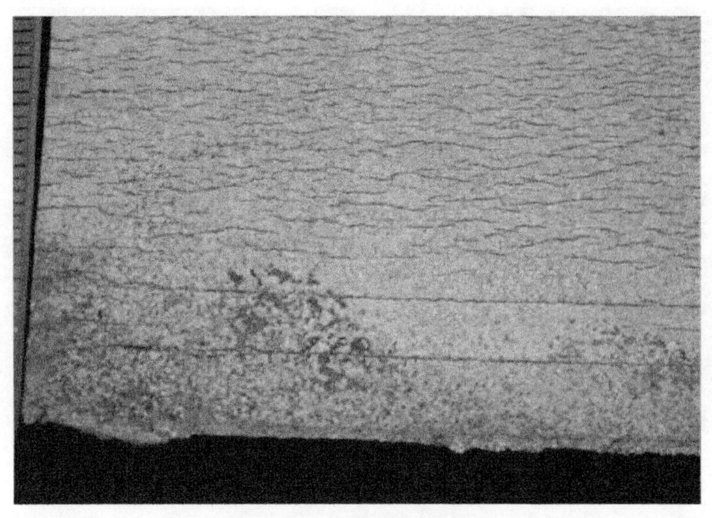

图 4-5　SCC 裂纹簇

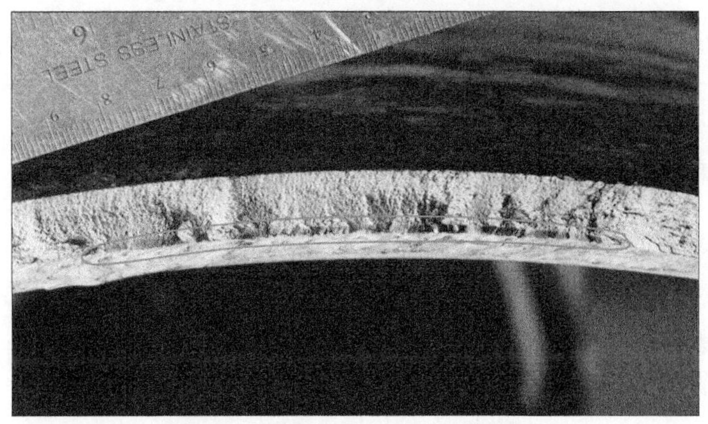

图 4-6　环焊缝热影响区焊接裂纹

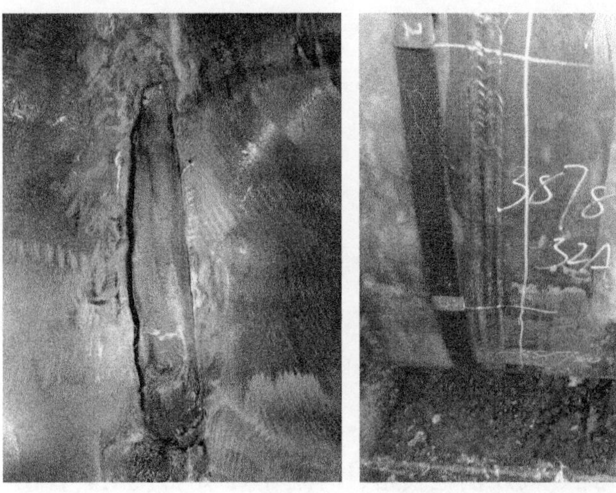

图 4-7　环焊缝打磨后未补焊、焊缝内凹

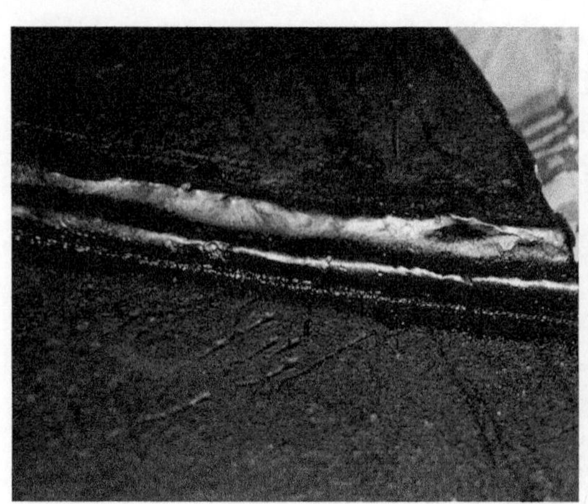

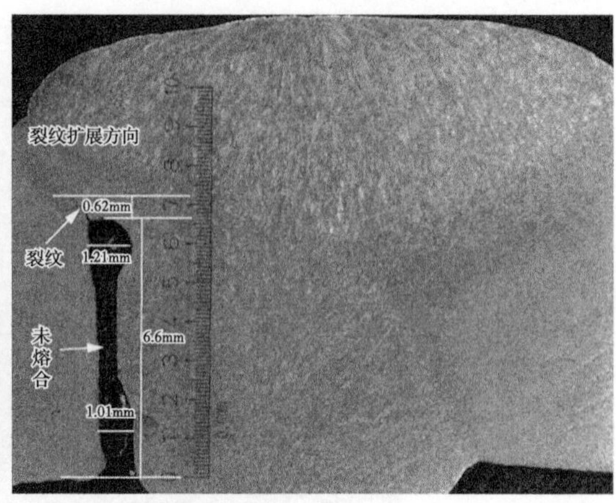

图 4-8　螺旋焊缝未熔合、未焊透及伴生裂纹

第三节　评价数据收集与分析

明确评价对象和范围，收集完整性评价所需要的数据，主要包括管段属性、检测数据、载荷数据、力学性能数据、建设数据、运行数据、其他数据等

（1）管段属性数据，主要包括：

①起始 / 结束位置；

②材质；

③直径；

④壁厚；

⑤设计温度及压力；

⑥焊缝类型及焊缝系数；

⑦制造商；

⑧制造日期。

（2）建设数据，主要包括：

①建设单位；

②设计单位；

③监理单位；

④施工单位；

⑤开工日期；

⑥竣工日期；

⑦投运日期；

⑧弯管及弯头信息；

⑨连接方式、工艺及检验结果；

⑩管道纵断面图、埋深数据；

⑪交叉（与公路、铁路、高压输电线路、河流等）/ 是否使用套管；

⑫压力测试；

⑬现场涂装方法；
⑭土壤信息；
⑮阴极保护信息；
⑯涂层信息；
⑰其他相关数据。

（3）运行数据，主要包括：
①输送介质属性；
②最大 / 最小运行压力；
③最大 / 最小运行温度；
④泄漏 / 失效历史；
⑤涂层状态；
⑥阴极保护系统性能及历史数据；
⑦内外壁腐蚀监控；
⑧压力波动；
⑨调节 / 泄放装置性能；
⑩管道的破坏、损伤及维修历史；
⑪其他数据。

（4）检测数据，主要包括：
①内检测数据及报告；
②外检测数据及报告。

（5）载荷数据，主要包括：
①缺陷处管道承受的内部压力；
②弯曲载荷（应力控制、位移控制）；
③轴向载荷；
④残余应力；
⑤其他载荷。

（6）力学性能数据，主要包括：
①母材与焊缝的强度（屈服强度、抗拉强度）；
②母材与焊缝的韧性（冲击韧性、断裂韧性）；
③母材与焊缝韧脆转变温度；
④其他力学性能。

（7）其他数据，主要包括：
①地区等级及高后果区位置；
②地理及环境信息；
③风险评价结果；
④其他。

对缺陷数据进行统计分析，根据缺陷的类型、分布规律及与管道高程、埋深、地理环境等的对应关系，分析缺陷的可能成因，主要包括：

（1）缺陷总体统计分析（图 4-9）。

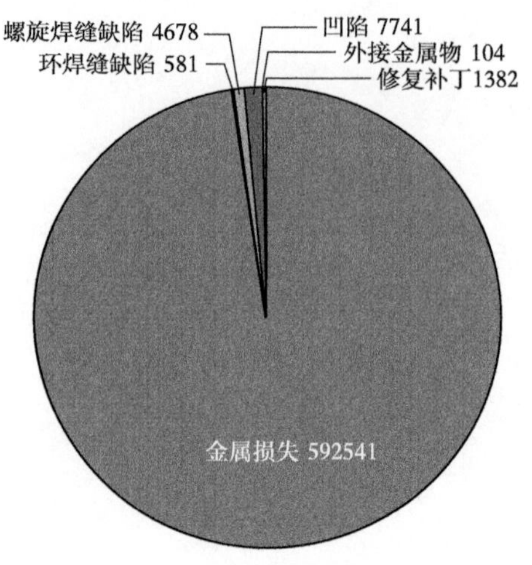

图 4-9　某管道缺陷总体统计分析

（2）缺陷分类统计分析（图 4-10）。

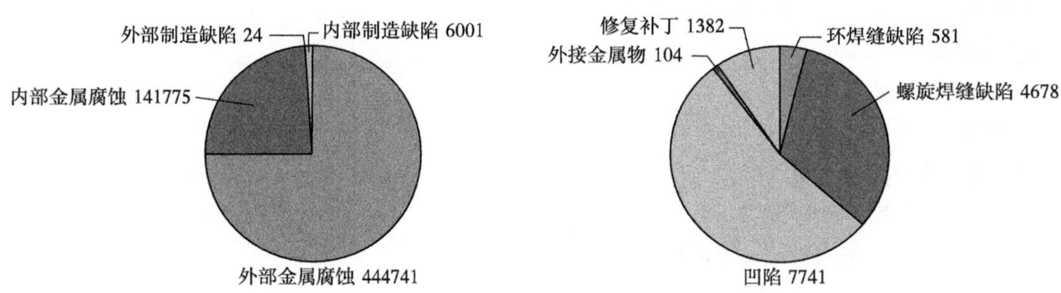

图 4-10　某管道缺陷分类统计分析

（3）缺陷数目沿检测里程段分布统计分析（图 4-11）。

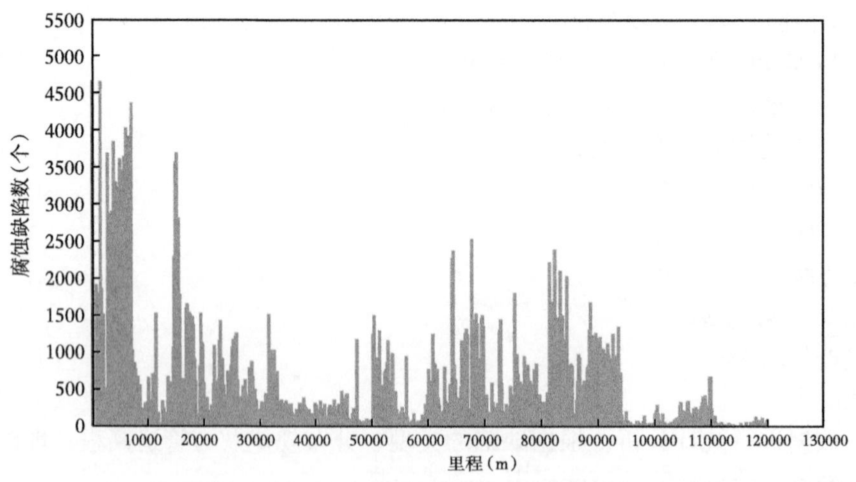

图 4-11　某管道腐蚀缺陷数目沿检测里程分布图

（4）缺陷沿检测里程与时钟方位分布统计分析（图 4-12）。

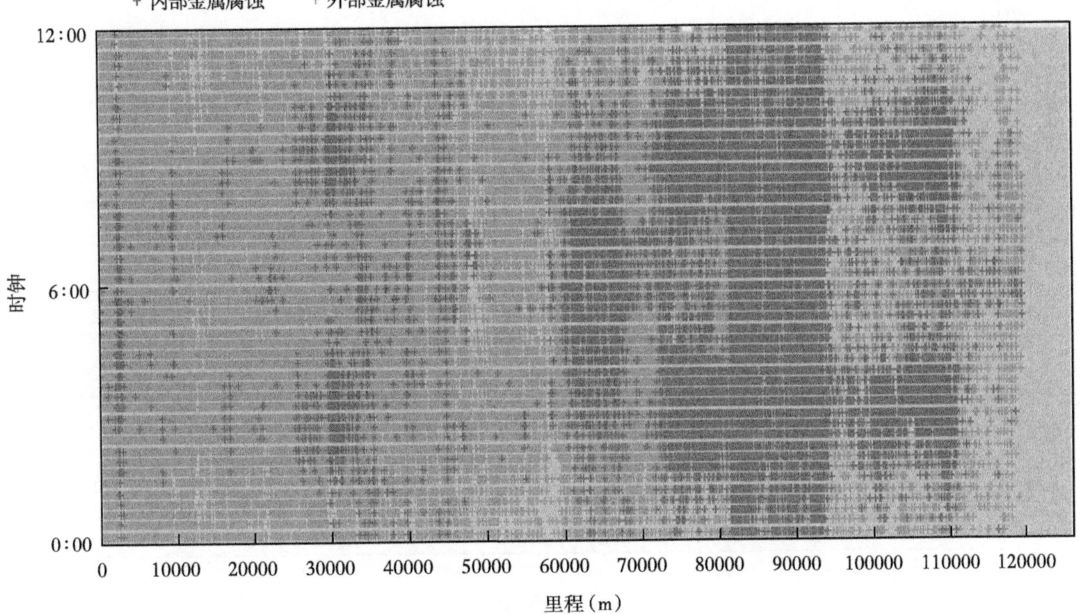

图 4-12　某管道腐蚀缺陷沿时钟方位和检测里程分布图

（5）缺陷深度、长度沿检测里程分布统计分析（图 4-13）。

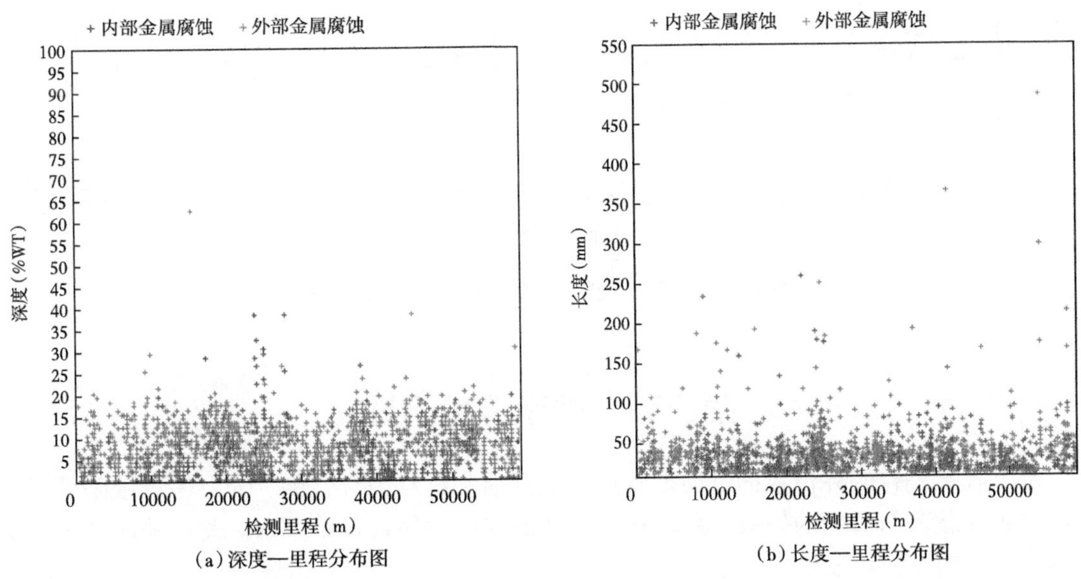

图 4-13　管道腐蚀缺陷深度、长度沿检测里程分布统计分析

（6）缺陷与地理环境、高程对应关系统计分析（图 4-14）。

（7）两次或多次时间周期内缺陷变化的统计分析（图 4-15）。

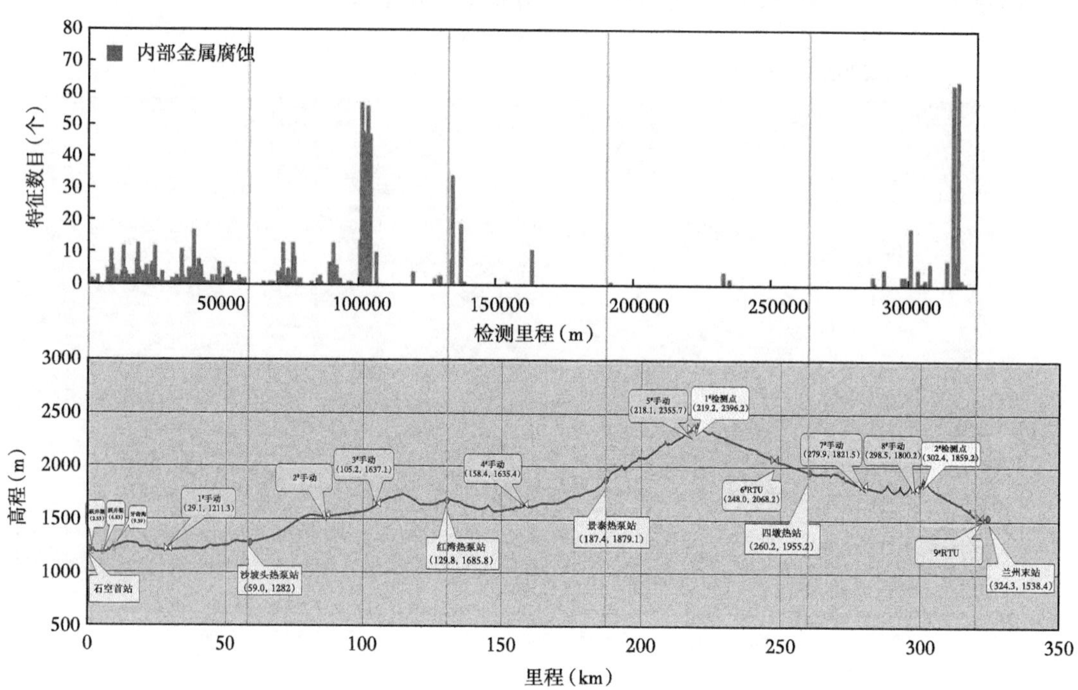

图 4-14　某管道内腐蚀缺陷沿检测里程与高程对应关系统计分析

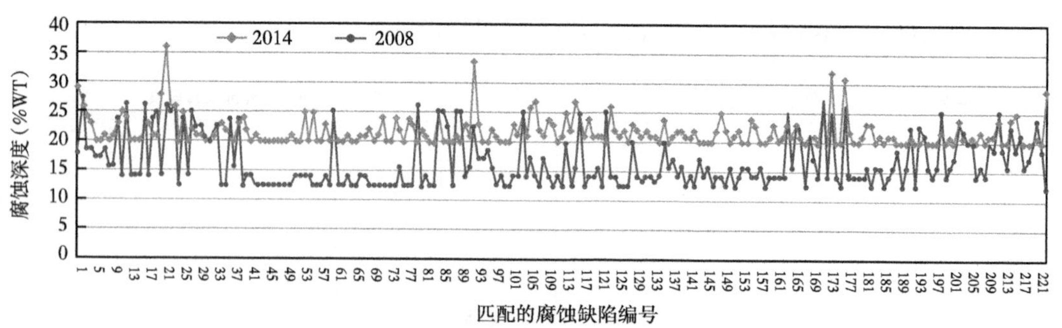

图 4-15　某管道两次检测缺陷变化的统计分析

第四节　确定评价方法

基于收集整合的评价数据，根据管道缺陷性质和材料力学性能，充分考虑缺陷处管道承受的各种载荷与可能的失效模式，选择合适的缺陷适用性评价方法。管道缺陷评价方法选择应考虑的主要因素包括：

（1）符合法律法规要求；

（2）符合管道企业的管理规定与安全运行策略；

（3）缺陷类型、性质及管材属性；

（4）缺陷处管道承受的载荷类型；

（5）评价方法的适用范围与局限性；

（6）开挖验证信息与历史失效分析。

一、腐蚀

腐蚀可大面积减薄壁厚，降低管道的承压能力，可导致管道穿孔或爆破，引发漏油、漏气事故，进一步导致火灾、爆炸和环境污染等严重事故。

鉴于油气管道重要的战略地位和事故危害的严重性及高昂的维修费用，对含腐蚀缺陷的管道进行剩余强度评价非常必要，评价的目的就是研究含腐蚀缺陷管道所容许的最大操作压力及在某一操作压力下允许存在的最大缺陷尺寸，从而作出正确的决策——使继续服役、降低管道运行压力、修复或更换操作严重的管道等，这样既可避免事故的发生又可节省维修费用。

1）NG-18 方程

现有腐蚀评价公式基本上都是在巴特尔研究院（Battelle）1970 年得到的半经验工程公式（NG-18 方程）基础上发展来的。各种金属损失评价方法的区别在于不同的流动应力、腐蚀面积投影以及鼓胀因子。

NG-18 方程的基本公式见式（4-1）：

$$P=\frac{\sigma_{\text{flow}}2t}{D}\left[\frac{1-\dfrac{A}{A_0}}{1-\dfrac{A}{A_0M}}\right] \tag{4-1}$$

式中，P 为失效压力，MPa；σ_{flow} 为流动应力，MPa；t 为壁厚，mm；D 为管径，mm；A 为腐蚀沿轴向面积投影，mm^2；A_0 为缺陷轴向长度与壁厚的乘积，mm^2；M 为鼓胀因子。

2）ASME B31G

最早的腐蚀缺陷评价方法是由 ASME（美国机械工程师协会）在 1984 年颁布的 ASME B31G—1984《确定腐蚀管道剩余强度手册》。该标准是很多现行评价标准的基础，其前身是基于断裂力学的 NG-18 表面缺陷计算公式。在实际的应用中，有学者发现 ASME B31G—1984 过于保守，预测得到的失效压力远远低于实际压力，针对标准的这种保守性，Kiefner 等在 1989 年对原版 ASME B31G 标准进行了修正，得到了 ASME B31G—1991，消除了原版标准中的一些保守性，使结果更接近真实值，但对于一些特殊的情况，结果仍然不太理想。2009 年和 2012 年，在改进的 ASME B31G 基础之上，该标准经历了进一步的修改，形成了现行的新版 ASME B31G—2012 方法。

新版 ASME B31G—2012 在原始方法的基础上，对其适用范围做了更为详细的说明，通过定义流动应力，将材料的应用范围扩展至 X80 钢级。对地上、埋地和近海管道的金属损失，适用的评估对象包括：内外腐蚀，通过打磨可以完全移除的机械损伤、裂纹、电弧烧伤、制造缺陷等管道表面缺陷，位于弯管和弯头上的金属损失，受相邻纵向、螺旋或环向焊缝（焊缝不存在质量问题且具有韧性）影响的金属损失，具有韧性断裂萌生特性的管材的金属损失，管道的操作温度高于所规定的温度的金属损失（材料在此温度下的强度已知），管道在可接受的环向应力水平内运行的金属损失，内压为管道初始载荷的金属损失。

不适用的评估对象包括：通过打磨仍不能恢复其光滑外形的裂纹型缺陷和表面机械损伤型缺陷；位于管壁径向变形大于管道外壁 6% 的凹陷或褶皱处的金属损失；影响管道接缝和环焊缝的槽型腐蚀、选择性腐蚀或优先腐蚀；除了弯头和弯管外其他配件的金属损失，影响材料萌生脆性断裂的金属损失；管道运行的温度超出了标准允许操作温度范围，或工作温度在蠕变范围。载荷和失效模式方面，不适用于评估的情况包括：内压不足（低环向应力水平条件）所导致的腐蚀穿孔失效；受较高纵向拉伸应力所导致的环向失效；受较高纵向压应力所导致的皱褶、鼓胀失效。

新版的 ASME B31G—2012，在参照 API 579 的分级评价准则，整合了 RSTRENG 0.85dL 方法和 RSTRENG 有效面积法，将评价分为 0 级评价、1 级评价、2 级评价和 3 级评价总共 4 个级别。

（1）0 级评价：主要通过查表的方法，根据不同管道尺寸和腐蚀深度条件对应的最大腐蚀深度来判断缺陷是否能够接收。标准第 3 部分给出了腐蚀许用长度的表格。这些表格从之前版本的 ASME B31G 中延续下来并补充了一些公制单位的表格。这些表格是根据原始 ASME B31G 的方法采用 1 级评价计算出来的。表格中可以直接查询不同管道尺寸和腐蚀深度条件对应的最大腐蚀深度。这些表格用来确定连续区域腐蚀的最大许用纵向长度或者金属损失区域的相互聚集。评价步骤如下：

①确定管道直径和公称壁厚。

②确定管道的材料性能。

③表面至裸露基体金属。

④测量腐蚀区域的最大深度和纵向长度。

⑤在表格中寻找相对应的管道直径。

⑥在表格中，找到与腐蚀部位的最大测量深度相等“深度”的那一行。如果表中没有恰当的测量深度值，则选择“靠近的较大深度”对应的那一行。

⑦找到与管道壁厚相当的那一列内容。如果表中没有示出公称壁厚，则使用靠近的较薄壁厚，在壁厚栏与深度一行相交处找到的 L 即是该腐蚀部位的最大允许纵向范围。

⑧如果测量长度 L 不超过表中给出的值 L，管道的金属损失区域就认为是可以接受的。

相比于 1 级、2 级或 3 级分析得到的结果，表中给出的结果可能更加偏于安全，尤其对于运行环向应力等级小于 72%SMYS 且非常长的腐蚀区域。

（2）1 级评价：1 级评价主要通过公式计算判断管道能否承受当前的 MAOP，根据采用的计算公式不同又分为 1（a）级和 1（b）级。1 级评价按照如下步骤进行：

①确定管道直径和公称壁厚。

②清洁腐蚀管道表面至裸露金属。清洁承压管道表面的腐蚀区域时要特别注意。

③如图 2.1-1 所示，测量腐蚀区域的最大深度和纵向长度。

④通过合适的数据记录来确定管道的材料性能。

⑤选择评价方法并计算预测失效应力 S_F。

⑥定义许用安全因子，S_0。

⑦比较最大允许操作压力 P 和 $S_F \times S_0$。

⑧如果 P 大于等于 $S_F \times S_0$，就认为缺陷是可以接受的。

如果根据上述 8 步认为缺陷是不能接受的，可以对管道进行降压，比如降压至低于

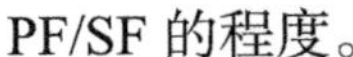

PF/SF 的程度。

a. 原始 ASME B31G。

$$M=(1+0.8z)^{1/2} \tag{4-2}$$

$$z=L^2/dt$$

式中，M 为彭胀因子，z 为缺陷形态系数。

当 $z \leqslant 20$ 时，

$$S_F=S_{flow}\frac{1-\frac{2}{3}(d/t)}{1-\frac{2}{3}(d/t)/M} \tag{4-3}$$

式中，S_F 为失效压力，MPa；d 为管径，mm；t 为壁厚，mm，S_{flow} 为规定的最小屈服强度，MPa。

当 $z>0$ 时，

$$S_F=S_{flow}(1-d/t) \tag{4-4}$$

b. 改进的 ASME B31G。

当 $z \leqslant 50$ 时，

$$M=\left(1+0.6275z-0.003375z^2\right)^{1/2} \tag{4-5}$$

当 $z>50$ 时，

$$M=0.032z+3.3 \tag{4-6}$$

$$S_F=S_{flow}\frac{1-0.85(d/t)}{1-0.85(d/t)/M} \tag{4-7}$$

（3）2 级评价：主要是使用有效面积法，一般需要测量一些腐蚀深度或穿过腐蚀区域的剩余壁厚，2 级评价可以使用类似于 1 级评价的步骤程序来进行评价。有效面积法采用迭代法来评价所有可能与原始材料 A_0 有关的局部金属损失缺陷 A。在评价时需要详细的纵向分布或金属损失轮廓，需要输入金属损失详细的纵向分布或轮廓信息。有效面积法可以表示为如下形式：

$$S_F=S_{flow}\frac{1-A/A_0}{1-(A/A_0)/M} \tag{4-8}$$

式中，A 为缺陷面积，mm^2；A_0 为原始面积，mm^2。

（4）3 级评价：通常要进行详细的分析，比如腐蚀区域的有限元分析。分析应当准确考虑或说明影响结果精度的所有因素，包括载荷、内压及外部压力；边界条件及约束条件；椭圆化、变形、未对准及不连续；材料应力—应变特征；载荷和应力整体分布对缺陷的影响。建立失效标准时需要考虑应变能力或断裂阻力特征。建立合适的安全因子时，需要考虑和 1 级评价、2 级评价相似的问题。

3）DNV-RP-F101

DNV-RP-F101《腐蚀管道评估方法》是由 BG 和 DNV 共同合作的成果，这些成果来自双方各自完成的联合工业项目并形成此推荐做法的技术基础。BG 建立了 70 余项含机械加工的腐蚀缺陷（包括单个缺陷、相互作用曲线和复杂形状缺陷）管道的爆破实验和一个管道材料性质数据库，开发出含缺陷管道的三维非线性有限元分析综合数据库。提出了预测含有单个缺陷、相互作用缺陷和复杂形状缺陷腐蚀管道的剩余强度的准则。DNV 建立了 12 个含机械加工腐蚀缺陷管道的爆破试验，包括了附加轴向和弯曲荷载对失效压力影响的数据库，同样开发了含缺陷管道的三维非线性有限元分析的综合数据库。使用概率方法来校核及确定分项安全系数。

该标准提供了两种可供选择的腐蚀管道评估方法，其主要差别是安全原理的不同。第一种方法是分项安全系数法，采用的安全原理与 DNV 海上标准 OS-F101《海底管道系统》中的安全原理一致，并且可以作为 DNV OS-F101 的一个补充。方法中使用分项安全系数给出了用于确定受腐蚀管道的许用操作压力的概率校准方程，其中特别考虑了材料性质、壁厚和内压分布的安全校正系数，以及与缺陷尺寸和材料性质相关的不确定性。

第二种评估方法是许用应力法，该方法基于许用应力设计，计算腐蚀缺陷的失效压力（承载能力），这个失效压力乘以一个基于原始设计系数的单一使用系数，涉及的腐蚀缺陷尺寸不确定性需要用户自行判断。

4）API 579

根据炼化企业对压力设备适用性评价标准的需要，美国石油学会 API（American Petroleum Institute）于 2000 年出版了适用性评价（Fitness-For-Service）推荐做法 API 579，为含缺陷或损伤的设备提供了结构完整性的可靠性评价方法，使长期服役的设备在继续运行时，能确保站场人员和公众的安全，优化在役设备的维护和运行，保持站场设备的可用性，并且提高设备长期运行的经济效益。在 API 开发炼化企业适用性评价方法的同时，ASME 也开始研究施工后的完整性问题。为了避免标准间的重复和冲突，ASME 和 API 在 2001 年成立了适用性评价联合委员会，共同开发和维护大范围运行下设备的适用性评价标准，并于 2007 年联合发布了最新版标准 API 579-1/ASME FFS-1，此后持续修订完善。

该标准所包含的适用性评价评估方法可以用于评估含缺陷或损伤的压力构件，当评估结果表明构件可以在当前状态下运行，则设备可以在监测 / 检查下继续运行；当评估结果表明设备已不适于在当前状态下运行，则需要使用标准中的方法对设备进行降级计算，确定降级后的 MAWP。对腐蚀缺陷，可以使用标准中的局部金属损失评价方法，按照保守性和评价所需数据资料的多少，以及完成评价分析的复杂性等，标准中提供了三个等级的评价方法，一级评价适用于评价受内压的局部金属损失构件，二级评价适用于评价受内压、外压、附加载荷或其他组合载荷作用的金属损失构件的评价。如果在当前水平的评价中缺陷不可接受，或不能为以后的运行确定出明确的方案时，评价人员通常是按照一级到三级的顺序进行分析评价，当一级和二级评价都不适用时，可以使用三级评价方法。

API 579 的局部金属损失方法可适用的缺陷类型有：局部减薄区（LTA）和沟槽型裂纹。可适用的载荷类型有内压和内压与附加载荷组合的情况，评定中所考虑的附加载荷包括产生载荷控制和应变控制效应的载荷，如重力载荷工况包括压力、构件重力、风与地震所产生的偶然载荷，以及其他可归入载荷控制的载荷。重力加温度载荷工况包括重力工况

和温度工况，温度工况包括温度效应、位移支撑及其他应变控制的载荷。

5）SY/T 6151

SY/T 6151—1995《钢质管道管体腐蚀损伤评价方法》是1995年发布的行业标准，该标准中引用了ASME B31G—1991中的剩余强度计算公式，依照管体腐蚀损伤评定类别对腐蚀管道进行安全评价。2009年，我国发布了SY/T 6151—2009《钢质管道管体腐蚀损伤评价方法》。与1995版标准相比，新版标准修改了腐蚀损伤评定类别的内容，采用RSTRENG 0.85dL评价方法中的剩余强度计算公式替代了旧版中引用的屈服强度计算公式。新版SY/T 6151—2009评价方法可以分为四个层次：腐蚀相对深度评定、腐蚀纵向长度评定、腐蚀环向长度评定和最大安全工作压力评定。首先按照四个层次依次进行评价，根据评价结果，结合管体腐蚀损伤评定类别对腐蚀缺陷进行分类，最终给出评价结果。

SY/T 6151—2009适用的评价对象为钝性、低应力集中的腐蚀损伤管道，不适用的评价对象为安装前或安装过程中产生腐蚀的管道及焊缝和热影响区存在较严重的缺陷管道。与ASME B31G方法相比，载荷方面仍然只能评价内压作用下的情况，但该方法基于环向腐蚀尺度的影响，增加了环向缺陷的计算，在沿用RSTRENG剩余强度计算公式的基础上，结合断裂力学的方法来计算腐蚀区域的最大安全工作压力。SY/T 6151—2009于2022年完成了第二次修订，新版增加了金属损失规则化与合并的内容，修改了流变应力的取值，删除了原断裂力学的计算方法。

二、制造缺陷

制造缺陷的剩余强度评估国际上比较通用的方法为Shannon计算方法，其计算公式为：

$$p' = 1.15p\left[\frac{1-\dfrac{d}{t}}{1-\dfrac{d}{t}M^{-1}}\right] \tag{4-9}$$

其中

$$M = \sqrt{1 + 0.628\left(\frac{L}{\sqrt{Dt}}\right)^2 - 0.00336\left(\frac{L}{\sqrt{Dt}}\right)^4} \tag{4-10}$$

式中，p'为最大安全压力，MPa；p为管道内部设计压力，MPa；L为腐蚀缺陷长度，mm；d为腐蚀缺陷厚度，mm；t为管壁厚度，mm；D为管道外径，mm。

三、凹陷

凹陷是因外力撞击或挤压造成管道表面曲率明显变化的局部弹塑性变形，是管道几何缺陷中的常见形式之一。凹陷可能发生于管道运营周期的各个阶段，可以产生于管道的施工建设期间，由于搬运、回填等过程中的碰撞或岩石障碍等原因导致；也可以发生于管道的服役期间，由于挖掘设备、岩石等外物的压砸导致。

管道凹陷严重威胁着管道的安全运行，有些凹陷会导致管道失效，而有些凹陷的存在会对管道的承压能力产生影响，随时间变化的载荷作用可能会使管道发生疲劳破坏，给管道的安全运行带来潜在危害。另外，有些凹陷会阻止清管器的顺利通过，妨碍清管和管壁检测，给管道的检测和管理带来困难。

根据几何性质，凹陷可分为平滑凹陷和曲折凹陷。导致管壁曲率发生平滑或急剧改变的凹陷分别称为平滑凹陷和曲折凹陷。平滑凹陷包括单纯凹陷、焊缝凹陷、含划伤（或其他缺陷）的凹陷。没有发生壁厚减薄（沟槽和裂纹）和焊缝等缺陷的平滑缺陷称为单纯凹陷。在所有形式的凹陷中，研究最多的是单纯凹陷。焊缝凹陷是位于焊缝及其周围的平滑凹陷。含划伤（或其他缺陷）的凹陷是由于外部物体接触导致管道表面金属损失的缺陷，划伤（或其他缺陷）包含于凹陷中。根据凹陷位置，可将凹陷分为管顶凹陷和管底凹陷。位于管道环向圆周下1/3位置（顺时针4点到8点方向）的缺陷称为管底凹陷。根据回弹与否，可将凹陷分为约束凹陷和非约束凹陷。约束凹陷是受土壤、岩石等压砸作用导致的不能回弹的凹陷，通常位于管道底部；非约束凹陷是在内压改变时能回弹的凹陷，通常位于管道顶部。

1. 国外评价标准

美国机械工程师协会的ASME B31.4规定平滑凹陷的深度不能超过管道名义外径的6%，而对于NPS4及管径更小的管道，深度不能超过6mm；与焊缝相关的凹陷和带腐蚀和裂纹的凹陷是不允许的。ASME B31.8标准规定平滑凹陷和带腐蚀的凹陷深度不能超过管道名义外径的6%；带应力腐蚀裂纹的凹陷是不允许的；与韧性焊缝相关凹陷的深度不能超过管道名义外径的2%，与脆性焊缝相关的凹陷是不允许的。

美国石油协会的API 1156规定平滑凹陷的深度不能超过名义外径的6%，并且当深度大于2%时需要进行疲劳评价；对与韧性焊缝相关的凹陷深度不能大于2%，与脆性焊缝相关的凹陷是不允许的；含裂纹和腐蚀的凹陷是不允许的。

加拿大工业标准协会的CSA Z662规定对外径不超过101.6mm的管道，平滑凹陷的深度不能大于6mm，对外径大于101.6mm的管道平滑凹陷的深度不大于管道名义外径的6%；对外径不超过323.9mm的管道与焊缝相关的凹陷深度不大于6mm，对外径大于323.9mm的管道与焊缝相关的凹陷深度不大于管道名义外径的2%；含裂纹的凹陷是不允许的；对含腐蚀的凹陷，腐蚀深度不能超过管道名义壁厚的40%。表4-1为上述标准中对凹陷深度要求的归纳总结。

表4-1 基于凹陷深度的评价标准

标准	平滑凹陷	与焊缝相关凹陷	含裂纹凹陷	含腐蚀凹陷
ASME B31.4	深度≤6%管道直径（NPS 4及更小管径管道，深度≤6mm）	不允许	不允许	不允许
ASME B31.8	深度≤6%管道直径	韧性焊缝≤2%管道直径，脆性焊缝不允许	不允许	深度≤6%管道直径
API 1156	深度≤6%管道直径，>2%管道直径需进行疲劳评价	韧性焊缝≤2%管道直径，脆性焊缝不允许	不允许	不允许
CSA Z662	深度≤6mm（≤101.6mm管道），深度≤6%管道直径（>101.6mm管道）	深度≤6mm（≤323.9mm管道），深度≤2%管道直径（大于323.9mm管道）	不允许	腐蚀深度≤40%管道壁厚

美国联邦法规中的49 CFR 192（气）和49 CFR 195（油）将凹陷按照立即维修、限期维修和监控处理分为了5类，对凹陷含金属损失、裂纹或有应力集中趋势的变形，49 CFR

192 规定立即维修；49 CFR 195 规定管道上部 2/3 的凹陷立即维修，管道下部 1/3 的凹陷 60 天内维修。对变形深度大于管道名义外径 6% 的凹陷，49 CFR 192 规定管道上部 2/3 的凹陷 1 年内维修，管道下部 1/3 的凹陷监控处理；49 CFR 195 规定管道上部 2/3 的凹陷立即维修，管道下部 1/3 的凹陷 180 天内维修。对变形深度超过管道名义外径 3%，在管道上部 2/3 的凹陷，49 CFR 192 无规定；49 CFR 195 规定 60 天内维修。对变形深度超过管道名义外径 2%，在管道上部 2/3 的凹陷，49 CFR 192 无规定；49 CFR 195 规定 180 天内维修。对变形深度超过管道名义外径 2%，在焊缝上影响管道曲率的凹陷，49 CFR 192 规定 1 年内维修；49 CFR 195 规定 180 天内维修。表 4-2 为 49 CFR 192 和 49 CFR 195 对凹陷评价的归纳总结。

表 4-2　49 CFR 192 和 49 CFR 195 对凹陷评价

凹陷类型	49 CFR 192（气）	49 CFR 195（油）
含金属损失、裂纹或有应力集中趋势的变形	立即维修	管道上部 2/3，立即维修；管道下部 1/3 的，60 天内维修
变形深度＞ 6% 管道直径	管道上部 2/3，1 年内维修；管道下部 1/3，监控处理	管道上部 2/3，立即维修；管道下部 1/3，180 天内维修
变形深度＞ 3% 管道直径，在管道上部 2/3 上	无规定	60 天内维修
变形深度＞ 2% 管道直径，在管道上部 2/3 上	无规定	180 天内维修
变形深度＞ 2% 管道直径，在焊缝上影响管道曲率	1 年内维修	180 天内维修

2. 国内评价标准

SY/T 6996—2014《钢质油气管道凹陷评价方法》是国内最早制定专门用于凹陷评价的行业标准。

SY/T 6996—2014 将凹陷分为弯折凹陷和平滑凹陷。平滑凹陷进一步分为：（1）含有划痕、裂纹、电弧灼伤或焊缝缺陷的凹陷；（2）位于焊缝上的凹陷；（3）含有腐蚀的凹陷；（4）普通平滑凹陷。将凹陷的评价方法分为基于深度的评价与基于应变的评价。

凹陷形貌信息有限时，可开展基于凹陷深度的评价。开展基于凹陷深度的评价时，下列凹陷应修复：

（1）弯折凹陷；

（2）含有划痕、裂纹、电弧灼伤或焊缝缺陷的凹陷；

（3）在焊缝上且深度＞ 2% 管道直径的凹陷；

（4）含有腐蚀且腐蚀深度＞ 40% 管道壁厚的凹陷；

（5）含有腐蚀且腐蚀深度为 10%~40% 管道壁厚，按 SY/T 6151—2022 评价需要修复的凹陷；

（6）深度＞ 6% 管道直径的凹陷。

普通平滑凹陷修复时，宜按照凹陷深度与长度比值（d/L）大小进行排序，优先修复比值较大的。当 d/L 值相同的情况下，优先修复管壁较大的。

凹陷形貌数据充分时，宜开展基于凹陷应变的评价。开展基于凹陷应变的评价时，下列凹陷应修复：

（1）弯折凹陷；

（2）含有划痕、裂纹、电弧灼伤或焊缝缺陷的凹陷；

（3）在焊缝上且应变＞4% 的凹陷；

（4）含有腐蚀且腐蚀深度＞40% 管道壁厚的凹陷；

（5）含有腐蚀且腐蚀深度为 10%~40% 管道壁厚，按 SY/T 6151—2022 评价需要修复的凹陷；

（6）应变＞6% 的凹陷。

SY/T 6996—2014 于 2023 年进行了修订，本书成稿时还未正式发布新版标准。

四、裂纹

失效评估图（FAD）方法作为一种经工程应用验证或推荐的标准，提供了裂纹状缺陷的评价指南。FAD 方法由美国和英国的断裂力学、材料学专家提出，考虑两种失效模式：断裂失效和塑性坍塌失效。FAD 方法描述了断裂失效和塑性坍塌失效之间的关系。

API 579 中用于评价裂纹或裂纹状缺陷的 FAD 方法与 BS 7910 标准在很多方面相似。但 API 579 提供更多的应力强度因子 K 的计算公式，是结构弹塑性断裂分析的最广泛使用方法。表 4-3 显示了 API 579 和 BS 7910 标准中 FAD 方法的总结。

表 4–3　API 579 和 BS 7910 标准中 FAD 方法对比

<table>
<tr><td colspan="2">API 579</td><td colspan="2">BS 7910—1999</td><td>BS 7910—2015</td></tr>
<tr><td colspan="2">一级评价</td><td colspan="2">一级评价</td><td>一级评价</td></tr>
<tr><td colspan="2">检查表筛选</td><td colspan="2">简化的 FAD 方法，等同于
API 579 二级评价</td><td>保守估计，无须材料
应力应变数据</td></tr>
<tr><td colspan="2">二级评价</td><td colspan="2">二级评价</td><td>二级评价</td></tr>
<tr><td colspan="2">通用 FAD 曲线，采用替换失效准则
K_r=0.7 或 L_r=0.8，更保守</td><td colspan="2">通用 FAD 曲线，等同于
API 579 二级评价</td><td>与二级评价和三级评价
方法 3B 相同</td></tr>
<tr><td colspan="2">三级评价</td><td colspan="2">三级评价</td><td>三级评价</td></tr>
<tr><td>方法 A</td><td>通用 FAD 曲线，基于风险评估确定安全因子</td><td>方法 3A</td><td>使用通用 FAD 缺陷进行撕裂评价</td><td rowspan="3">用户进行数值分析生成 FAD，等同于 Level 3C</td></tr>
<tr><td>方法 B</td><td>特定 FAD 缺陷进行撕裂评价，需材料拉伸曲线</td><td>方法 3B</td><td>使用特定 FAD 缺陷进行撕裂评价，需要材料拉伸曲线</td></tr>
<tr><td>方法 C</td><td>特定 FAD 缺陷进行撕裂评价，需材料拉伸曲线和缺陷几何形状</td><td>方法 3C</td><td>使用特定 FAD 缺陷进行撕裂评价，需要材料拉伸曲线和缺陷几何形状</td></tr>
<tr><td>方法 D</td><td>撕裂评价，需 J–R 曲线，安全因子或可靠性分析</td><td colspan="2"></td><td></td></tr>
<tr><td>方法 E</td><td>其他补充分析程序，如安全因子或可靠性分析</td><td colspan="2"></td><td></td></tr>
</table>

1. 通用 FAD 曲线

API 579 Level 2（二级评价）和 BS 7910 Level 2A（三级评价方法 2A）评价使用的是通用 FAD 评估曲线，该曲线是从多种材料特定曲线拟合的下边界曲线，拟合结果为：

$$K_r=\left(1-0.14L_r^2\right)\left(0.3+0.7\,e^{-0.65L_r^6}\right),\ L_r\leqslant L_{r\max}$$
$$K_r=0,\ L_r>L_{r\max},\ L_r=\left(\sigma_y+\sigma_u\right)/2\sigma_y \tag{4-11}$$

式中，σ_y、σ_u 分别为应屈服强度和拉伸强度。

$L_r=L_{r\max}$ 对应截断位置，是为了阻止局部塑性破坏而设定的，如典型低合金钢和焊缝 $L_{r\max}=1.15$，低碳钢和奥氏体焊缝对应 $L_{r\max}=1.25$，奥氏体钢母材的 $L_{r\max}=1.8$。

通用 FAD 如图 4-16 所示。K_r 与 L_r 的意义同前文所述，K_r 可采用无量纲的 CTOD 比值。当缺陷评价点计算出的坐标（L_r，K_r 或 $\sqrt{\delta_r}$）落在可接受区域内，则该缺陷可以接受，反之则不可接受。

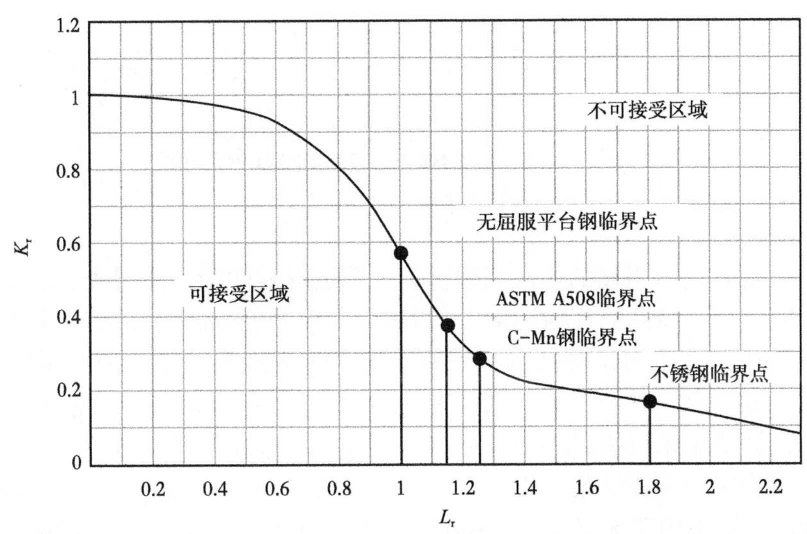

图 4-16　API 579 及 BS 7910 标准通用 FAD 评估曲线

通用 FAD 评估提供了保守和一致的结果，但不适用于预测韧性材料的实际失效条件。当使用实际材料力学性能参数时，如屈服强度、拉伸强度、断裂韧性等，可用于脆性失效压力。通用 FAD 评估方法应尽量避免用于水压试验间隔分析，因为其低估了静水压试验中幸免的裂纹尺寸，这将导致疲劳寿命的非保守估计。此时应考虑 3 级 FAD 方法（考虑材料延性撕裂）进行评估。

2. 材料特定 FAD 曲线

API 579 Level 3（三级评价）和 BS 7910 Level 2B（二级评价方法 2B）评价使用根据材料的应力—应变关系做出的特定失效评估图。材料特定 FAD 曲线适合各种类型的金属母材和焊缝评价，由于采用了真实材料的应力应变曲线，因此通常可以给出比 2A 级评价更准确的结果。方法 2B 级对应的失效评估曲线为：

$$K_r = \left(\frac{E\varepsilon_{ref}}{L_r \sigma_y} + \frac{\sigma_y L_r^3}{2E\varepsilon_{ref}} \right), \ L_r \leqslant L_{rmax}$$
$$K_r = 0, \ L_r > L_{rmax} \qquad (4-12)$$

该 FAD 方法适用于母材和焊缝缺陷评价，但不适用于 HAZ 内的裂纹缺陷评价，其评价曲线如图 4-17 所示。

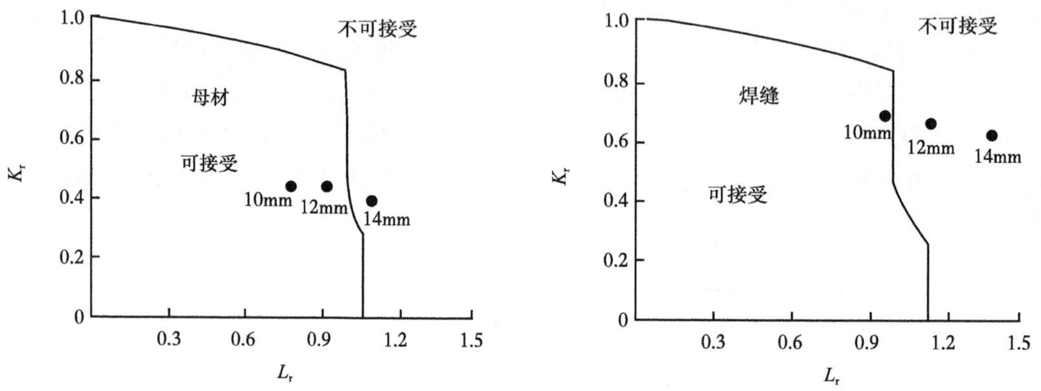

图 4-17　API 579 及 BS 7910 特定 FAD 评估曲线

3. 撕裂评价

当材料失效前表现出明显的塑性撕裂行为，管道材料的塑性撕裂较明显，需要进行塑性撕裂评估以获得更为精确的评估结果。API 579 三级评价方法 D Level 3 和 BS 7910 三级评价方法 3A、3B、3C 采用延展性撕裂评价，适用于表现为稳定撕裂的延展性材料，BS 7910 有 3A 级、3B 级和 3C 级三种评价方法，如图 4-18 所示。每种评估方法提供的评估曲线各不相同。评估结果可能是一个评估点也可能是一条评估线，当评估点或者部分评估线落入评定区域内时，表明缺陷可靠，否则不可接受。3A 级、3B 级方法与 2A 级、2B 的 FAD 相同，而 3C 级采用了无量纲的 J 积分值作为纵坐标，是对应特殊的材料和几何体失效评估。在 3C 级评定中，当 $L_r \leqslant L_{rmax}$ 时 K_r=（J_c/J）$^{3/2}$，当 $L_r > L_{rmax}$ 时 K_r=0。

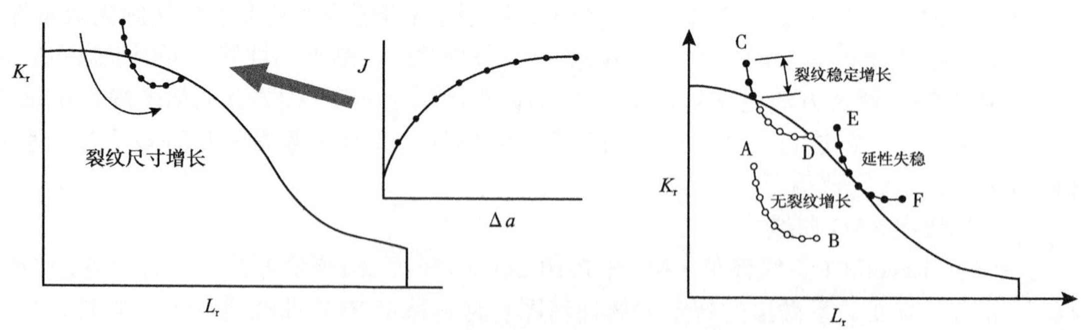

图 4-18　API 579 及 BS 7910 塑性撕裂 FAD 评估曲线

第五节　实施完整性评价

针对不同的管道，开展完整性评价前，按照法规标准、行业实践及管道企业的运行策略，结合管道的失效历史与失效后果，确定不同类型缺陷的响应准则。

根据选择的缺陷评价方法与安全系数，计算得出管道缺陷的剩余强度，根据不同类型缺陷的响应准则，判断缺陷是否需要响应，并结合缺陷失效后果严重程度等，给出缺陷的响应时间。

对于与时间相关的缺陷，基于管道投用时间、缺陷致因等信息，建立管道缺陷增长预测模型，预测缺陷增长趋势，根据不同类型缺陷的响应准则，给出缺陷的计划响应时间。

结合管道的历史失效事故、最近运行状况、缺陷失效后果严重程度等，给出缺陷响应前含缺陷管道的安全运行建议。

应综合考虑缺陷检测精度及置信度、缺陷评价结果、缺陷增长对管道未来结构完整性的影响，结合风险评估结果和经济条件，给出再检测周期和再检测评价方法的建议等。

考虑检测与适用性评价结果的时效性，缺陷响应时间从现场检测完成时开始算起。

一、腐蚀缺陷评价

1. 确定响应准则

普通管道的腐蚀缺陷推荐的响应准则如下：

（1）满足下列条件之一的，可立即响应。

①剩余强度小于安全系数 SF 乘以 MAOP；

②缺陷最大深度达到或超过壁厚的 80%。

（2）满足下列条件之一的，可计划响应。

①以平均腐蚀增长率增长时，剩余强度小于安全系数 *SF* 乘以 MAOP；

②以最大腐蚀增长率增长时，剩余强度小于 MAOP。

2. 规则化处理

对缺陷尺寸进行规则化处理，缺陷轴向投影长度作为评价使用的缺陷长度，缺陷最大深度作为评价使用的缺陷深度，如图 4-19 所示。

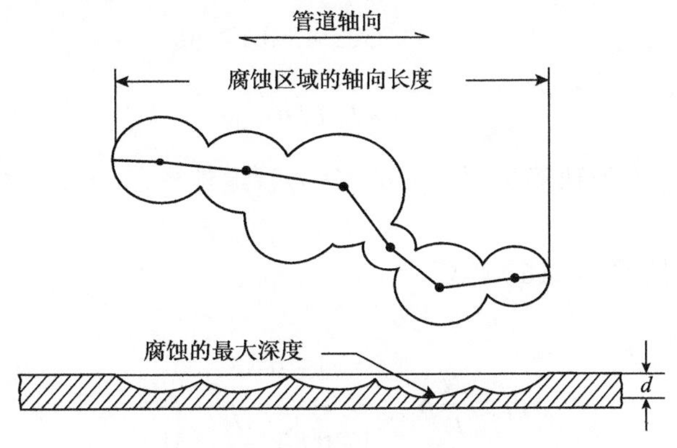

图 4-19　腐蚀缺陷长度的规则化处理

3. 合并处理

当缺陷之间的轴向距离或环向距离小于 3 倍管道壁厚时，应将缺陷合并作为一个缺陷进行评价。评价使用的缺陷长度为合并后的轴向长度，如图 4-20 所示。

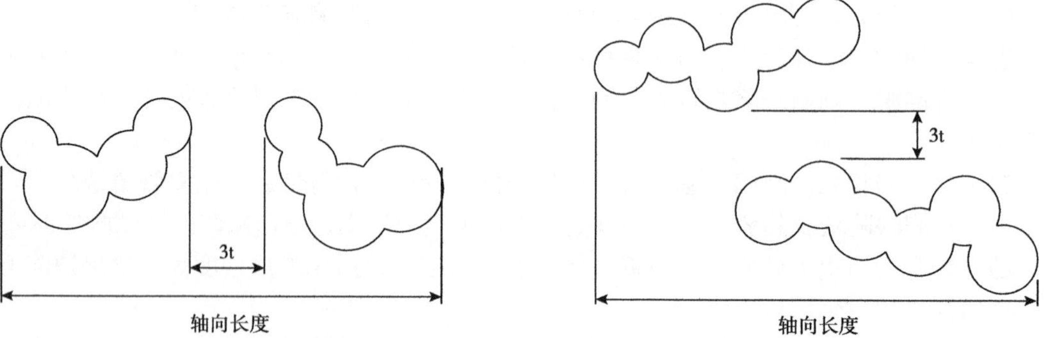

图 4-20　腐蚀缺陷长度的合并处理

4. 确定流动应力

当管材等级不大于 L485（X70）时，流动应力 S_{flow} 可按式（4-13）计算，且不超过 SMTS。

$$S_{flow} = \text{SMYS} + 69 \tag{4-13}$$

式中，S_{flow} 为流动应力，MPa；SMYS 为规定的最小屈服强度，MPa。

当管材等级不大于 L555（X80）时，流动应力 S_{flow} 可按式（4-14）计算。

$$S_{flow} = \frac{\text{SMYS} + \text{SMTS}}{2} \tag{4-14}$$

式中，S_{flow} 为流动应力，MPa；SMYS 为规定的最小屈服强度，MPa；SMTS 为规定的最小抗拉强度，MPa。

5. 确定鼓胀因子

鼓胀因子按式（4-15）计算。

$$M = \begin{cases} \sqrt{1 + 0.6275z - 0.003375z^2}, z \leqslant 50 \\ 0.032z + 3.3, z > 50 \end{cases} \tag{4-15}$$

$$z = L^2 / Dt$$

式中，M 为鼓胀因子；L 为缺陷长度，mm；D 为管道外径，mm；t 为管道壁厚，mm。

6. 确定剩余强度

估计爆破压力 p_f 按式（4-16）计算。

$$p_f = \frac{2t}{D} S_{flow} \frac{1 - 0.85\dfrac{d}{t}}{1 - 0.85\left(\dfrac{d}{t}\right) / M} \tag{4-16}$$

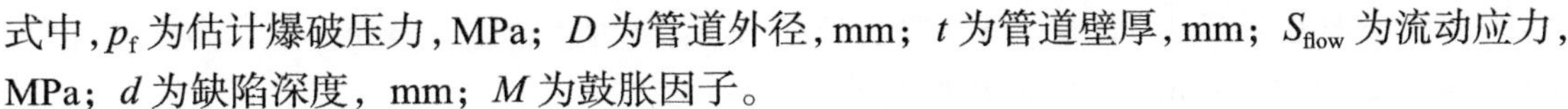

式中，p_f 为估计爆破压力，MPa；D 为管道外径，mm；t 为管道壁厚，mm；S_{flow} 为流动应力，MPa；d 为缺陷深度，mm；M 为鼓胀因子。

估计安全压力 p_s 按式（4-17）计算。

$$p_s = \frac{p_f}{SF} \tag{4-17}$$

式中，p_s 为估计安全压力，MPa；SF 为安全系数。

安全系数 SF 可按式（4-18）计算。

$$SF = \frac{1}{K} \tag{4-18}$$

式中，SF 为安全系数；K 为设计系数。

对于处于高后果区的缺陷，可适当增大安全系数。

二、制造缺陷评价

1. 确定响应准则

普通管道的腐蚀缺陷推荐的响应准则如下：

（1）满足下列条件之一的，立即响应。

①剩余强度小于安全系数 SF 乘以 MAOP；

②缺陷的最大深度达到或超过壁厚的 70%。

③最大深度尺寸达到或超过壁厚 40% 的，计划响应。

2. 规则化和合并处理。

可按照腐蚀缺陷的规则化和合并方法对缺陷尺寸进行规则化与合并处理。

3. 确定流动应力

流动应力 S_{flow} 按式（4-19）计算，不超过 SMTS。

$$S_{flow} = 1.15SMYS \tag{4-19}$$

式中，S_{flow} 为流动应力，MPa；SMYS 为规定的最小屈服强度，MPa。

4. 确定鼓胀因子

鼓胀因子 M 按式（4-20）计算。

$$M = \sqrt{1 + 0.6275z - 0.003375z^2} \tag{4-20}$$

$$z = L^2 / Dt$$

式中，M 为鼓胀因子；L 为缺陷长度，mm；D 为管道外径，mm；t 为管道壁厚，mm。

5. 确定剩余强度

估计爆破压力 p_f 按式（4-21）计算。

$$p_f = \frac{2t}{D} S_{flow} \frac{1 - \frac{d}{t}}{1 - \left(\frac{d}{t}\right) / M} \tag{4-21}$$

式中，p_f 为估计爆破压力，MPa；D 为管道外径，mm；t 为管道壁厚，mm；S_{flow} 为流动应力，MPa；d 为缺陷深度，mm；M 为鼓胀因子。

估计安全压力 p_s 按式（4-22）计算。

$$p_s = \frac{p_f}{SF} \tag{4-22}$$

式中，p_s 为估计安全压力，MPa；SF 为安全系数，其取值参见 4.5.1 腐蚀缺陷评价。

三、凹陷评价

1. 凹陷类型判定

应通过检测结果对凹陷类型进行判定，凹陷分为弯折凹陷和平滑凹陷。平滑凹陷进一步分类为：

（1）含有划痕、电弧灼伤、裂纹或焊缝缺陷的凹陷；

（2）位于焊缝上的凹陷；

（3）含有腐蚀的凹陷；

（4）普通平滑凹陷。

2. 基于深度的评价

凹陷形貌信息有限时，可开展基于深度的凹陷评价与响应，基于深度的评价响应准则如下：

（1）满足下列条件之一的，立即响应。

① 弯折凹陷；

②含有划痕、裂纹、电弧灼伤或焊缝缺陷的凹陷；

③在焊缝上且深度大于 4% 管道直径的凹陷；

④含有腐蚀且腐蚀深度大于 40% 管道壁厚的凹陷；

⑤深度大于 6% 管道直径的凹陷。

（2）满足下列条件之一的，计划响应。

①在焊缝上且深度大于 2% 管道直径的凹陷。

②含有腐蚀且腐蚀深度为 10%~40% 管道壁厚，腐蚀按 SY/T 6151—2022 评价需要响应的凹陷；

③预测疲劳失效的凹陷。

基于深度的凹陷评价流程图如图 4-21 所示。

3. 基于应变的评价

凹陷形貌数据充分时，可开展基于应变的凹陷评价与响应，基于应变的评价响应准则如下：

（1）满足下列条件之一的，立即响应。

①弯折凹陷；

②含有划痕、电弧灼伤、裂纹或焊缝缺陷的凹陷；

③含有腐蚀且腐蚀深度大于 40% 管道壁厚的凹陷；

④应变大于 6% 的凹陷。

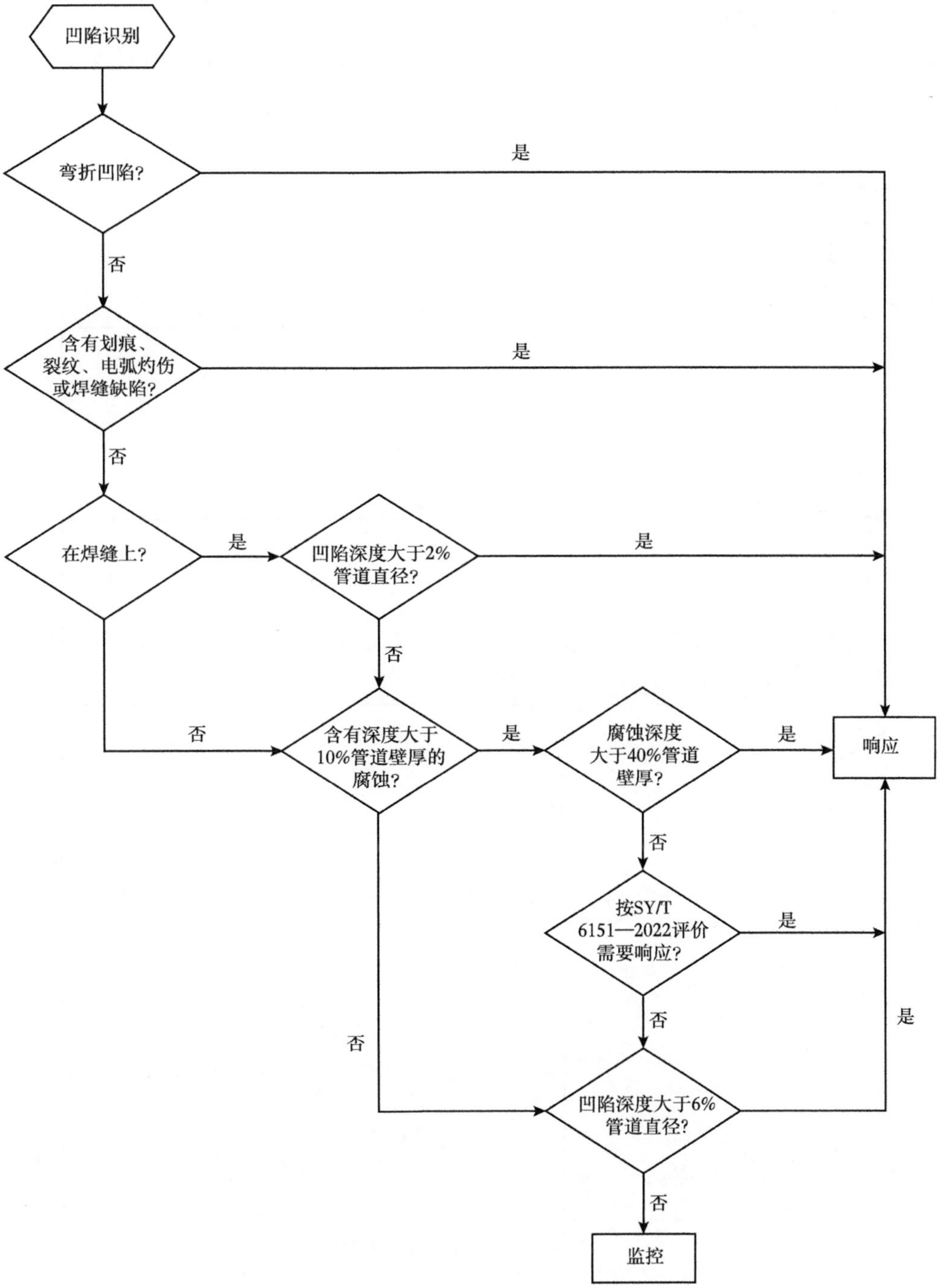

凹陷识别
弯折凹陷?
是
否
含有划痕、裂纹、电弧灼伤或焊缝缺陷?
是
否
在焊缝上?
是
凹陷深度大于2%管道直径?
是
否
否
含有深度大于10%管道壁厚的腐蚀?
是
腐蚀深度大于40%管道壁厚?
是
响应
否
按SY/T 6151—2022评价需要响应?
是
否
否
是
凹陷深度大于6%管道直径?
否
监控

图 4-21　凹陷基于深度的评价流程图

（2）满足下列条件之一的，计划响应。

①在焊缝上且应变大于 4% 的凹陷；

②含有腐蚀且腐蚀深度为 10%~40% 管道壁厚，腐蚀按 SY/T 6151—2022 评价需要响

应的凹陷；

③预测疲劳失效的凹陷。

凹陷应变计算方法可参照 ASME B31.8—2022 执行。基于应变的凹陷评价流程图如图 4-22 所示。

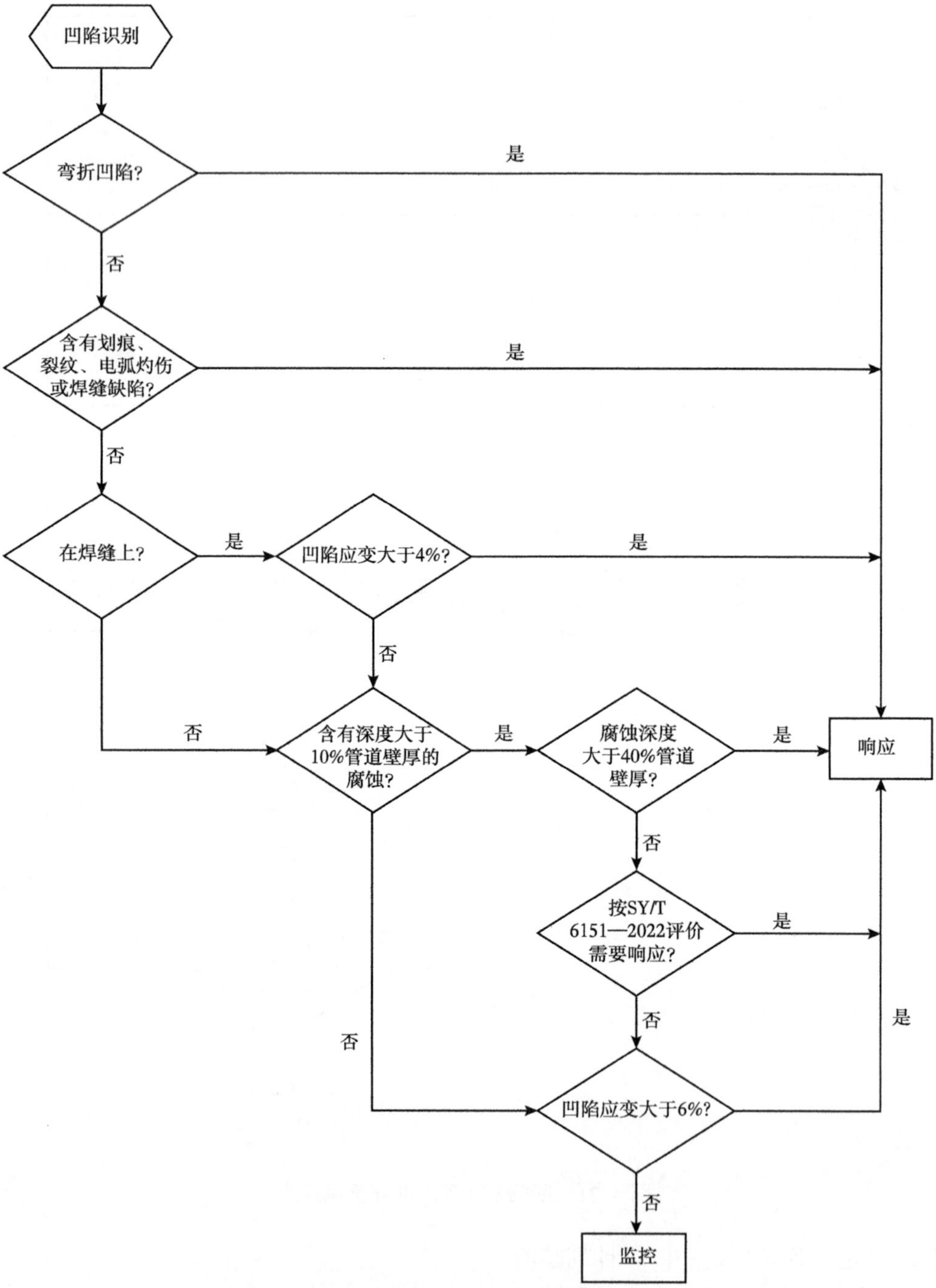

凹陷识别

弯折凹陷?　是 → 响应；否 ↓

含有划痕、裂纹、电弧灼伤或焊缝缺陷?　是 → 响应；否 ↓

在焊缝上?　是 → 凹陷应变大于4%?（是 → 响应；否 ↓ 含有深度大于10%管道壁厚的腐蚀?）；否 → 含有深度大于10%管道壁厚的腐蚀?

含有深度大于10%管道壁厚的腐蚀?　是 → 腐蚀深度大于40%管道壁厚?；否 → 凹陷应变大于6%?

腐蚀深度大于40%管道壁厚?　是 → 响应；否 ↓

按SY/T 6151—2022评价需要响应?　是 → 响应；否 ↓

凹陷应变大于6%?　是 → 响应；否 ↓

监控

图 4-22　凹陷基于应变的评价流程图

四、裂纹评价

1. 评价原则

裂纹应进行断裂力学评价。评价前应确定缺陷的可接受准则、评价方法和安全系数。裂纹的响应准则如下：

（1）满足下列条件之一的，立即响应。

①选定的评价方法评价结果为不可接受；

②缺陷的最大深度达到或超过壁厚的 50%。

（2）满足下列条件之一的，计划响应。

①缺陷的最大深度达到或超过壁厚的 40%；

②预测疲劳引起的裂纹失效。

2. 评价方法

应根据缺陷特征、载荷和失效模式，选择适用的评价方法。可选择的评价方法包括 BS 7910—2019、API 579、SY/T 6477—2017 等。

3. 规则化和合并处理

应根据选定的评价方法的规定对缺陷进行规则化和合并处理。

4. 缺陷投影处理

当缺陷方向和主要应力方向既不垂直也不平行时，宜将缺陷投影至与主要应力垂直的平面上进行评价。当存在多个方向的主要应力时，宜将缺陷分别投影至与主要应力垂直的多个平面上进行评价，均可接受时，认为缺陷可接受。

5. 安全系数

应根据选定的评价方法确定安全系数或分项安全系数。在使用分项安全系数法时，对于已经取保守值的参数，该参数的分项安全系数可取 1。

6. 评价等级

对于同一评价方法中的不同等级评价，当简化评价与详细评价矛盾时，以详细评价的结论为准。

7. 疲劳评价

对于存在疲劳失效可能的缺陷，还应进行疲劳评价。

五、焊缝缺陷评价

1. 评价原则

应对焊缝缺陷的类型和性质进行识别，选择适用的评价方法，评价前应确定缺陷的可接受准则和安全系数。

2. 焊缝缺陷分类

焊缝缺陷按以下类型分类：

（1）体积型缺陷：气孔、夹渣、形状光滑的打磨、未焊满等；

（2）平面型缺陷：裂纹、未熔合、未焊透、咬边、根部凹陷、焊瘤等。

在无法区分体积型缺陷或平面型缺陷时，宜按照平面型缺陷进行评价。

3. 平面型缺陷评价

平面型焊缝缺陷裂纹进行断裂力学评价，评价时考虑残余应力的影响。

4. 体积型缺陷评价

体积型焊缝缺陷出于保守性考虑可作为裂纹型缺陷进行断裂力学评价。在认为不会发生脆性断裂时，可仅进行塑性失效评价。

第六节　评价报告

管道完整性评价工作完成后，应编制管道完整性评价报告。评价报告一般包括：（1）概述；（2）评价依据；（3）数据统计分析；（4）完整性评价；（5）结论与建议。

概述从总体上对评价对象、评价结果进行介绍，给读者一个管道缺陷整体情况的宏观认识。

评价依据主要给出评价所依据的法规标准及公司的技术规章。数据统计分析主要针对各类缺陷进行基础数据特征的统计分析，给出缺陷严重程度分级，并根据缺陷的类型、分布规律及与管道高程、地理环境等的对应关系，分析缺陷的可能成因。

完整性评价主要针对金属损失、焊缝缺陷、凹陷等各类缺陷，根据选择的缺陷评价方法与安全系数，计算得出管道缺陷的剩余强度，根据不同类型缺陷的响应准则，判断缺陷是否需要响应，并结合缺陷失效后果严重程度等，给出缺陷的响应时间。

结论和建议主要基于完整性评价结果和管道实际情况，给出管道修复建议、安全运行建议、再检测计划建议、需要进一步开展的工作及其他管道安全运行的建议等。

给出的缺陷列表应至少包括定位信息、缺陷特征和修复建议信息，可以参考图4-23；针对临近缺陷在列表中应予以标注，可在修复时一起修复，避免重复开挖，减少工作量，可参考图4-24。考虑缺陷失效的后果严重性，评价报告还应给出缺陷距水系、铁路、公路等高后果区的情况，应优先修复位于高后果区的这些缺陷点。根据管体外接管（物）清单，应核对是否为打孔盗油点，并且在今后的开挖施工中严格监控该处外接管（物），避免施工损伤造成泄漏发生；开挖前除按照开挖程序执行外，应增加该清单的核查工作。

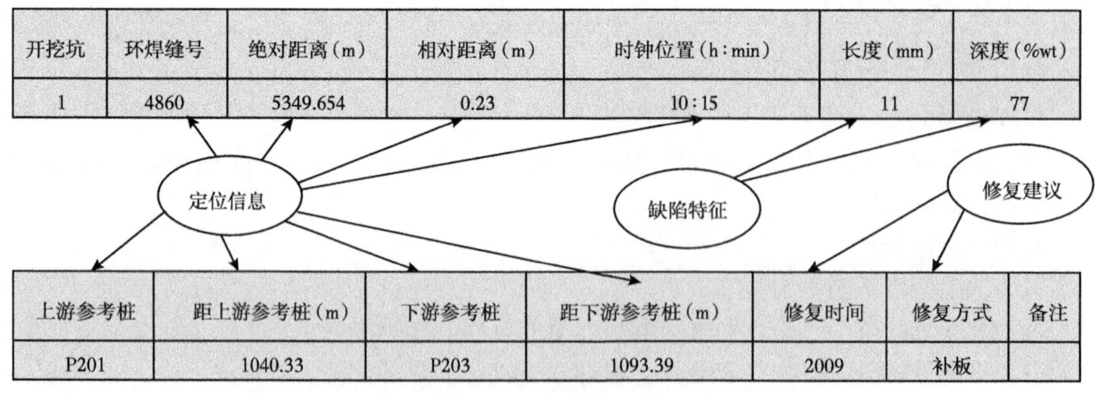

开挖坑	环焊缝号	绝对距离（m）	相对距离（m）	时钟位置（h：min）	长度（mm）	深度（%wt）
1	4860	5349.654	0.23	10：15	11	77

上游参考桩	距上游参考桩（m）	下游参考桩	距下游参考桩（m）	修复时间	修复方式	备注
P201	1040.33	P203	1093.39	2009	补板	

图4-23　缺陷修复列表信息

开挖坑	环焊缝号	绝对距离（m）	相对距离（m）	时钟位置（h：min）	长度（m）	深度（%wt）	上游参考桩	环焊缝距上游参考桩（m）	下游参考桩	环焊缝距下游参考桩（m）	修复时间	修复方式	备注
2	65680	75710.085	6.5	09:15	266	40	P270	2261.02	P274	1708.85	2014	补板	
	65680	75722.189	8.2	07:45	555	61					2009	套筒/复合材料	
	65690	75734.457	11.6	08:30	319	39					2013	套筒/复合材料	

图 4-24　修复缺陷汇总表信息

第七节　评价案例

一、某管道腐蚀评价案例

某原油管道内检测里程 65.7km，漏磁内检测共识别出腐蚀缺陷 29431 处，其中外腐蚀缺陷 9167 处，内腐蚀缺陷 20264 处。

图 4-25 为每 100m 报告的腐蚀缺陷数目沿检测里程分布图，从图中可以看出该管段腐蚀缺陷在内检测里程 11~16km 有明显的集中，经分析该段管段处于地势上升段。缺陷在出站 16km 内较为集中，考虑出站温度对腐蚀活性的影响，怀疑其为加速腐蚀的重要因

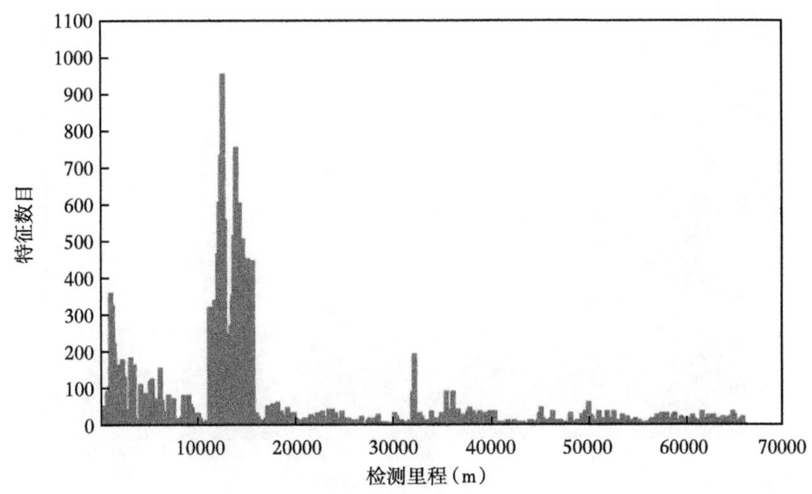

图 4-25　腐蚀缺陷数目沿检测里程分布图

素。经内腐蚀调查，造成管道内腐蚀严重的直接原因是原油中含有一定矿化度的水，这部分水在原有输送过程中逐渐沉积，造成腐蚀的产生；另外材质中有 MnS、Al_2O_3 等非金属夹杂物，这些夹杂物出现的位置成为点蚀或区块状腐蚀的腐蚀源。

图 4-26 为腐蚀缺陷沿时钟方位和检测里程分布图，从图中可以看出该管段在内检测里程 0~16km 内部腐蚀缺陷在周向上的分布主要集中在 4：00~8：00 方向，验证了管输成分析出导致腐蚀的结论；其余管段腐蚀缺陷时钟方位分布较为分散。

图 4-27 为腐蚀缺陷深度沿检测里程分布图，从图中可以看出该管段前段 0~16km 腐蚀缺陷不仅集中而且深度较深，最深为 90%WT 的内腐蚀。其余管段腐蚀缺陷深度较前段浅，大多在 50%WT 以下。

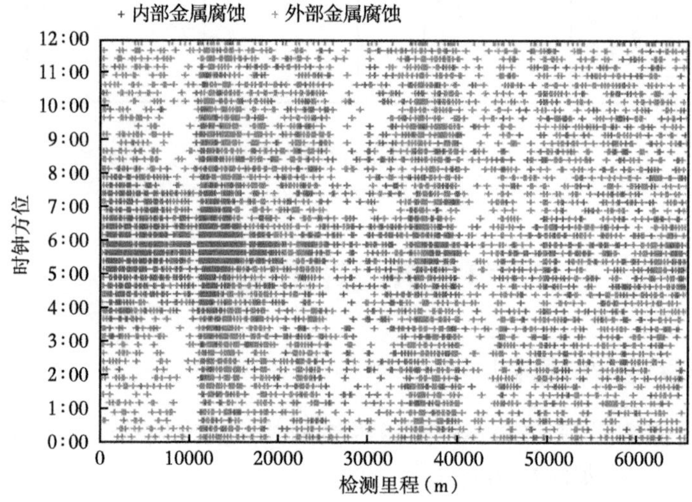

图 4-26　腐蚀缺陷沿时钟方位和检测里程分布图

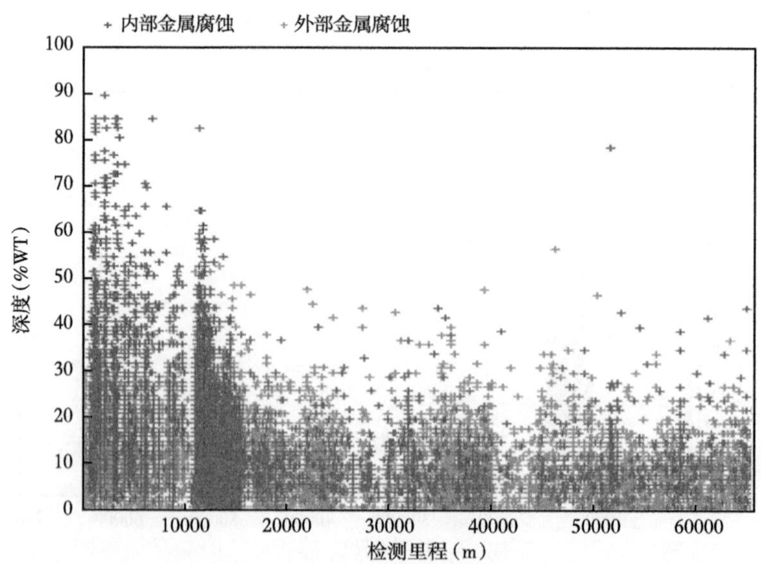

图 4-27　腐蚀缺陷深度沿检测里程分布图

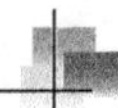

图 4-28 为腐蚀缺陷长度沿检测里程分布图，从图中可以看出该管段腐蚀缺陷长度大多分布在 1000mm 以下，最长为 9112mm 的内腐蚀。

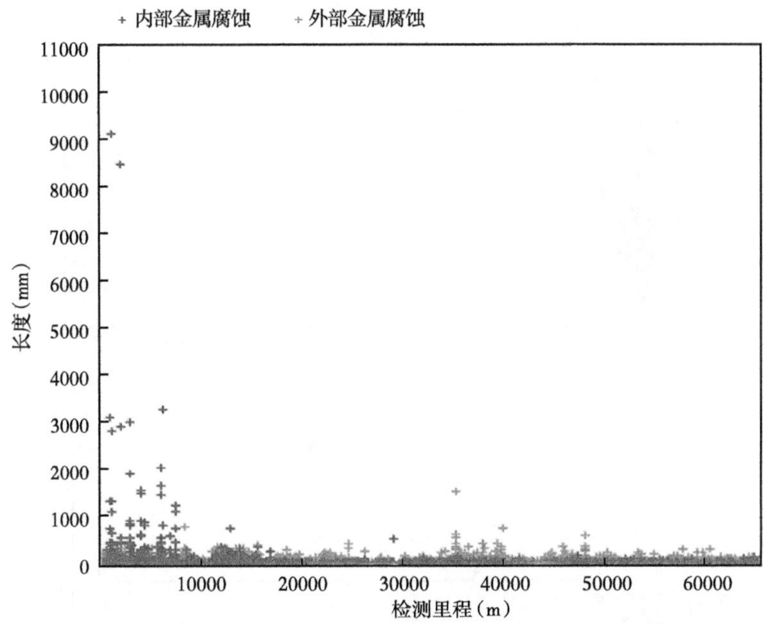

图 4-28 腐蚀缺陷长度沿检测里程分布图

腐蚀缺陷剩余强度评价，国际上有较多成熟的评价标准。经过比选，认为 SY/T 6151—2009 中的 RSTRENG 0.85dL 评价方法最适用于该管段的腐蚀缺陷评价，本报告根据该评价方法和缺陷分类规则对检测出的腐蚀缺陷进行剩余强度计算和分级排序。

根据目前国际上广泛使用的腐蚀缺陷评价规则及缺陷深度对管道运行安全的影响，按照如下规则对缺陷进行等级划分，给出修复列表。

（1）规则 1：缺陷爆破压力小于 1.39MAOP 允许的尺寸，立即修复；

（2）规则 2：最大深度尺寸达到或超过壁厚的 70%，立即修复；

（3）规则 3：以平均腐蚀增长率增长时，缺陷爆破压力小于 1.39MAOP，计划修复；

（4）规则 4：以最大腐蚀增长率增长时，缺陷爆破压力小于 MAOP，计划修复；

（5）规则 5：最大深度尺寸达到或超过壁厚的 60%，1 年内修复；

（6）规则 6：最大深度尺寸达到或超过壁厚的 50%，2 年内修复；

（7）规则 7：最大深度尺寸达到或超过壁厚的 40%，3 年内修复。

本次评价 SMYS 取 290MPa，SMTS 取 415MPa，最大允许运行压力按照 4.5MPa 计算，安全系数取 1.39 后的压力为 6.26MPa。图 4-29 为按照 SY/T 6151—2009 中的 RSTRENG 0.85dL 评价方法给出的所有腐蚀缺陷特征的评价结果。

依据腐蚀增长速率来预测腐蚀缺陷的未来发展情况，从而判定计划修复时间和再检测时间，以保障缺陷及时修复，决策再检测周期。对于腐蚀缺陷的增长速率，目前主要根据检测数据来估算，即根据两次检测数据的对比来确定腐蚀的增长率，并且腐蚀增长率的估算一般会采用相对保守的原则。

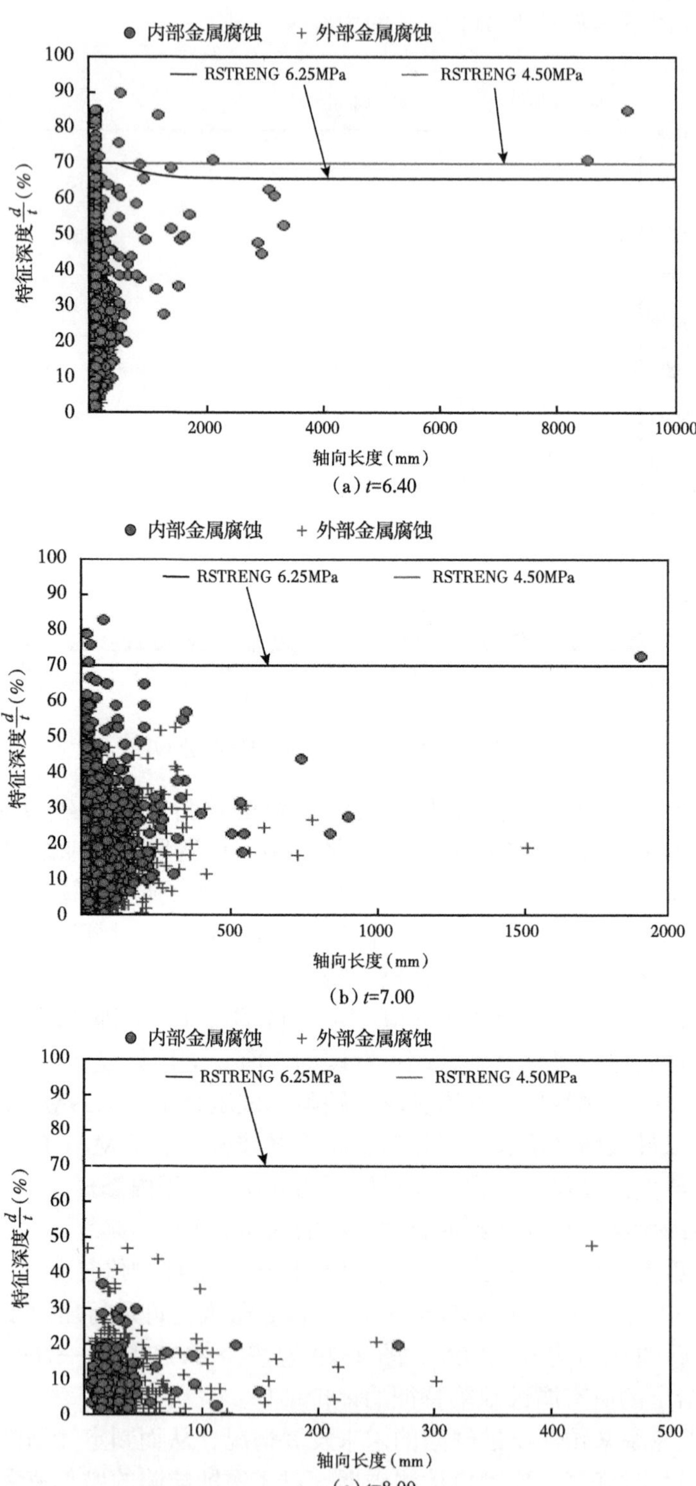

（a）t=6.40

（b）t=7.00

（c）t=8.00

图 4-29 腐蚀缺陷评价结果

内检测报告的金属损失特征中部分属于管材制造缺陷或者施工过程中造成的机械损伤，这类缺陷不随时间增长而增长。但对腐蚀缺陷应考虑腐蚀增长的问题，相应地制定出修复计划。

最普遍的预测腐蚀增长率的方法就是对比两组近些年内检测的数据。如果仅有一次的内检测数据，可以采用全寿命或半寿命的方法来预测腐蚀缺陷的增长速率，获取最深腐蚀缺陷的腐蚀增长率和全部腐蚀缺陷的平均增长率，根据管道企业的安全策略和可接受准则，来确定所采用的腐蚀增长率。例如，公司的安全策略极其保守，并且经济计划没有问题，这时可以采用最深腐蚀缺陷的腐蚀增长率作为管道的整体腐蚀增长率来进行评价。

1. 全寿命腐蚀增长速率计算

全寿命腐蚀增长速率用公式（4–23）计算：

$$GR_c = \frac{d_2 - d_1}{T_2 - T_1} \tag{4–23}$$

式中，GR_c 为腐蚀增长率，mm/a；d_2 为最近一次检测的腐蚀深度，mm；d_1 为上一次检测的腐蚀深度，mm；T_2 为最近一次检测的时间；T_1 为上一次检测的时间，如果没有，表示管道投产的时间。

2. 半寿命腐蚀增长速率计算

选用半寿命腐蚀增长速率用公式（4–24）计算：

$$GR_c = \frac{d_2 - d_1}{(T_2 - T_1)2} \tag{4–24}$$

式中，GR_c 为腐蚀增长率，mm/a；d_2 为最近一次检测的腐蚀深度，mm；d_1 为上一次检测的腐蚀深度，mm；T_2 为最近一次检测的时间；T_1 为上一次检测的时间，如果没有，表示管道投产的时间。

由于该原油管道从建成投产到完成本次内检测运行了近 34 年的时间，根据经验这段管道的腐蚀增长率的预测宜采用半寿命周期的计算方法。腐蚀增长速率计算结果见表 4–4，腐蚀增长速率分布情况如图 4–30、图 4–31 所示。

表 4–4　半寿命周期计算得到的腐蚀增长速率

金属腐蚀类型	特征数目	最大增长速率（mm/a）	平均增长速率（mm/a）
内部腐蚀	20264	0.34	0.05
外部腐蚀	9167	0.23	0.04

根据评价结果和修复规则（同一管节上的缺陷按该管节上最早修复时间进行统计），该管段共建议修复腐蚀缺陷 421 处（分布在 182 根管节上），其中立即修复 142 处（分布在 24 根管节上），1 年内修复 55 处（分布在 14 根管节上），2 年内修复 90 处（分布在 39 根管节上），3 年内修复 134 处（分布在 105 根管节上）。

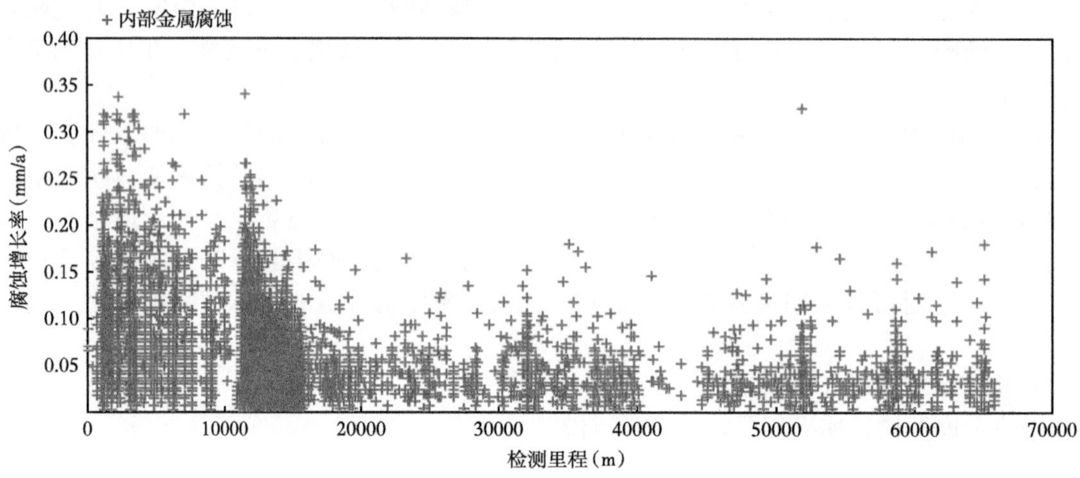

图 4-30　半寿命周期计算得到的内腐蚀缺陷增长速率分布图

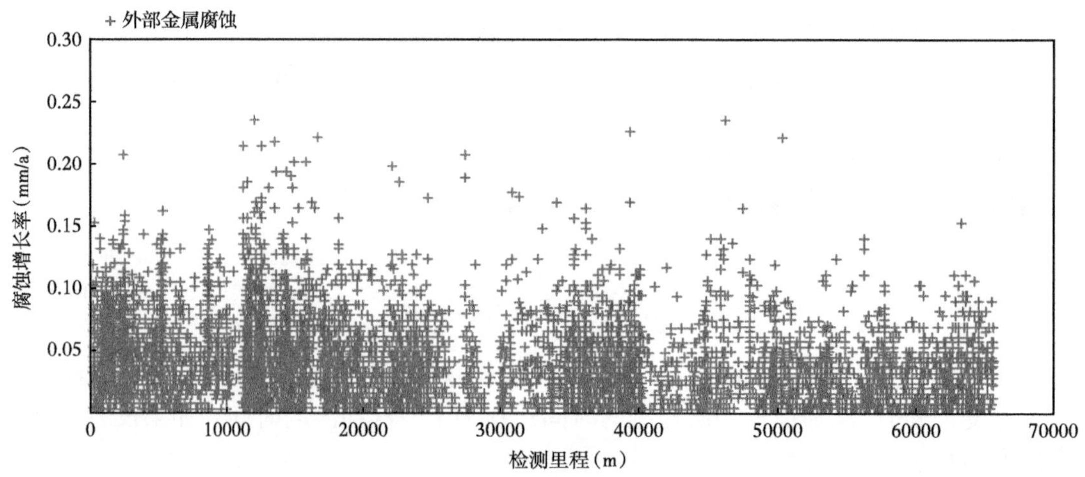

图 4-31　半寿命周期计算得到的外腐蚀缺陷增长速率分布图

表 4-5 和图 4-32 给出了各年修复的腐蚀缺陷数量统计。在修复或下一次内检测前对表中所列的腐蚀缺陷点应予以关注，有条件的情况下宜尽早修复，控制风险。

表 4-5　建议修复的腐蚀缺陷数量统计

修复时间	内腐蚀缺陷数量（处）	外腐蚀缺陷数量（处）	参考列表
立即修复	140	2	附表 1
1 年内	54	1	附表 2
2 年内	81	9	附表 3
3 年内	110	24	附表 4
总计	385	36	—

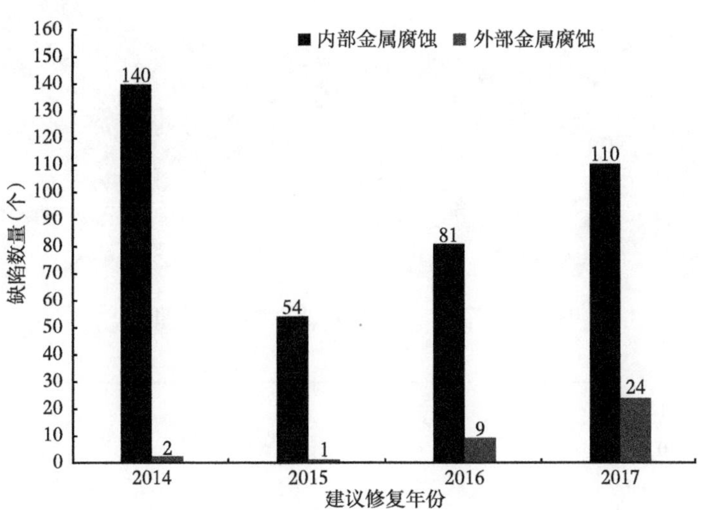

图 4-32 建议修复的腐蚀缺陷数量统计

二、某管道凹陷评价案例

某原油管道内检测里程 35.5km，几何内检测共报告凹陷 287 处，平均 8 处 /km。其中深度大于 2%OD 的凹陷 202 处，最深凹陷深度为 9.48%OD。

图 4-33 为每 100m 报告的凹陷数目沿检测里程的分布图，从图中可以看出该管段凹陷数量较多，在整个检测里程中均有凹陷存在，在 16~19km 处较为集中。结合高程图，16~19km 为高程最高的一段管道，地貌为山地，其现场照片如图 4-34 所示。该段地层岩性由上至下依次为：（1）黄褐色粉质黏土，厚度 0.7~2.5m。（2）下方以砂岩为主的强风化基岩。因此怀疑凹陷由管道底部的岩石挤压造成。

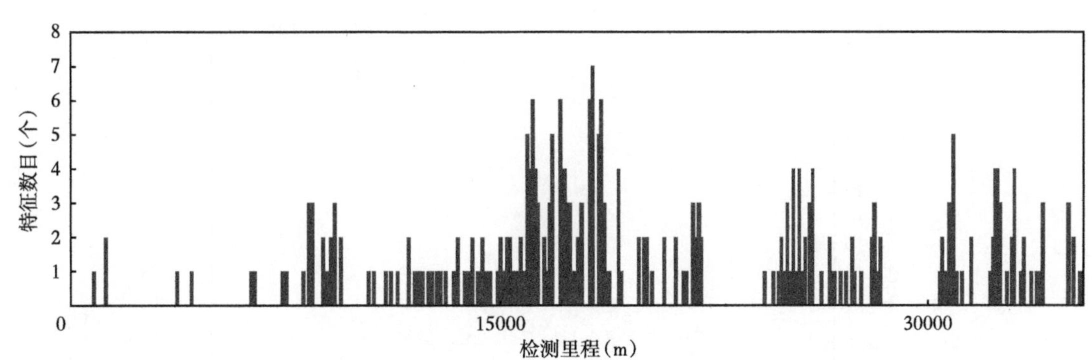

图 4-33 凹陷数目沿检测里程分布图

图 4-35 为凹陷沿时钟方位和检测里程分布图，从图中可以看出该管段凹陷集中分布在管道下方 6 点钟位置附近，可能与管道底部岩石挤压有关。

图 4-36 为凹陷深度沿检测里程分布图，从图中可以看出该段凹陷深度大多在 7%OD 以内，最深的为 9.48%OD。

图 4-34　管道 16~19km 段的典型地貌照片

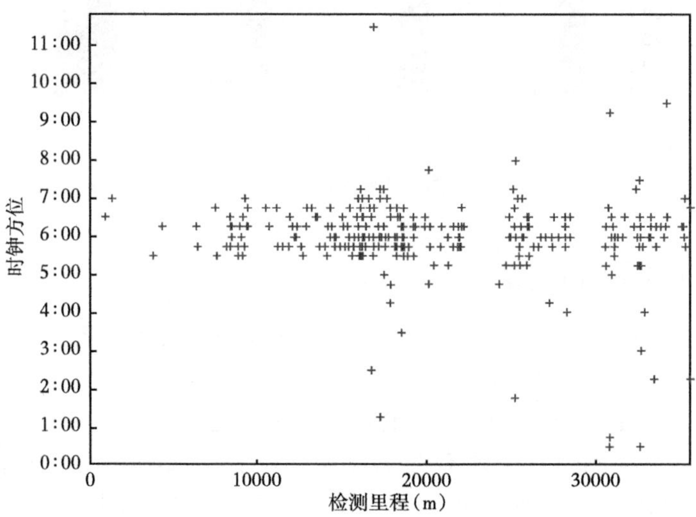

图 4-35　管体凹陷沿时钟位置和检测里程分布图

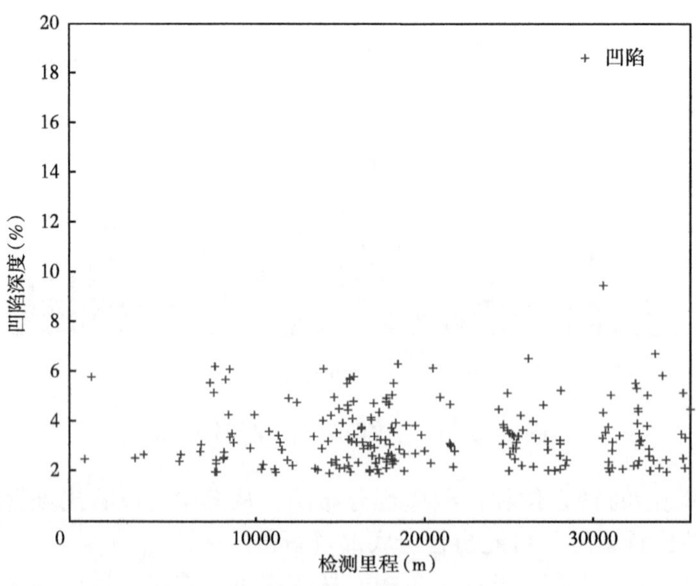

图 4-36　管体凹陷深度沿检测里程分布图

根据凹陷对管道运行安全的影响等级，根据 SY/T 6996—2014 中基于深度的凹陷评价方法，结合凹陷评价修复经验，按照以下规则对凹陷进行响应：

（1）规则 1——立即响应。

① 弯折凹陷；

②含有划痕、裂纹、电弧灼伤或焊缝缺陷的凹陷；

③在焊缝上且深度大于 4% 管道直径的凹陷；

④含有腐蚀且腐蚀深度大于 40% 管道壁厚的凹陷；

⑤深度大于 6% 管道直径的凹陷。

（2）规则 2——1 年内响应。

①在焊缝上且深度大于 2% 管道直径的凹陷；

②含有腐蚀且腐蚀深度为 10%~40% 管道壁厚，腐蚀按第 5 节评价，确定需要响应的凹陷；

③预测疲劳失效的凹陷；

④超过 2%OD 的顶部凹陷。

根据基于深度的评价和修复规则，该管段共 67 处凹陷不可接受，其中需要立即响应的 20 处（分布在 20 根管节上）、1 年内响应的 47 处（分布在 46 根管节上）。

根据最近几年国内针对凹陷缺陷的形成机理进行的立项研究以及近几年凹陷缺陷的修复经验，我们认为：

（1）与机械损伤相关的凹陷其危险性最大，因为机械损伤容易引起应力集中，而凹陷的存在会使应力集中程度更加严重，因此应首先关注与机械损伤有关的凹陷；

（2）凹陷开挖后均会发生回弹，一些深度不大的凹陷回弹后其危害程度会有所减少，因此对于开挖回弹后的凹陷是否还需要安装套筒，应在开挖验证测量后再行决定；

（3）凹陷缺陷在管道投产一段时间后，随着管道周边地质情况的稳定，一般不会继续发展。

基于上述情况，本报告建议首先对深度≥ 6% 的 5 处及与金属损失相关且金属损失形貌疑似划伤的 2 处，共 7 处凹陷进行开挖验证。对于深度≥ 6% 的 5 处凹陷，开挖移除底部石块后测量凹陷深度，计算凹陷回弹量，并建议安装套筒进行修复；对于与金属损失相关且金属损失形貌疑似划伤的 2 处凹陷，开挖并移除底部石块后判定金属损失是由机械损伤还是腐蚀造成，并根据验证结果决定是否安装套筒进行修复。

对于剩余的 58 处凹陷，建议待 7 处凹陷的开挖验证工作结束后，再制定开挖验证或修复计划。

环焊缝编号 10260 下游的凹陷检测信号图如图 4-37 所示，显示凹陷与一处外部金属物靠近，该处凹陷按照评价规则不需修复，但建议对该处进行开挖验证，移除凹陷附近的外部金属物。

环焊缝编号 32590 下游的凹陷检测信号图如图 4-38 所示，下游凹陷位于时钟方位 2 : 15，且与外部金属物靠近，该处凹陷按照评价规则不需修复，但建议对该处进行开挖验证，移除外部金属物。

图 4-37　环焊缝编号 10260 处凹陷与外部金属物靠近

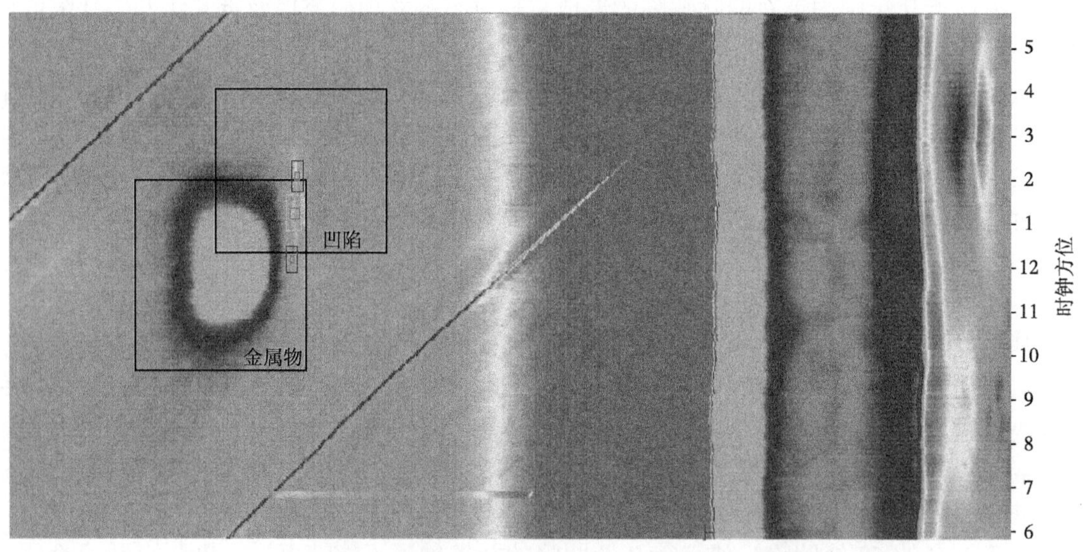

图 4-38　环焊缝编号 32590 处凹陷与外部金属物靠近

第五章　管道数据管理与系统平台

第一节　概　　述

数据是油气管道完整性管理的基础，贯穿于油气管道完整性管理循环的始终。管道完整性数据管理包括管道数据模型的建立，管道数据的采集、处理、维护、分析、应用等内容。以管道数据模型为基础，融合 3S（GIS、GPS、RS）、物联网、软件开发、网络通信、数据库管理等众多专项技术，可建立整套完整性数据管理的解决方案。对管道数据的全面管理，能够有力地支撑管道企业风险评价、完整性评价等工作的开展，以及大数据分析应用。通过管道风险的识别和管控等工作的实施，可以驱动管道数据的采集、整合和持续更新。通过对数据的应用和持续的更新完善，可以提出新的数据管理技术需求，推动管道数据管理水平提升。

管道数据管理需要基于业务需求，明确管道生命周期不同阶段产生且关注的数据种类和属性，按照源头采集的原则收集各阶段数据并进行对齐。随着各种信息化技术与业务应用结合日益深入，管道企业除制定专门的数据管理制度外，还应通过建立标准化的数据模型来建设完整性数据管理系统，实现数据的管理和有效维护。本章主要对管道数据管理领域中关键的数据采集技术、管道数据模型、数据处理技术、数据分析技术及完整性管理平台建设方面做简要介绍。

第二节　数据采集

数据采集是管道完整性管理循环的基础环节，包括为支持管道完整性管理业务对管道设计、物资采购、施工、移交、运营等各阶段产生的数据所开展的数据采集和数据维护等工作。

管道数据一般从数据结构化程度可分为结构化数据、非结构化数据、半结构化数据；根据数据描述对象分为管道基础数据、业务活动数据；从数据的更新变化频度分为静态数据、动态数据；从数据的空间特性分为空间数据、属性数据等。就管道数据采集来说，属性数据的采集主要通过管理制度要求和网络平台、移动应用、智能感知等技术手段来实现，本节主要介绍管道本体、设备设施、周边环境数据采集相关的各类技术手段，包括传统的地下管道探查、RTK 测量、遥感航测及惯性测绘内检测、倾斜摄影测量、机载激光雷达测量技术。对各类技术的原理、技术特点及适用性进行了分析，管道企业在数据采集工作中可参考选择合适的数据采集技术方法。

一、埋地管道定位及测绘

RTK 测绘技术是目前管道工程建设阶段进行测量放线和竣工测量的主要技术手段。管道运行阶段开展数据恢复及地下管道普查普遍采用地下管道探查技术确定管道实地位置（管道点）及埋深，再通过 RTK 技术测量管道点地理坐标。当前数字管道、智慧管道的建设及应用需要以信息基础设施为基础，以多尺度、多种类的空间基础地理信息支撑管理和决策。数据采集是数字化管道的基础，其中测量数据主要包括焊口、弯头、阀门、三通、穿跨越、水保、线路标识等碎部点的坐标信息。

1. 管道物理探查技术

对于缺少建设期管道下沟后回填前测量数据的埋地管道，需要采用物理的地下管道探查方法确定其平面位置和埋深，结合部分点开挖进行验证。主要使用管道探测仪和探地雷达等仪器进行探测。使用专用管道仪探测平面位置的激发方式主要包括直接法、夹钳法、感应法，定位一般采用极大化法。探测埋深的方法采用直读法、衰减法。各类仪器和方法其功能各有所长，功能互补，均应通过方法试验，确定有效性、精度及深度修正系数。

对于江河湖泊等水域大中小型穿越进行水域管道埋深探测。检测内容应包括管道高程探测、管道走向探测、河床覆土厚度检测。

针对穿越段上方可步行通过的管段，宜采用基于电磁原理的探测仪进行管道定位和埋深检测，设备可探测深度应与最大埋深相匹配。

管道埋深在 10m 以内，宜使用电磁法进行检测，利用仪器自带埋深计算公式进行检测，也可应用水下管道检测装置上携带的电磁法定位及测深装置进行检测；管道埋深在 30m 以内，宜采用电磁法结合拟合计算方法的仪器或水下管道检测装置进行检测；超过 30m 的管段，可采用 IMU 定位方式进行检测，也可采用弱磁等其他被验证可靠检测技术。对于同沟敷设的并行管道，探测时需采取防干扰措施。

2. RTK 测绘技术

油气长输管道测量主要有线路测量、穿（跨）越工程测量、站址测量等，按照传统作业方式、技术原理、成果精度等特点，可分为五类，见表 5-1。RTK 测绘技术在管道中心线及设备设施测量的图根控制、像控测量、施工测量、定位放样工作中应用广泛，随着网络 RTK 技术的发展，其平面首级控制测量和高程控制测量中也得到了应用。

表 5-1　油气长输管道传统测量类别

测量类别	作业方式 | 技术原理	成果精度
平面控制	GPS 静态测量	GPS D 级精度
高程控制	水准测量、GPS 高程拟合	四等水准精度
图根控制、像控测量	GPS-RTK、全站仪	±5cm
施工测量、放样	GPS-RTK、全站仪	±10cm
日常巡线	单点定位、手持 GPS	±10m

1）常规 RTK 测绘

由于最早的 GPS 单点定位精度较难高于 ±（15~30）m，解决 GPS 单点定位精度低的办法之一，就是发展差分 GPS 相对定位技术。常规 RTK 定位技术是 GPS 差分技术的一种应用。高精度的 RTK 定位技术是基于载波相位观测值的实时动态定位技术，它能够实时地提供测站点在指定坐标系中的三维定位结果，并达到厘米级精度。常规 RTK 测量设备基本结构一般包括基准站单元、数据链单元、流动站单元三部分，如图 5-1 所示。

在 RTK 作业模式下，基准站通过数据链将其观测值和测站坐标信息一起传送给流动站。流动站不仅通过数据链接收来自基准站的数据，还要采集 GPS 观测数据，并在系统内组成差分观测值进行实时处理，同时给出厘米级定位结果，历时不到一秒钟。流动站可处于静止状态，也可处于运动状态；可在固定点上先进行初始化后再进入动态作业，也可在动态条件下直接开机，并在动态环境下完成模糊度的搜索求解。在整周未知数解固定后，即可进行每个历元的实时处理，只要能保持四颗以上卫星相位观测值的跟踪和必要的几何图形，则流动站可随时给出厘米级定位结果。

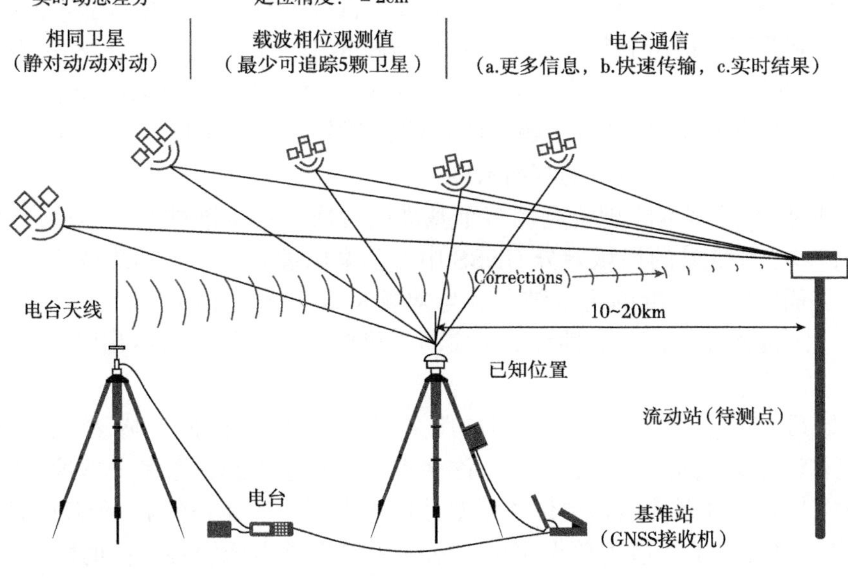

图 5-1　RTK 测量系统组成

常规 RTK 技术在实际应用中主要存在工作距离短、初始化时间长、定位精度随距离的增加而显著降低、单参考站模式可靠性差、大的区域内作业需要多次设站或设立多个参考站等局限性。因此作业过程中应严格执行相关标准要求，提高空间可用性、时间可用性，保证作业效率和数据质量。

（1）空间可用性。

距离：一般作业不要超过 15km，南方地区更短。

环境：实验表明，距离地面 1~2m 的地方多路径影响最为明显。

（2）时间可用性。

时间段：避免中午及下午电离层高峰时期的作业

卫星数：6 颗卫星作业较为可靠。

（3）精度指标：各种仪器给出的 RTK 精度实际上是固定整周后的定位精度（内符合），

不是与已知结果的比较（外符合）。

（4）可靠性指标：某些仪器给出了 95%、99% 或者 99.999% 的精度指标，实际是可靠性指标，即达到正常精度的概率。

2）网络 RTK 测量

由于油气长输管道的线状分布特点，GPS 静态测量时需要收集管道沿线大量的高等级平面、高程控制点资料并分段进行观测计算，管道线路勘测中的带状地形图测绘、中线测量、纵横断面测绘都需要测量大量的地形及油气管道专业要素，数字化管道建设中需要对大量碎部点，如焊口、阀门、弯头、穿越、水保、阴保等进行定位测量，在运营阶段的日常测绘、坐标放样等方面也需要快速精确定位方法。为更好地服务油气长输管道的建设和运营，需要一种更简单快速精确的测量定位技术。目前，基于连续运行参考站系统（CORS）的网络 RTK 技术应用日益广泛。

常规 RTK 是建立在流动站与基准站误差强相关这一假设条件的基础上的，当流动站离基准站较近（不超过 10~15km）时，上述假设条件一般均能较好地成立。此时利用一个或数个历元的观测资料即可获得厘米级精度的定位结果。然而随着流动站和基准站间间距的增加，这种误差相关性变得越来越差，定位精度迅速下降。当流动站和基准站间的距离大于 50km 时，常规 RTK 的单历元解一般只能达到分米级的精度。为了保证定位结果仍是厘米级的精度，就产生了所谓的网络 RTK 技术。

网络 RTK 技术的基本原理是利用多个基准站构成一个基准站网，然后借助广域差分 GNSS 和具有多个基准站的局域差分 GNSS 中的基本原理和方法来消除或削弱各种系统误差的影响，从而获得高精度的定位结果。与常规 RTK 相比，该方法的主要优点为覆盖面广，成本低，定位精度高，可靠性强，可实时提供厘米级定位，初始化更快等优势，应用前景广阔。

CORS 是目前提供大范围网络 RTK 服务的主要基础设施。随着北斗导航系统、CGCS2000 国家大地坐标系应用的推广，许多省、市都建立起了服务于本地区的 CORS 网络，用户可以与 CORS 系统运营单位联系申请接入许可。CORS 作为一种基础设施、系统，可以应用网络 RTK 技术、精密单点定位技术为用户提供实施服务。同时除了提供实时精密定位导航服务，CORS 还具有很多其他功能。CORS 拥有高精度框架基准、连续不间断数据资源、区域内间距均匀的分布特征，且与区域内高等级控制点和似大地水准面建立的联系，都可为各种不同类型的精密定位需求提供解决方案。CORS 不是单一的技术，而是一系列技术和资源的集成，网络技术与 GNSS 定位技术、现代大地测量、地球动力学交叉融合的产物，通过建立覆盖一定区域的一个或多个连续运行的 GNSS 参考站，利用计算机网络技术，实时或准实时地向用户提供多样数据，包括不同类型的 GNSS 观测值（载波相位、伪距等），对流层、电离层等各种 GNSS 误差改正数，状态信息及授时等其他信息。

CORS 系统由基准站网、数据处理中心、数据传输系统、定位导航数据播发系统、用户应用系统五部分组成，各基准站与监控分析中心间通过数据传输系统连接成一体，形成专用网络，如图 5-2 所示。基准站上配备双频全波长 GNSS 接收机，该接收机最好能同时提供精确的双频伪距观测值。基准站的坐标应精确已知，其坐标一般采用长时间 GNSS 静态相对定位等方法来确定。此外，这些站还应配备数据通信设备及气象仪器等。基准站应按规定的采样率进行连续观测，并通过数据通信链实时将观测资料传送给数据

处理中心。数据处理中心根据流动站发送来的近似坐标（可根据伪距法单点定位求得）判断出该流动站位于由哪三个基准站所组成的三角形内。然后根据这三个基准站的观测资料求出流动站处所受到的系统误差，并播发给流动用户来进行修正以获得精确的结果。有必要时可将上述过程进行迭代一次。基准站与数据中心间的数据通信可采用数字数据网 DON 或无线通信等方法进行。流动站和数据处理中心间的双向数据通信则可通过移动电话 GSM 等方式进行。目前网络 RTK 大体可采用内插法、线性组合法及虚拟基准站等法进行。

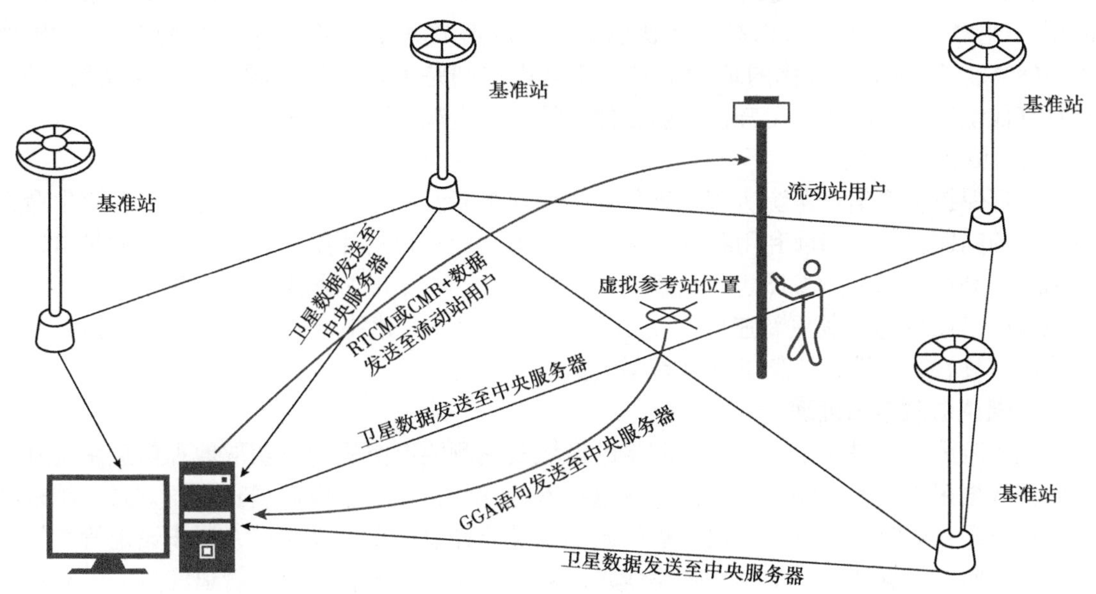

图 5-2　网络 RTK 系统组成

二、遥感航测

遥感航测技术在管道规划设计阶段选线工作中已经有广泛应用，其数据成果在管道高后果区识别、周边环境变化监控等运维管理工作中也发挥着越来越重要的作用。“遥感（Remote Sensing）”一词最初来源于美国。1960 年美国海军研究局伊夫林·L·布鲁特首先提出“遥感”这一术语，把遥感定义为“以摄影方式或以非摄影方式获得被探测目标的图像或数据的技术”。遥感技术自 20 世纪中期兴起之后发展相当迅速，在航空摄影测量的基础上，随着空间信息技术、计算机等当代信息化的迅速发展，以及地质、生态学等学科发展的需要，发展形成了一门技术应用型的新兴学科。遥感航测技术可以更加准确、快速和详细地获取地球表面信息，使得在油气管道工程勘察设计方面具有突破性的进展。高分辨率遥感影像能够解译出选线区域地表的各种最新的地表信息，还可以获取详细的工程和水文地质状况、地物类型变化情况、自然灾害等多种信息。由于遥感航测技术具有获取数据时受限制条件少、范围大、获取信息速度快、周期短，获取信息手段多、信息量大等特点，已经成为获取地球资源信息的重要途径，在其他各个领域方面的应用也越来越广泛。

遥感航测技术具有以下特点：

（1）产品数字化。

航空摄影测量的原始数据、中间数据及最终产品都是以数字形式存储的数字产品。因此，方便数据的存储、管理和应用。

（2）信息多样化。

通过遥感航测技术获得的数据信息丰富并且形式多样，如数字表面模型—DSM，可以提取地表地物的详细信息，包括空间位置信息及其属性信息，并且可以解译一些地质信息。这些信息，可以直接输入 GIS 系统中，为各种工程设计提供基础数据；数字高程模型—DEM，反映地形表面高低起伏状况，可以形成真正意义上的三维模型；正射影像图—DOM，地图是符号化的地理信息，正射影像则是地球自然资源信息最真实的写照，相对其他纸质地形图数据而言，正射影像数据更加直观、更加易懂。

（3）更新速度快。

如何保持管道信息系统所用地理信息的快速更新及数据的现势性，是保障系统生命力最重要的问题之一。当前利用各种航天航空传感器所获得的原始信息，最重要的是可以快速更新，利用获取的影像图进行处理，获得新的 DEM 和正射影像图，客观地反映实地地物地貌的最新信息。其更新速度几乎是可达到“准实时”水平，并且这些影像数据都是近期获取，具有时效性，信息丰富且易判读。

1. 遥感航测数据处理

遥感航测技术是从空中对需要测量的区域实施测绘航空摄影，获取地理信息系统基础数据的数据采集技术。随着航空摄影测量技术的发展，航空影像数据获取的方式也越来越多。在数据获取时，是首先根据工程的起始点及要经过的重要控制点，初步设定管道线路的大致走向，根据初步设定的大致路线走向获取带状影像图，沿油气管道经过区域获得的航空影像图，真实地反映了管道经过区域的地面线状，包括居民区、河流、铁路、公路、池塘、林地等。

1）外业测量

（1）像控点测量。

像控点测量是在室内布点，即选好要进行测量的点，并标记这些点，作为外业选择控制点的依据。像控点主要布设在影像清晰和交通方便的地方，便于室内辨认和野外测量。像控点一般选在航片重叠区域并且具有明显特征的地物上，例如道路的交叉口、地面人工标志性建筑物的明显标志等，这样在外业和内业都方便识别这些点。根据室内布点的方案，在实地中找到要进行测量的像控点的位置进行施测，然后采用 GPS-RTK 测量控制点的平面坐标和高程坐标。像控点质量好坏、精度高低直接影响设计成果，因此在像控点施测时力求保证像控点精度。

（2）外业调绘。

航空影像的像片外业调绘是以航片判读为基础，通过对航空像片上的影像进行识别和辨认分析，确定影像所代表的地表信息，并在航测像片上按照相关规定用图式符号和注记方式表示。目前，多采用先在室内判读，然后对无法判读的地物进行野外检查补绘的方法来完成。调绘内容主要是对在立体影像中不容易判读的地物、地貌进行调查和测绘：

①地质状况、滑坡、泥石流及水文环境等；

②有无重要标志点，如国家等级的三角点、GPS点、重要控制点、水准点、水井、坟等；

③经济林及经济作物类别，大面积植被覆盖区域（如树木、农作物），需要调绘出其高度，以便准确确定该区域的高程值；

④调绘该区域有没有新规划区、工厂、重要景点、风景名胜或者古迹；

⑤有无地下电缆、电力线、通信线，如果能确定其走向，就根据其方向将电杆连接起来，如果不能确定其走向，就要在外业调绘时确定其走向；

⑥调绘地物的性质，如地名、市政设施等。

外业调绘的目的是满足内业成图的需要，因此需要结合内业成图的要求开展前期工作。像片的外业调绘的基本工作过程包括：

⑦准备工作：包括对像片划分调绘面积，需要准备的调绘工具，并做好调绘内容计划。

⑧像片判读：对照实地，并结合像片判读的基础知识，确定各种地物的类别，以及它们在像片上的大小、形状和位置信息，以便在像片上进行标记。

⑨综合取舍：基于像片判读的内容，对地物类别进行合理的选择和概括。

⑩着铅：在对地物类别进行综合取舍的原则下，用铅笔将需要表示的地物类别准确的描绘在像片上。

⑪询问、调查：主要想当地居民群众咨询地名及其他相关情况、调查行政区界线，同时将所得的结果准确记录在像片或者透明纸上。

⑫量测：主要测量陡坎、沟渠、池塘水面、植被等需要量测的比高等。

⑬补测新增地物：新增地物是指摄影后地面上出现的新的地物，以及被云影、阴影所遮盖的地物，在像片上没有其影像，根据与其他相邻地物影像的相对位置进行补。

⑭清绘：按照图式规定的各种符号和相关规定的有关要求，对实地判绘的结果，在室内着墨整饰。

⑮复查：重新到实地补绘在清绘中出现的问题及不清楚的地方。

⑯接边：将调绘面积边线地方与邻幅或者邻片调绘的内容进行接边。如本片调绘的房屋通过调绘边线伸入相邻调绘像片，相邻像片必须有同一个房屋与之相接。而且相接边界位置应相吻合。

2）影像内业处理

内业处理生成的4D产品是油气管道周边环境的重要基础数据，其精度关系到长输油气管道线路设计、运行管理决策的质量。4D产品是指数字高程模型（DEM）、数字正射影像（DOM）、数字线划图（DLG）和数字栅格地图（DRG）。DEM直观地反映地面高程的变化，可以直观地看到地面高低起伏的变化；DOM所包含的信息丰富，具有良好的直观性和可判读性，从影像图上可以直接获取地球表面资源信息；DLG是地貌、水系、居民区、交通等所有地物的数据集。内业处理流程主要包括模型定向、影像匹配、空中三角测量等步骤。

（1）模型定向。

航空影像的模型定向包括内定向、相对定向和绝对定向，模型的定向都是自动进行，能够通过量取的地面控制点，解算模型的外方位元素，将模型纳入大地坐标系中。

（2）影像匹配。

影像匹配是人机交互的过程，影像中有大片纹理不清晰的地方，如大片水域、沙漠、雪山、森林、大面积平地和城市人工建筑等，计算机难以识别，将出现不可靠匹配点以及没有匹配在地面上的点，将影响数字高程模型的精度。因此，需要对这些质量不好的匹配点进行编辑，例如在森林区域内，大片树林遮住了地面，匹配点浮在树顶，反映的是地面高程和树高之和，需要减去树高；在水面或者大面积平地，需要把匹配点置平。

（3）空中三角测量。

空中三角测量是内业处理中重要的部分，是指通过航空摄影测量内业处理方法，包括内定向、相对定向、测量平差计算、公共连接点的转刺等，构建空中航带网并按光束法进行区域整体平差，解算出测区所有像片控制点的大地坐标和像片的外方位元素。

2. 生成数字产品

1）数字高程模型

数字高程模型（Digital Elevation Model，简称 DEM）是数字摄影测量和数字化测图的重要产品之一。通过高精度的 DEM 可以绘制等高线、坡度图、坡向图、自动生成纵横断面图、计算土方量和调配及油气管道改线等的多方案比选。将地形表面模型与 DEM 相叠加，建立 DEM 的三维模型，可以提供一个动态的模拟环境在相应空间范围里逼真创建和显示复杂物体，对油气管道周边环境进行析，并为进一步的油气管道线路风险管理服务。

数字高程模型为油气管道线路 GIS 系统提供基础地形数据，其充分反映了地形表面的高低起伏变化，并按照地面高程形成的一种实体地面模型。在 DEM 的基础上可以生成坡度图、坡向图，更形象的表示地形的变化，使设计人员和运行管理人员的决策更加准确和科学。图 5-3 为管道沿线区域格网 DEM。图 5-4 为管道沿线区域伪彩色 DEM，通过颜色的不同来表示高程大小，地面起伏。

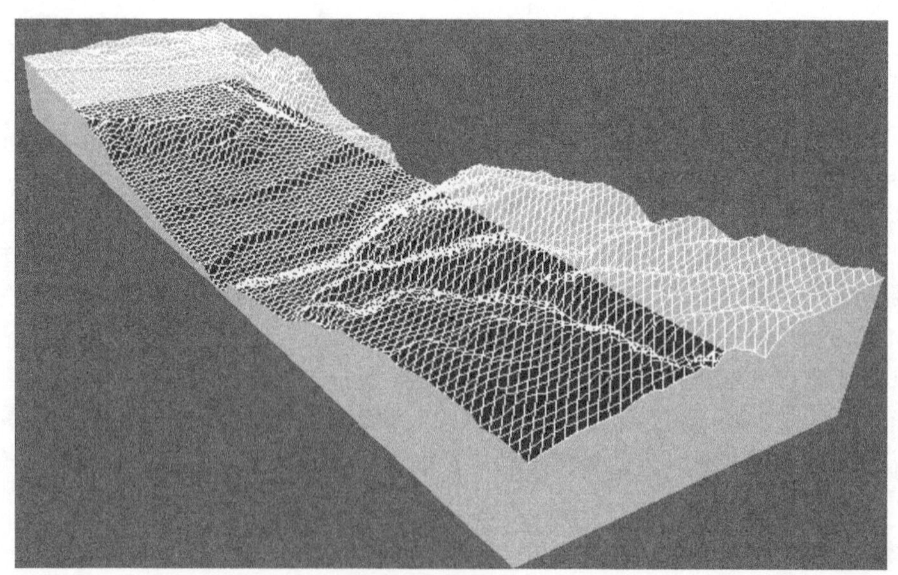

图 5-3　格网 DEM

图 5-4　伪彩色 DEM

2）数字正射影像

数字正射影像图（Digital Orthophoto Map，DOM）包含重要的基础空间信息，其信息量丰富、精度高、获取快、具有良好的可判读性和可量测性，并且可以直观逼真的反映地表信息，直接提取自然资源和社会经济的最新信息，如图 5-5 所示。地形信息和地表信息准确无误的反映在 DOM 上，使管道运行管理人员可以从宏观的角度对地表信息进行观察和分析，能够综合分析管道线路所经区域内各种影响因素，包括地形、地貌、地质、生态和水文等信息，增加对沿线地表信息的直观认识，为分析决策的确立提供了可靠的客观依据。

图 5-5　数字正射影像

3）数字线划图

数字线划图（Digital Line Graphic，DLG）是数字摄影测量的重要产品，也是现有地形图上基础地理要素分层存储的矢量数据集，既包括数据的空间信息也包括其属性信息。数字线划图 DLG 产品属于数字化产品，同样是数字化存储，其信息可以直接输入 GIS 系统或其他 CAD 系统，为油气管道风险评价提供影响因素图层数据。

DLG 是包含核心地形要素，包括地貌、交通（铁路、公路、街道及其他道路）、居民地、水系、独立地物、建筑物、管道、植被、土质和境界等其他要素的矢量数据集，按要求对采集的各类要素进行分层分类存储并保存各要素间的空间关系和相关属性信息。

三、惯性测绘内检测

油气管道惯性测绘内检测技术以三维正交的陀螺仪与加速度计组成的惯性测量单元（IMU）为主要测量设备，以地面 GPS 参考点与里程计数据进行位置与速度修正，能够精确测绘管道中心线坐标，实现管道管理的数字化与可视化。利用获得的高精度中心线坐标参数，能够有效识别、评估由环境因素诱发的管道弯曲应变。将缺陷参数与管道中心线坐标相结合，可实现缺陷的精确定位，生成管道缺陷维修工程图。

国外在 1960 年就开始了管道内检测装置（Pipeline Inspection Gauge，PIG）的研发，早期设备主要用于管道内残余物清理及管道缺陷粗略定位。捷联惯性导航系统（Strap-down Inertial Navigation System，SINS）因定位不受管材（钢管、塑料管、增强热塑性塑料复合管等）限制受到关注，于 20 世纪 90 年代在加拿大开始运用到管道检测定位及曲率测量中。目前国际上提供内检测服务的厂商主要有：美国 NOV Tuboscope、T.D.Williamson 和 IPOZ 公司，英国 British Gas 和 GE PII 公司，俄罗斯 NGKS 公司和 CJSC 研究所，德国 AG、ROSEN Group 和 Pipetronix 公司，加拿大 BJ Pipeline Services、Corrpro 和 Pure Technology 公司，挪威国际智能卡堵公司和韩国天然气公司等。

最早的智能 PIG 是加拿大 Pulsearch 公司为测量诺曼威尔斯地区管道下沉而研制的。里程仪和多普勒声呐测 PIG 轴向速度，抑制惯性测量单元漂移误差，提高 SINS（LN200 IMU）定位精度。这套 PIG 能连续工作超过一周时间，运行距离超过 300km，并且保证定位精度优于 ±1m。同时，LN200 IMU 能有效计算出管道的弯曲应力，用于预测由斜坡不稳定、地表沉降、冻土解冻、温度/压力变化、泥石流等自然原因导致的管道位移或变形。

在 2000 年，俄罗斯 CJSC 研究所和萨拉托夫国立科技大学联合研制了管道检测用 SIT-1000 机器人，并进行了导航地图建立实验。系统定位部分是由 VG-951 型 FOG SINS、里程仪和地表 DGPS 组成。同时，采用了加速度计信号辅助修正内管检测设备方向问题。大的方位和位置误差是通过沿着管道每隔 1~3km 的地表标记信号来修正的。里程仪信息用来修正和实现航位推算导航算法。在地表标记信号不超过 2km 的情况下，整个系统的地理坐标位置误差不超过 0.5m，管道拐弯角处的方位误差不会超过 0.2°，而且每个环焊缝管道轴向的曲率角小于 0.2°。2008 年，加拿大 H.Al-Qahtani 等设计了基于电磁声学换能器（Electro-Magnetic Acoustic Transducer，EMAT）的管壁裂纹、腐蚀及应力检测器。检测器由探测管外壁的环形磁带获得其在管内的粗略位置，再由里程仪测得轴向速度确定在管道内精确位置。检测时，管道缺陷和位置信息被同步存储。待检测器回收后，读取存储数据，并结合管道铺设时位置信息即可确定管道缺陷位置。

管道内检测定位技术是伴随管道内检测、GPS、IMU 等技术发展而来的，其历程如图 5-6 所示。早期的定位方法主要是实现测量装置在某段管道内进行粗略的测量。采用里程仪由测量装置在某段管道内运行速度的测量，从而计算出位置。然后，根据起始的位置来确定管道缺陷在某段管道内的粗略位置。但这种方法仅适于短距离管道内的位置测量，而且需要预先设定大量的测量起始点和终点位置。在增加管道维护成本同时，也延长了管道检测的时间，效率极其低下。目前搭载 IMU 惯性测量单元的内检测器克服了上述缺点，大大提高了管道内检测定位的精度和效率。

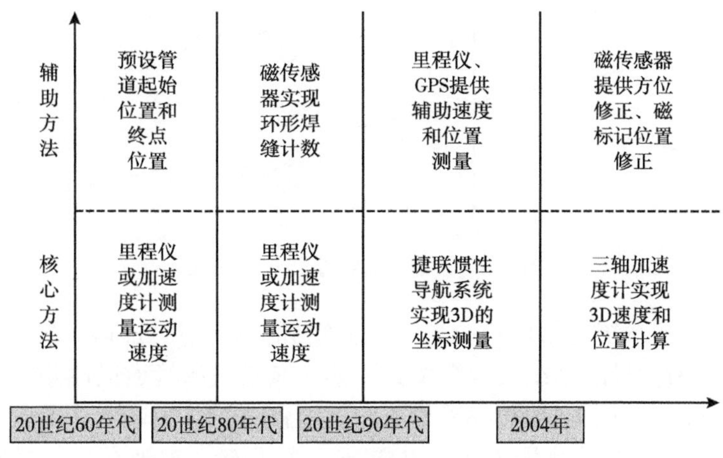

图 5-6　管道检测定位技术发展历程

管道惯性测绘内检测的基本原理是牛顿力学运动定律，与航空航天领域导航使用的惯性导航系统（INS）基本相同。INS 分为平台式与捷联式两大类：平台式具有物理实体的导航平台，捷联式不具有物理实体的导航平台，其直接将惯性器件安装在运动物体上，由计算机完成平台的功能。捷联式惯性导航系统结构简单、可靠性高、造价较低、易于维修，因此被多数惯性导航系统采用。目前，管道测绘内检测也使用捷联式惯性导航系统，其核心部件是由三维正交的陀螺仪与加速度计组成的 IMU。分别利用陀螺仪和加速度计测量物体 3 个方向的转动角速度（图 5-7）和运动加速度（图 5-8），将采集、记录的数据使用专门的计算软件进行积分等运算处理，便可以得到检测器任一时刻的速度、位置与姿态信息，获得管道的中心线坐标。

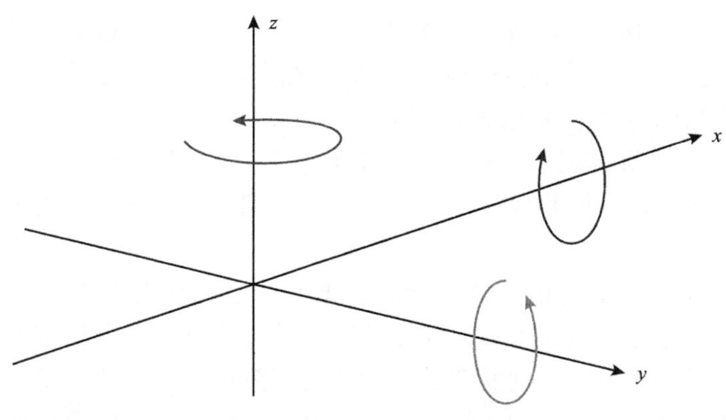

图 5-7　陀螺仪测量转动角速度

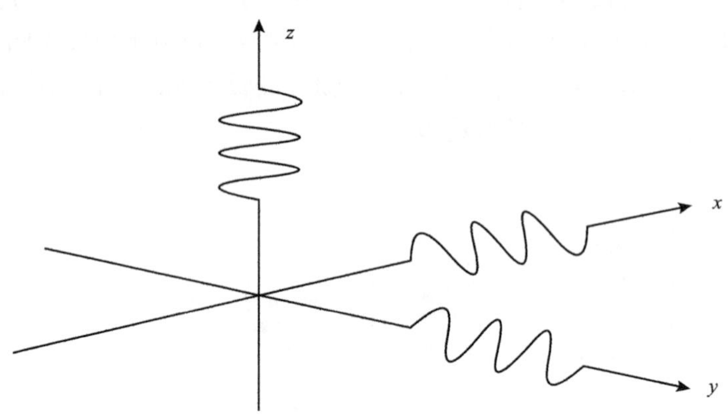

图 5-8　加速度计测量线性加速度

管道 IMU 内检测系统包括内检测器、地面定标盒和数据处理软件。内检测器的 IMU 模块一般基于捷联惯性导航系统实现自主式测绘，其搭载的管道惯性测绘单元与内检测器主时钟进行时钟同步，以一定的频率采集三路陀螺仪、三路加速度计及里程计数据后保存在系统存储器中。IMU 内检测器主要由 IMU 仓、里程轮、电池仓及支撑轮等组成，其结构如图 5-9 所示。

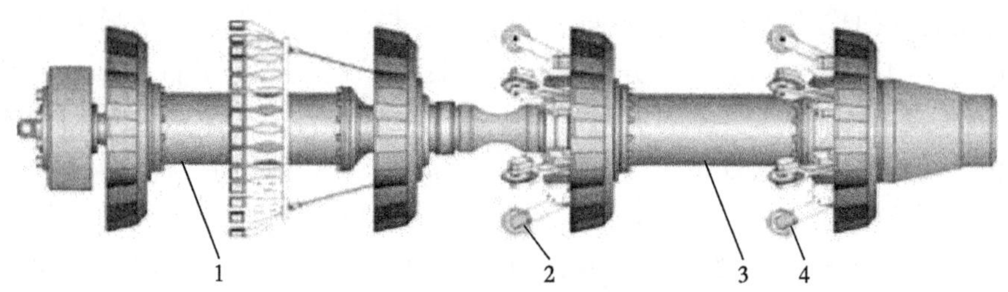

图 5-9　IMU 检测器组成

1—IMU 仓；2—里程轮；3—电池仓；4—支撑轮

由于惯性器件存在漂移，误差随时间累计而增大，为了提高测绘精度，需要通过地面 GPS 对定标点、里程计和管道特征（焊缝和弯头等）等信息进行修正。当管道惯性测绘系统经过地面 GPS 定标点时，与地面定标盒通信，在定标盒中记录下经过地面定标点的时刻和当前定标点的精确 GPS 位置信息，其工作原理图如图 5-10 所示。

管道检测完后，将所有记录的数据下载到计算机中，结合地面定标盒的高精度 GPS 位置定标信息，利用组合导航软件进行数据处理，得到整条管道的位置参数及管道中心线轨迹图。

利用里程计和定标点组合信息解算导航数据时，里程计提供的速度测量信息和惯导系统提供的姿态角信息进行航位推算，建立惯导和航位推算的组合导航系统卡尔曼滤波模型，利用前向卡尔曼滤波进行最优滤波，采用逆向滤波进行平滑从而得到管道惯性测量装置在管道中的行进轨迹。同时，利用地面定标点处已知的高精度位置信息结合里程计航位推算结果对系统的导航误差进行修正，以进一步提高定位精度，从而完成对管道轨迹的精

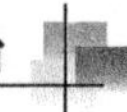

确测量，数据处理流程如图 5-11 所示。

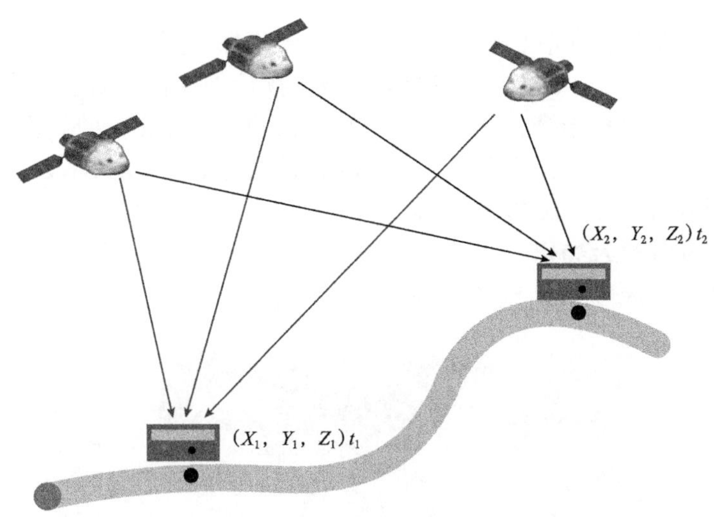

图 5-10 地面定标盒工作原理

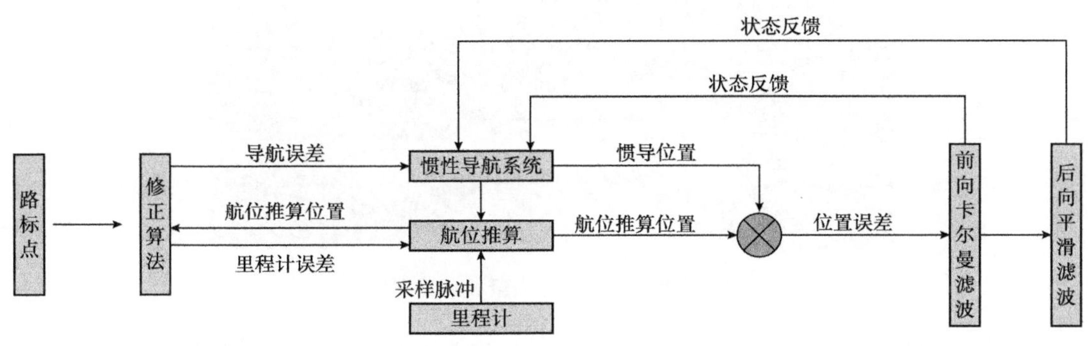

图 5-11 管道中心线数据处理流程

目前主流内检测器在地面参考点的距离小于 1km 时的定位偏差不大于 ±1m，相对于参考点的标准定位精度为 1∶2000。以上精度仅是在参考点准确摆放时 IMU 检测器的定位精度，如果结合管道的固定特征（如弯头和三通等），管道测绘精度可进一步提高。

IMU 内检测技术可以高精度的检测管道中心线空间坐标及弯曲应变和管道位移，故成为管道本体空间数据采集的重要手段。与传统的位移监测技术相比，IMU 内检测可以全线逐点检测管道的弯曲应变和位移，对管道的弯曲应变和位移监测更加全面和精确。重复对管道进行 IMU 内检测可以检测管道位移变化和变化率，及时报告管道位移变化较大的缺陷点和管道位移变化较快的点，从而对管道应变进行有效的监测及预警，便于及时主动维修管道缺陷点和排除导致管道位移的环境因素。

四、倾斜摄影测量

倾斜摄影测量技术是国际测绘遥感领域近年发展起来的一项高新技术，通过在同一飞行平台上搭载多台传感器，同时从垂直、倾斜等不同的角度采集影像，获取地面物体更为完整准确的信息。航空倾斜影像不仅能够真实地反映地物情况，而且具有精确定位地理信息、丰富影像信息等优势。

国际上倾斜航空摄影技术，已经广泛应用于应急指挥、国土安全、城市管理、房产税收等领域。在国内，自 2010 年以来，在国家科技支撑计划项目和测绘科技项目的支持下，通过技术引进和自主研发相结合，实现了倾斜航摄仪的研制和相应的数据处理软件，并且在城市三维建模等领域得到广泛应用。目前国内有思维远见公司的 SWDC-5、上海航遥公司的 AMC、中测新图研制的 TOPDC-5 等。

1. 倾斜摄影测量原理及特点

倾斜摄影测量基本原理如图 5-12 所示。

图 5-12 倾斜摄影测量原理示意图

无人机倾斜摄影测量系统由三部分组成，包括飞行平台（测绘专业无人机）、倾斜摄影相机和倾斜摄影数据处理软件。

测绘专业无人机按驱动方式分为汽油驱动和电池驱动两种，按机翼形式分为固定翼、无人直升机和旋翼无人机三大平台，其中旋翼无人机以其价廉、操作灵活的优点得到广泛应用。

倾斜摄影相机主要包括三线阵相机系统、三相机系统、五相机系统，其中应用最广泛的是五相机系统，在业界最权威的美国 Pictometry 公司便采用了五相机倾斜摄影系统。

倾斜摄影数据处理软件种类繁多，近年来国内外竞相开发了多种自动化程度较高的倾斜摄影软件，如美国的 Pictometry、法国的 Street Factory、Bently 公司的 Smart3DCapture 等。

倾斜摄影测量技术获取的倾斜影像具有如下特点：可以获取多个视点和视角的影像，从而得到更为详尽的侧面信息；具有较高的分辨率和较大的视场角；同一地物具有多重分辨率的影像；倾斜影像地物遮挡现象较突出。倾斜摄影测量通过低空云下摄影，从一个垂直和 4 个以上 45° 倾斜的方向获取高清晰度的地物影像，可供多角度观察；在 POS 系统和野外像控测量的辅助下，模型上每个点都具有三维坐标，基于三维模型可进行任意点线面的量测，获得厘米级的测量精度。相比正射影像，倾斜摄影还可以获得更精确的高程精

度，对建筑物、植被等地物的高度可以直接量算；能较高效率地完成三维建模，相比传统建模方法，其建设周期更短、成本更低。目前倾斜摄影测量技术在管道行业数据采集领域主要应用于站场、隧道、穿跨越三维建模，土石方计算及应急救灾等方面。

2. 倾斜摄影测量流程

倾斜摄影测量方法主要包括以下几个步骤：航飞设计、像控测量、自动化三维建模、自动化正射影像图（DOM）生成、自动化数字高程模型（DEM）生成、立体测图、调绘和补测、地形图绘制。该方法应用于管道周边环境数据采集的生产流程如图 5-13 所示。

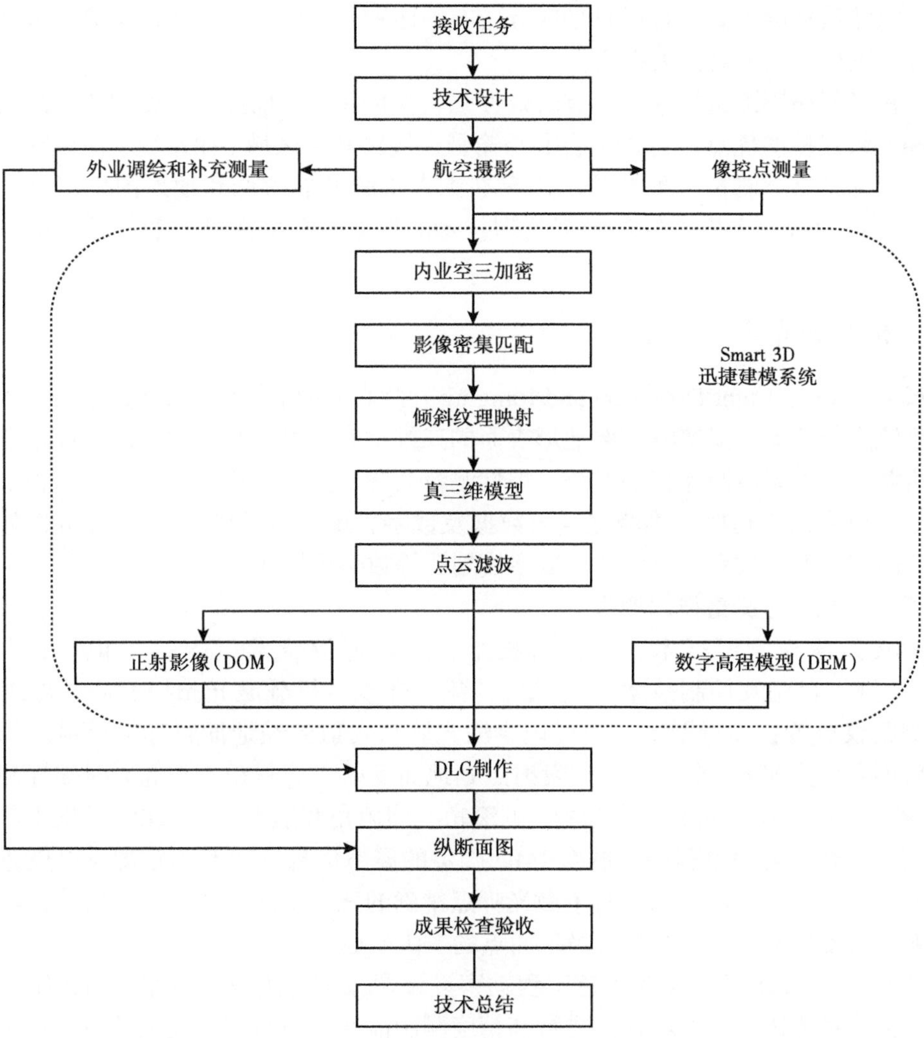

接收任务
技术设计
外业调绘和补充测量
航空摄影
像控点测量
内业空三加密
影像密集匹配
Smart 3D
迅捷建模系统
倾斜纹理映射
真三维模型
点云滤波
正射影像（DOM）
数字高程模型（DEM）
DLG制作
纵断面图
成果检查验收
技术总结

图 5-13　倾斜摄影测量数据生产流程

3. 倾斜摄影测量技术适用范围

在管道工程中，尤其是非长输管道线路和小区域（如站场、河流穿跨越、冲沟、地质灾害点等）测量中，采用无人机倾斜摄影测量系统具有明显优势，主要体现在以下两个方面：

（1）平台优势。无人机航测具有机动灵活、作业成本低、生产周期短等特点。

（2）成果多样化。倾斜无人机倾斜摄影测量系统能够快速、自动化获取三维模型、正射影像（DOM）、地面模型（DEM）、地表模型（DSM）和大比例尺地形图 DLG 的生产。

无人机倾斜摄影测量系统应用于管道工程中也有一定的局限性，主要体现在两个方面：

（1）飞机续航能力低。目前，无人机平台由于自身载重限制导致其续航能力弱，如果要广泛应用于长输管道工程，需要开发新的续航能力更强的无人机型。

（2）大比例尺地形图生产自动化有待提高。大比例尺地形图生产自动化不高的主要问题为密云点滤波精度不高，难以自动区分所有地面和非地面点，如果能提高滤波精度，大比例尺地形图生产效率会大大提高。

无人机倾斜摄影测量技术，具有时效性强、性价比高、监控区域受限小、地面数据快速获取和三维建模的优点，特别适合非长输管道线路和小区域（如站场、河流穿跨越、冲沟、地质灾害点等）测量。虽然该技术存在无人机续航能力低和地形图生产自动化不够高的问题，但随着无人机硬件和数据处理技术的发展，它将在管道数据采集中发挥更大作用。

五、机载激光雷达测量

机载 LiDAR（ Light Detection and Ranging）系统以飞机作为运载测量平台，以激光扫描测距系统为传感器，能实时获取地形表面的三维空间信息，是获取地球空间信息的重要工具。机载系统主要由激光扫描系统、惯性测量装置、全球卫星定位系统、监视及控制系统组成。可以利用高精度三维激光点云数据及数字影像，通过机载 LiDAR 数据处理系统制作数字高程模型、数字正射影像、数字线划图等数字测绘成果。

1. 机载激光雷达测量技术原理

LiDAR 是激光测距技术、计算机技术、全球定位技术（GNSS）和惯性导航系统（INS）、计算机存储及控制技术迅速发展的集中体现。机载激光扫描测高的原理是将激光脉冲测距仪放置在飞行器上，通过记录激光脉从发射到经地面目标物反射后的时间延迟，然后再乘以光速 c，来精确测定发射点到地面反射点的斜距。与此同时惯性测量系统（IMU）测定飞行器在空间的姿态参数（侧滚角、仰俯角和航向角），GPS 提供飞行器精确的位置信息。在后处理过程中，联合 IMU 确定的姿态信息、GPS 测定的飞机航迹信息和激光脉冲测定的倾斜距离可求出每个激光脚点精确的三维空间直角坐标（X，Y，Z）。通过扫描，就可获得具有一定带宽的大量地面点的三维坐标。

机载 LiDAR 技术已在长输管道工程勘察设计领域中得到成功应用，与传统人工测图和航空摄影测量相比，在困难地区进行高精度测图能在较短时间内完成外业数据采集和内业成图，具有明显优势。该技术也可作为运行期数据恢复和更新的技术手段。

2. LiDAR 数据采集、处理的基本流程

1）航飞设计

LIDAR 的航线设计，首先要保证的是符合精度要求，包括保证规定的航摄范围内数据的完整性，得到的数据在后期使用中达到规范标准等。在保证需求的前提下，要求设计尽可能地减少飞行时间和飞行距离以节约成本，提高效率；这就需要在通过调整飞行方

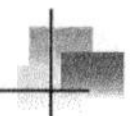

向、飞行速度、飞行高度、扫描角度等一系列参数，或是通过适当的分区、分块飞行来达到这一目的。航线设计从高效、经济的原则出发，综合考虑仪器设备的性能、地形、地势、高差、摄区形状、航高、航向重叠度、旁向重叠度和航行协调等一系列要素。

在保证航摄范围内数据完整性的前提下，按照相关规范要求，结合 LiDAR 系统的技术性能进行 LiDAR 航飞设计，航线航向的布设按线路的地形和走向来定，尽量减少同一条航线中地形起伏变化太大，如果地面起伏变化大于航高的 1/3 时，应分区进行设计；每条航线的设计长度要少于飞机航速的 1/3。航线方向在考虑航空管制的前提下，根据测区的形状和地形情况，以最优化航线数量为原则，确定航线的敷设方案，可由 LiDAR 配备的设计软件输入相关参数后自动完成。

2）数据预处理

LiDAR 航飞得到的原始数据包括原始激光数据、IMU 数据、机载 GPS 数据和地面基站数据。原始激光数据仅包含每个激光点的发射角、测量距离、发射率等信息，没有坐标、姿态等空间信息，只有在经过数据预处理后，才能完成激光数据的大地定向，形成具有空间坐标的点云数据。

原始激光数据的大地定向需要用到机载 GPS 观测数据、地面基站的 GPS 观测数据、IMU 记录的姿态数据和系统参数（IMU 与激光扫描仪之间的相对位置及姿态参数）等。利用机载 GPS 数据和基站 GPS 数据，采用双差分定位方法，消除机载三维激光雷达在数据采集过程中的 GPS 对流层延迟、电离层延迟、卫星星历及多路径效应等误差的影响，从而提高定位精度。

根据 GPS 天线的偏心分量和扫描仪的偏心分量计算激光扫描仪的坐标信息，联合定位信息获得激光扫描仪的航迹文件，包括激光扫描仪在各个 GPS 采样时间的位置信息、姿态信息和速度。根据激光扫描仪的航迹文件，为每个激光点在 WGS84 坐标系中赋坐标值，从而实现激光数据的大地定向。

3）点云自动分类

（1）数据分块。经过航带校正及裁切后的原始数据是以航带为单位的，在实际数据处理中，尤其是需要手工处理时，由于计算机内存、处理能力等的限制，需要将原始数据分成若干小块，以方便处理，同时可投入多名作业员进行作业，提高工作效率。

（2）地面滤波。点云数据的地面滤波即自动分类出点云中的地面点。可采用基于不规则三角网的地面滤波算法，通过迭代建立三角网的方式过滤地面点，需要根据不同的地形选用不同的滤波参数，主要有最大建筑尺寸、地形坡度角、迭代角和迭代距离等。假设最大建筑尺寸为 M，则认为其在一个 $M \times M$ 的区域内，至少有一个地面点，通过这种方式找到一些初始地面点构成三角网；然后根据限制条件（地形坡度角、迭代角、迭代距离），不断向三角网中加入新的点进行迭代，逐步细化三角网，直至不再增加新的地面点为止。

4）点云手工编辑

在完成点云数据的自动分类后，需要使用一系列点分类工具对自动分类不理想的地方进行手工处理，从而得到一个较为精确的地面模型。另外，点云数据地面滤波完成后，点云中的一些非地面点（自然地物、人工地物等）被滤除后会导致局部数据的缺失。水域对激光的吸收作用也会导致数据缺失，在这些地方会产生数据空洞。要想生成一个符合一定需求的数字地面模型，必须要对滤波后的地面点数据进行内插，根据空洞邻近点云数据的高程值或地形的趋势特点进行局部区域的数据插值操作。选择插值方法的原则有两点：(1)尽可能不改变滤波后数据点的位置与高程值，保证插值数据的真实性；(2)最大可能地反映数据重叠区域的曲面变化趋势，使数据更好地连续过渡。

5）点云坐标转换

LiDAR 航飞处理后得到的点云数据通常为 WGS84 坐标系下的数据，高程基准为 WGS84 大地高。在我国的生产应用中，需将其转换为 2000 国家大地坐标系和 1985 国家高程基准（正常高）下的数据。

（1）平面坐标转换。WGS84 参考椭球与 CGCS2000 参考椭球的长半轴一致，扁率相差非常微小，在精度要求不十分严格的情况下两者可以通用。由 WGS84 坐标转换为 CGCS2000 坐标，只需要进行投影方式的转换。WGS84 坐标系使用的是 UTM 投影，CGCS2000 坐标使用的是高斯—克吕格投影，两者均属于横轴墨卡托系列投影，只是在投影系数上有差别（UTM 投影为 0.9996，高斯投影为 1）。根据横轴墨卡托系列投影的计算公式，首先将点云在 UTM 投影下的平面坐标转换为大地经纬度，然后由大地经纬度计算点云在高斯—克吕格投影下的坐标。

（2）高程转换。由大地高计算正常高的公式为：

$$H_{常} = H_{大} - \zeta \tag{5-1}$$

式中，$H_{常}$为正常高程，m；$H_{大}$为大地高程，m；ζ 为高程异常，m。

在项目测区范围内按一定间距选取若干个格网点，利用似大地水准面精化成果计算得到各格网点的高程异常值。可采用一个完全二次多项式来拟合测区内各位置的高程异常，即

$$\zeta = Ax^2 + Bxy + Cy^2 + Dx + Ey + F$$

式中，A、B、C、D、E、F 为多项式系数；x、y 为变量。

6）DEM 生成

经过地面滤波和坐标转换后的点云数据，是一系列离散点的集合，需经过一定的内插方法来生成规则格网的 DEM。常见 DEM 内插方法有线性内插（基于 TIN 的内插广泛采用这种简便的方法）、双线性多项式内插、二元样条函数内插、多面函数法、最小二乘配置法、有限元法、移动曲面拟合法和加权平均法等。理论和实践证明，只要地形结构线上有足够密集的点，在去除了“平三角”缺点的三角形上进行线性内插，基于 TIN 的内插效果就很好。使用基于 TIN 的内插方法生成规则格网的 DEM，首先对点云构建 TIN，然后判断规则格网点所在的三角形，以该三角形的 3 个顶点确定一个平面，继而内插出格网点的高程值。

实践经验表明，由机载 LiDAR 数据生成的 DEM，高程中误差可控制在 0.5m 以内，精度可满足一般管道线路 1∶2000 比例尺地形图的应用要求。

3. 机载 LiDAR 的特点及适用性

机载激光雷达测量的技术优势主要体现在以下几个方面：

（1）采用主动性工作方式，主动发射测量信号，通过自身发射激光的反射来获取目标信息，不受天气条件限制，能全天候实施对地观测，具有独特的优势。

（2）发射的激光脉冲具有很强的穿透能力，能获取部分植被覆盖地区的真实地面三维

地形信息。

（3）能快速获取大面积空间信息。

（4）逐点采样，采样点之间的间距小，密度大。

（5）作业安全，能在危险地区（地形困难地区和安全局势危险地区）高速且不接触地面采集数据，减少作业危险系数。

（6）作业周期快、效率高、产品丰富，实效性强、数字模型建立高效精确。

传统的人工测量在平原、地质条件较好地区，可以发挥出机动性、灵活性、快速性优势，较机载激光雷达测量，拥有快速、精确、人员投入较少、成本较低的优势。但在高山区地带，地质条件复杂，气候相对恶劣，安全局势严峻，人工测量技术基本无法实施，而机载激光雷达技术能发挥全天候、全地形的强大优势，获取地面三维数据。

机载激光雷达作业不需要太多地面控制点，而且激光点云数据密度大，生成成果较常规测量，具有速度快、效率高、成果丰富的优势。

DEM 结合正射影像可以为工程设计人员提供大量地形和测量信息，在室内模拟各种方案，进行方案比选，可减少野外工作量。LiDAR 能直接获取三维坐标，高程精度高。基于 LiDAR 的 DEM 与传统 DEM 相比，描述地形特征更加准确细致，对微小地形起伏，也能准确表达出来。测量成本低，数据处理自动化程度高，制图快速，测量成果丰富。

由于管道线路测量只需要测量线路及周边地区，机载 LiDAR 技术为管道周边地形数据采集带来了传统测绘手段不具有的应用模式和技术优势。机载 LiDAR 测量采集数据较容易，再配合使用一些常规手段补充缺失数据，修正特殊地区点云数据，做强质量控制，可大大提高管道基础数据采集效率和数据资料的质量。

LiDAR 技术在应用中也存在一定的局限性，例如在植被茂密的地区，只有少数激光点能穿透植被，在这种情况下点云数据无法正确地反映实际的地形特征。因此，在南方植被茂密的地区，要选择冬季或其他合适的季节进行航飞，同时应加强外业调绘和补充测量工作，以保证数据的可靠性。

综上，机载激光雷达技术作为一项先进的三维空间遥感技术，能精确快速地获取地面三维数据已得到广泛认同。随着机载 LiDAR 的数据分析、处理软件的提高和成熟，快速为管道周边基础数据采集提供高精度测绘成果，机载激光雷达技术的应用将会逐步普及。

第三节　管道数据模型

模型是一种描述客观现实的抽象技术。数据模型（Data Model）是描述数据如何表示、如何访问的抽象模型，常用来定义特定领域的数据元素和数据元素之间的关系及行为。顾名思义，油气管道数据模型主要定义了管道全生命周期管理过程中所关注的事物及关系。具体来说管道数据模型明确了数据采集内容、标准及数据的组织结构，基于数据模型可制定规范化的数据采集表单模板，建立数据库结构，同时为应用软件统一了编辑数据的行为规则，为数据维护提供统一的数据处理规则。

国外用于油气管道的数据模型主要有：PODS（Pipeline Open Data Standard），APDM（ArcGIS Pipeline Data Model），UPDM（Utility Pipeline Data Model），GDDM（Gas Distribution Data Model），ISAT（Integrated Spatial Analysis Techniques），ISPDM（Industry

Standard Pipeline Data Management）。其中，ISAT 和 ISPDM 是早在 20 世纪 90 年代，由 GTI（Gas Technology Institute）、欧洲天然气研究院分别根据工业标准的关系型数据库管理系统设计形成的，已基本退出历史舞台。目前使用最广泛的模型是 PODS、APDM 以及 UPDM。国外主要管道数据模型的历史如图 5-14 所示。

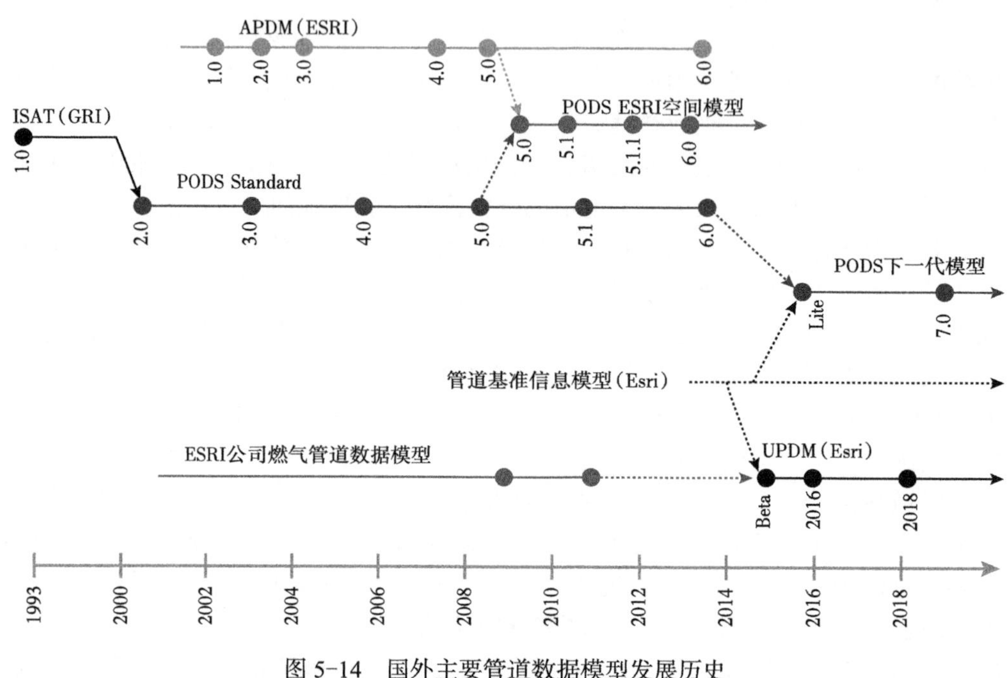

图 5-14　国外主要管道数据模型发展历史

中国石油天然气集团有限公司于 2004 年开展相关技术研究，形成了 PIDM（Pipeline Integrity Data Model，中国石油管道完整性数据模型），目前广泛应用于国内油气长输管道的完整性管理领域。

本节将对目前国内外油气管道数据管理领域主流的管道数据模型进行介绍，对 PODS 模型、APDM 模型及国内的 PIDM 模型的研发组织、主要数据实体、适用范围等做简要说明。同时对管道 PODS 模型、APDM 模型的主要特点进行对比分析，提出数据模型选型和优化定制的相关建议，可供管道运营企业在管道信息化建设过程中参考。

一、主流管道数据模型简介

1. PODS 数据模型

PDOS 模型是由国际上的管道运营商、服务供应商、数据供应商及相关政府机构共同开发和管理的数据标准，代表了长输管道行业共性的需求和最佳实践，具有重要参考价值，在国内外应用十分广泛。PODS 数据模型为管道运营商提供全面、开放、厂商中立，高可扩展的企业级数据库架构设计，是管道记录和位置信息的最佳实践集成平台，支持和维护超过 130 家 PODS 协会成员公司。同时 PODS 协会与 NACE 协会联合发布了外腐蚀直接评价等管相关配套数据交互标准。

PODS 数据模型由 ISAT 衍生而来，其最初版本的很多表均继承 ISAT 数据模型，

其核心表都是依据拥有管道里程最长的原 Williams 天然气管道公司的实际运营经验而提出。PODS 模型最早于 2001 年发布 PODS 2.0 版本，包括 70 张数据表。中间不断进行升级，目前主流应用的版本为 PODS7.0，于 2019 年发布。其发展历程如图 5-15 所示。

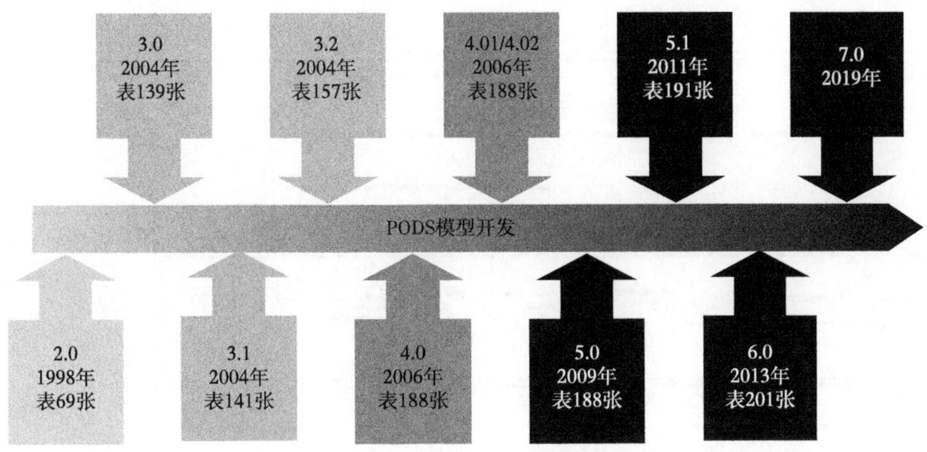

图 5-15　PODS 数据模型发展历程

PODS 的目标是不依赖于任何 GIS 软件。在实现 PODS 数据模型时，可以使用 PODS 协会已经发布的数据定义语言（DDL），使用该 DDL 建库将会自动应用其中内建表之间的完整性约束，快速建立管道数据库结构。该模型克服了 ISAT 的诸多缺陷，在数据库标准化、管道检测监测、GIS 应用及管道工业的一般业务活动之间具有衔接作用。具体而言 PODS 模型具有以下特点：

（1）一个内容广泛的数据模型；

（2）主要用于和管道相关的管道运营管理、完整性管理业务；

（3）专门为液体和气体管道设计；

（4）专门为集输、分输管道设计；

（5）一个开放式的标准；

（6）由管道行业的志愿者组成的技术委员会专门设计管理。

PODS 6.0 版共包含表格 201 张。6.0 版将 PODS 标准分解为 31 个模块（Module）。每个模块可以独立实现，模块同时也有一定的依赖条件。这种模块化的方式目的是提供给运营商根据其具体需求裁剪 PODS 实现的灵活性。具体的模块划分方式如图 5-16 所示。

模块即具有相同功能的一组表的集合。核心模块 Core Module 是一个基础模块，必须按照规定实现，所有其他表都依赖于 Core Module 中的表。模块的划分标准：（1）同一个模块中的所有表有相同的模块名；（2）必须实现的 Core Module 包含所有实现 PODS 骨干所必要的表格；（3）可选的模块要求 Core Module 被实现；（4）每个模块只依赖其直接的父模块，而不相互依赖。功能的相互依赖性被尽量消除和减小了。

管道运营商可以选择实现 PODS 模型的哪些部分，只选择他们运行所需的模块和适当的实现方法。运营商可以采纳针对特定模块的更新，只要所有实现的模块都兼容于已发布的所有依赖关系。

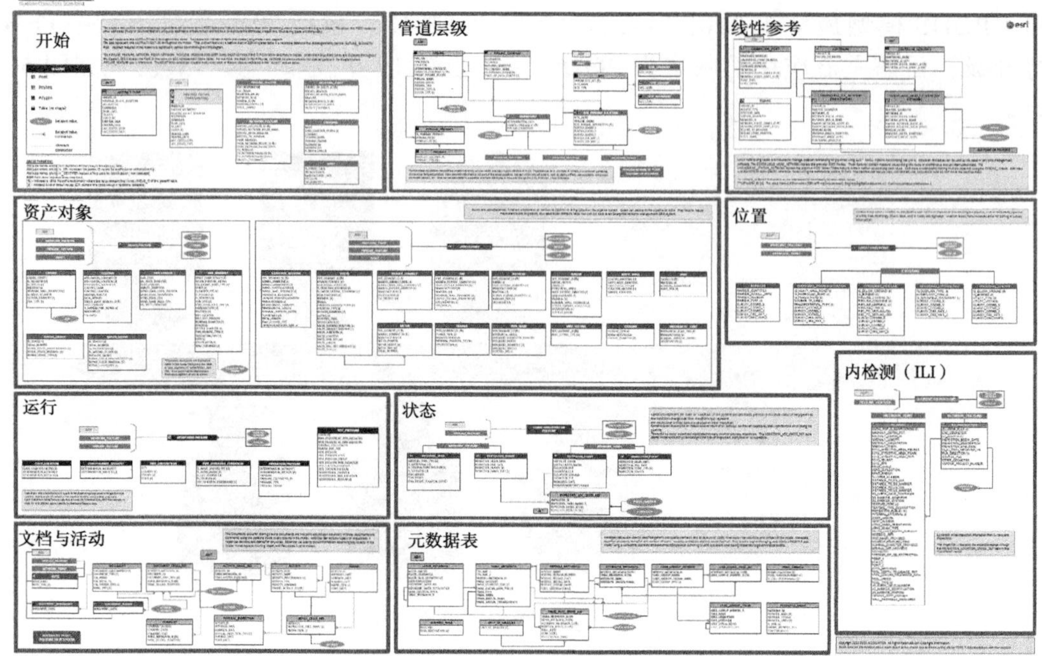

图 5-16　PODS 数据模型模块

PODS 协会可以发布针对特定模块的增加或修改，而不必更新整个 PODS 标准。PODS 协会可以开发并发布针对特定需求的具有目标功能的单独模块。PODS 中的表还可以按照其作用进行划分。

2.APDM 数据模型

APDM（ArcGIS Pipeline Data Model）是 ESRI 公司和其他一些大型管道企业共同制定的一个面向管道行业应用的 GIS 数据模型，用于存储、收集和传输管道（包括气体和液体系统）相关的要素信息。

ArcGIS 管道数据模型（APDM）用于存储、收集和传输与管道（尤其是气体和液体输送管道系统）有关的要素信息。APDM 是专门基于 ESRI 地理数据库（Geodatabase）而设计的，数据库用于 ESRI 公司的 ArcGIS 系统平台。地理数据库是一种将地理数据作为工业标准的关系型数据库管理系统（RDBMS）中的要素来进行存储和管理的对象关系型构架。

APDM 是在 ESRI 公司的协调下，由 Peter Veenstra 等人组成的 ESRI 管道兴趣组指导委员会和技术委员会开发的。该技术委员会包括了来自管道企业和油气销售企业的代表。ESRI 使 APDM 的开发与应用能更好地服务于客户需求。ESRI 具有 APDM 的所有权，控制着 APDM 用户群体的授予权。

APDM 并没有认为其自身是一个标准，该模型意在为用户提供最佳实践建议，因此 APDM 并未设计成一个综合的或者包含所有方面的模型，而是设计成了一个模板，管道企业可以通过它从模型的核心元素开始，并通过添加要素或改进现有功能来修改模型。

APDM 模型最早由于 2002 年 3 月设计完成，并于次年在圣迭戈举行的 ESRI 用户大会上发布。后来国内将其引进，开展了测点应用。其典型框架如图 5-17 所示。

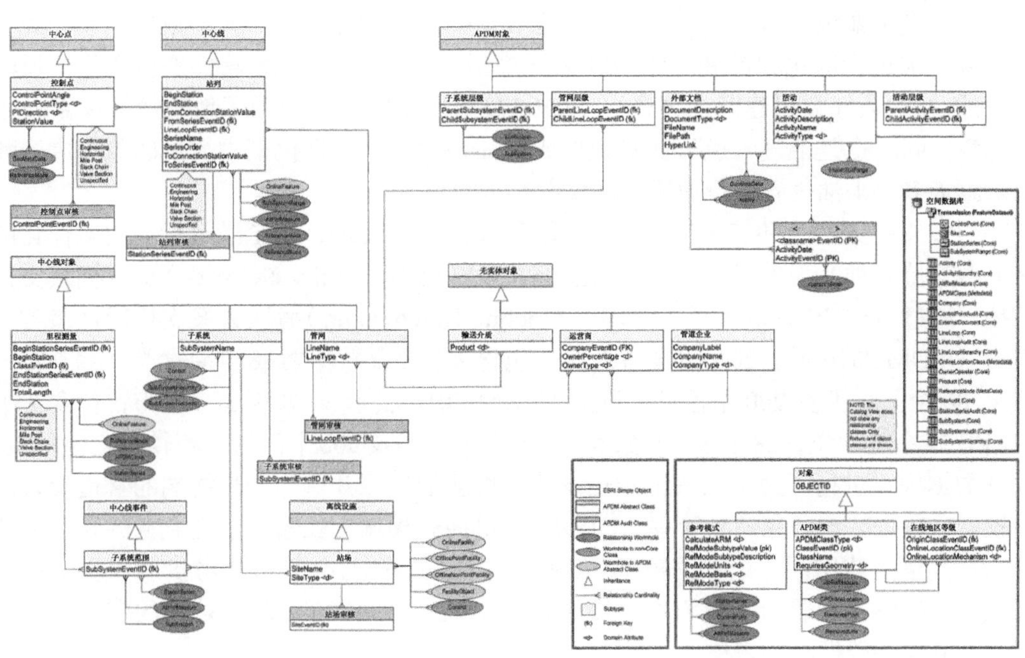

图 5-17　APDM 数据模型框架

APDM 的设计基础是 ESRI 公司的 Geodatabase 空间数据库。这是一种将地理数据作为关系型数据库中的要素进行存储和管理的对象关系型框架。APDM 模型中的要素类最初主要来自 ISAT 和 PODS 模型中所包含的表；其最初版本主要属性均可在 ISAT 和 PODS 模型的属性表中找到，后续的更新过程中不断借鉴吸收了 PODS 等数据标准的内容。地理数据库与 APDM 模型通过关系型数据库引擎连接在一起。APDM 模型不能使用标准结构化查询语言（SQL）或其他数据访问技术［如开放的数据库连接（ODBC），或微软 ActiveX 数据对象（ADO）］进行直接访问，因为企业级 Geodatabase 提供了一些高级的应用（如域值约束和多版本机制），定制和访问存储于其中的数据的基本方法是通过 ESRI 公司的核心组件模型 ArcObjects。APDM 数据模型的主要特点如下：

（1）APDM 数据模型是一个内容广泛的数据模板，由 APDM 的技术委员会管理；

（2）以管道中心线管理为核心，所包含的其他内容包括管道设施、基础地理等为用户自行选择；

（3）专门为油气管道设计；

（4）强大的 GIS 功能，依附于 ESRI 的油气管道数据模型。

APDM 模型设计时包含了约 80% 的管道企业对管道本体及周边地质灾害管理常用标准要素，且在制作模型库时包含了当前的热点术语，如管道检测、高后果区域、风险分析等。APDM 以模板的形式进行设计，所有用户均能以模型的核心元素为基础，通过添加要素或提炼现有要素来定制模型。

3. UPDM

与 APDM 数据模型类似，UPDM（Utility and Pipeline Data Model）是 ESRI 公司集合油气管道行业和学术专家研究制定的基于地理数据库的一种新的数据模板。UPDM 为管道运营企业提供了聚焦于行业的最佳实践作为数据模型设计的起点。大多数用户基于此模板针对自身需求进行优化和扩展。UPDM 数据模型需要基于 ArcGIS 软件平台工作，反映了 ESRI 视角下的最好数据建模的方式。UPDM 数据模型既充分利用了地理数据库新技术的强大优势，同时也是油气管道行业知识形成的知识库。该数据模型中大量的数据内容和结构都来源于多年来油气管道行业用户的实践经验反馈。

UPDM 支持天然气和有害液体管道运输行业的数据管理，为了满足行业内多样化的需求该模型支持多种实现模式，特别是通过公共设施网络（Utility Network）实现模式支持网络拓扑，通过 ArcGIS 管道参考（ArcGIS Pipeline Referencing）解决方案支持线性参考的实现模式。UPDM 2016 版于 2016 年 1 月发布，包含 2 个要素数据集 88 个要素类，44 个表（对象类），86 个关系类及 200 个值域。随后 UPDM 2018 版于 2018 年 3 月发布，包含 2 个要素数据集 57 个要素类，28 个表（对象类），35 个关系类及 308 个值域。相较于之前的版本，UPDM 数据模型进行了适度的去范式化设计，将从油气源井口到用户终端的管道设备设施通过较少的数据表统一存储和管理。UPDM 使得拥有集输、长输、配送业务的管道运营企业可以垂直整合使用同一个数据模型。UPDM 实现了 ArcGIS 管道参考扩展模块工作所需的系统表，能够支持管道扩展模块。目前 UPDM 已经发布 2023 版，较大的变化为进一步优化了管道检测数据相关表格。

4. PIDM

基于 APDM 数据模型在面向对象的数据表达及灵活性、通用性方面的优势和我国石油管道建设的需求和特点，中国石油以 APDM 模型为标准原型模型，建立了油气管道完整性数据模型 PIDM。PIDM 数据模型建立时保留了一些管道共性要素的同时，增加了新建管道的内容，包括设计中线、设计里程桩等，还为维护数据增加了参考模式的概念，为工程图系统加入了工程图的相关内容，为管道完整性录入系统、维护系统、工程图系统提供底层的服务。

中国石油建立的中国石油管道完整性数据模型（PIDM），如图 5-18 所示。

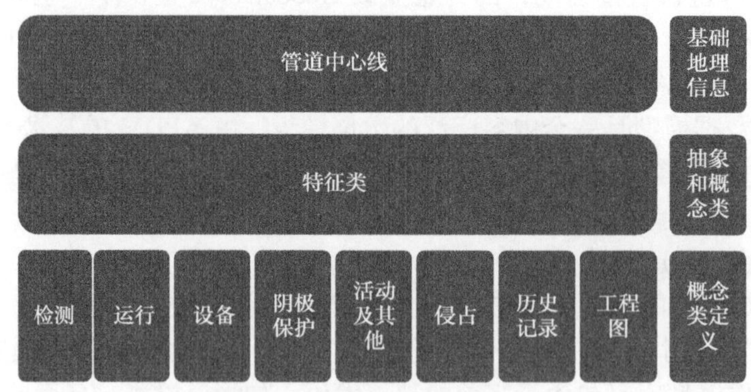

图 5-18　PIDM 数据模型

模型主要包含以下 12 部分内容：

（1）抽象和概念类：定义了整个模型的逻辑关系、结构关系、位置规则、继承规则，将所有的数据库表分为纯属性表和要素类，并规定了最高级抽象类，在线点、在线线、离线点、离线线与管道中心线的关系，是整个模型的基础；

（2）管道中心线：定义了管道中心线是由控制点和站列组成，以及管网和子系统与管道中心线的逻辑关系，设计中线也定义在这部分；

（3）设施：主要是管道的干线设施，包括阀、防腐层、套管、异径管等要素；

（4）检测：主要包括管道常规的内／外检测结果和检测缺陷的分类；

（5）侵占：主要包括管道占压建筑、路权、地下管网等要素；

（6）运行：主要包括管道日常平均运行压力、运行温度、高后果区等要素；

（7）阴极保护：定义了管道常规的阴极保护系统，包括阳极地床、牺牲阳极、恒电位仪等要素；

（8）管道风险：定义了风险评价的相关内容，包括风险源、管段风险、失效可能性、各种成本及社会风险、个人风险等；

（9）事件支持：定义了一些闲散的属性表，包括公司、地址、联系人及活动等相关信息；

（10）历史记录：主要是用于保留由新建管道过渡到正式运行阶段一些废弃设施的历史记录；

（11）基础地理：定义了管道周边的基础地理环境，包括公路、铁路、河流、断层等基础地理信息；

（12）工程图：主要用于在完整性工程图系统中，生成工程图时所用到的工程图边界、地图边界要素。

管道数据模型中涉及的一些术语与定义解释如下：

（1）要素类。

空间数据库与普通数据库的最大不同之处就在于它能够存储事物的空间信息，这主要包括空间的坐标系和图形信息（包括点、线、多边形），并以二进制的形式存储在数据库中。对于这些包含空间信息的事物本标准统称为要素类，而只保留纯属性信息的称为对象类。

（2）位置关系。

管道要素根据与管道中心线的位置关系分为在线和离线两种位置关系，根据不同的要素类型又分为在线点、在线线、离线点、离线线和多边形，如图 5-19 所示。

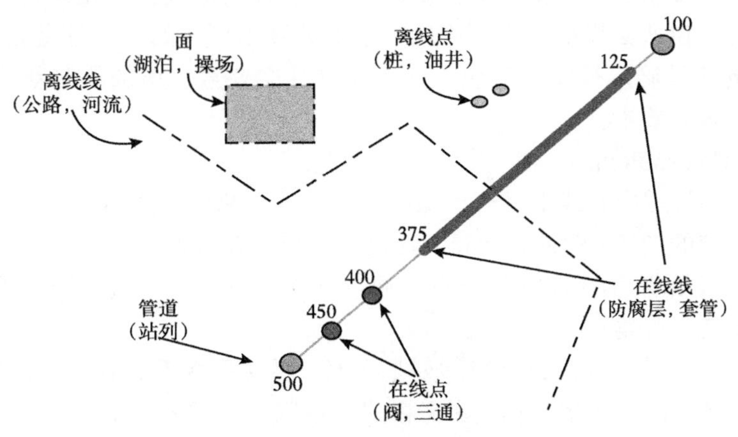

图 5-19　PIDM 位置关系

（3）在线点要素（OnlinePoint）。

在线点要素是根据管道设备与管道的位置关系而确定的一类要素，点要素一定在管道中心线上，如阀、三通等。在线点要素存储于已知 M 值（可选，Z 值）的点要素类中。通过线性参考，在线点要素可以直接定位在管道上。

（4）在线线要素（OnlinePolyline）。

在线线要素是根据管道设备与管道的位置关系而确定的一类要素，线要素一定在管道中心线上。例如，套管、防腐层等。在线线性要素存储于已知 M 值（可选，Z 值）的线要素类中，在图形形状上受管道中心线限制并与其一致。通过线性参考，在线线要素可以直接定位在管道上。

（5）离线点要素（OfflinePoint）。

离线点要素是根据管道周边事物与管道的位置关系而确定的一类要素，点要素不在管道中心线上，如桩、建筑物等。离线点要素存储于已知 M 值（可选，Z 值），并偏离中心线定位的点要素类中。离线点要素需要通过地理坐标来定位。

（6）离线线要素（OfflinePolyline）。

离线线要素是根据管道周边事物与管道的位置关系而确定的一类要素，管道中心线可能与其交叉或在其旁边，如公路、河流等。离线线性要素存储于线要素类中。离线线性要素可能与管道中心线在多个位置相交，因此一个离线的线要素可能有一个或多个在线点位置。离线线要素需要通过地理坐标来定位。

（7）多边形要素（OfflinePolygong）。

多边形要素是根据管道周边事物与管道的位置关系而确定的一类要素，管道中心线可能通过离线多边形或在其旁边，如湖泊、操场等。离线多边形要素存储于多边形要素类中。离线多边形要素可能与中心线在多个位置相交，因此一个离线的多边形要素可能有一个或多个在线点位置。离线多边形要素需要通过地理坐标来定位。

（8）核心要素。

核心要素是 APDM 模型中的基础要素，核心要素的属性是不变的，PIDM 完全继承了 APDM 模型的核心要素。它们提供了线性参考（里程定位）机制，以把管道上的各种行为事件定义成为几何要素（点、线、多边形）的动态事件。这些核心元素是中心线维护和管道其他要素里程定位所必需的。模型中的其余部分则是可选的，并且是完全可以定制的。用户所需要做的就是确定模型中应包含或不包含什么要素，增加哪些新的要素。以下是 APDM 模型中的核心要素：

①控制点（ControlPoint）。

控制点是指在管道中心线上具有已知地理位置坐标和里程值的点，包括站列要素的起点和终点、沿站列的变形（弯曲）点或者管道交叉点。在数据采集过程中，控制点可以是沿管道的转角桩或沿管道的 GPS 测量点，通过这些点可以在管道系统中明确描述管道的走向。控制点是点要素类。

控制点定义了管道中心线，且与站列是多对一的关联关系，在一个给定参考模式下，每一个站列要素是由两个或多个相同参考模式的控制点组成的。每一个控制点则是站列的一个拐点（包括终点）。控制点存储的里程值可以用于设置站列顶点的 M 值，用于定位所在站列的位置。

控制点的子类表示不同类型的线性参考度量系统，用于沿管道中心线进行里程定位。根据惯例，每一个控制点必须至少拥有一种控制点参考模式（以连接其他站列的站列终点为例，该控制点的里程必须有两个相同参考模式的控制点）。这种规定的原因在于不同参考模式可能不会共享具有相同度量的系统。

②站列（StationSeries）。

在管道系统中管道中心线由站列组成，而站列由控制点依次组成。站列是通过已知 M 值（可选，Z 值）的连续的折线段描述的一段管道，是为管理管道而引出的逻辑上的概念。其中，M 代表里程，Z 代表高程。站列是线要素类，每个站列记录都具有起止里程值。

模型中所有在线要素都需要引用站列的参考模式。每个站列要素都是指定起始/结束里程的路径。站列要素中的每个顶点可以是一个指定里程值。沿站列路径的点和线性事件可以通过指定 StationSeriesEventID 和里程值作为要素属性来定位。线性事件必须开始和终止于同一站列（路径）。

模型中实现了站列和每个在线要素类一对多的关联关系，这种关系是模型的核心对象。每一个在线要素定位于站列上，在线要素通过关联关系被约束在其所定位的站列上。同样站列与控制点之间是一对多的关系，这种关联关系具体表达了站列是由两个或多个控制点组成的概念，并且每一个关联控制点对应于站列的拐点。图 5-20 具体描述了控制点与站列的关系。

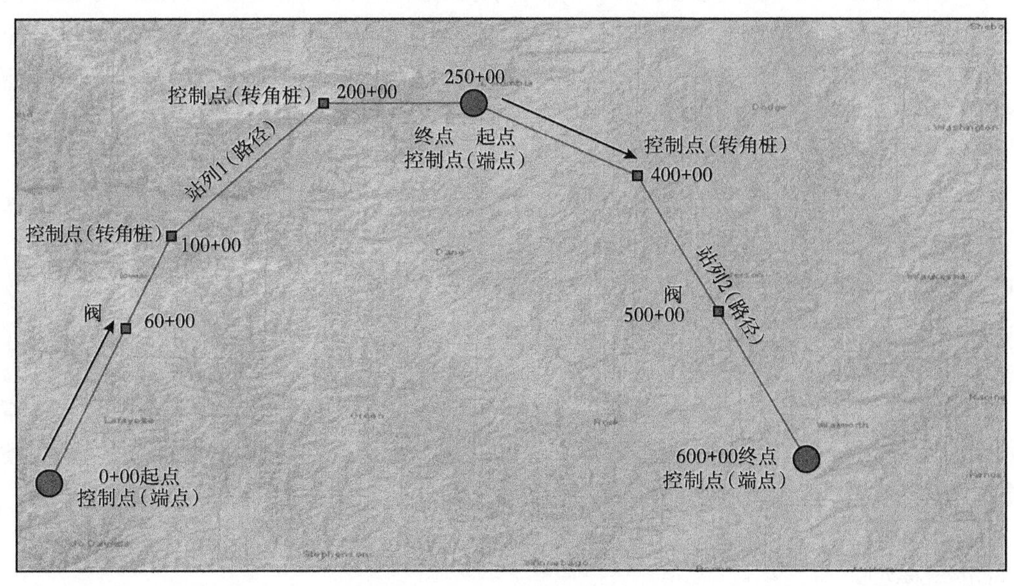

图 5-20 控制点与站列关系

③站场（Site）。

站场要素类是多边形要素类，没有 M 值和 Z 值，是用来存储各种不同站场和其他地产的多边形边界。站场边界要素可能用来定义通道、地产、临时工作区和大型管道联合体（如分输站、压缩站、清管站、阀室）的边界。站场要素也可能用来划分管道里程的界限。

站场通过 SiteEventID 实现了与所有在线要素和离线要素类的可选的一对多的关联关

系。这种核心关联关系类型允许根据需要将设备要素与站场相联系。这种情况下，设备的一部分仍然可能存储在模型中并通过与站场的关联关系来获取。

④管网（LineLoop）。

管网是指按照管道之间的层次关系对管道进行分类、组织、管理，用于存储管道的描述性信息，例如，中国石油管网 → 管道公司管网 → 东北管网。管网是以对象类的形式存在，并不包含任何图形信息。通过管网和站列的关联关系来管理管道数据，每个站列可能属于一个或多个管网对象，而一个管网对象可能是一个或多个管网的父管网。

⑤子系统（SubSystem）。

子系统是指按照各管道公司的管辖区域、省、市地理边界等地界范围对管道进行分类、组织、管理。例如，兰州子系统、四川子系统。它是对象类，不包含任何图形信息。通过子系统的 PolygonEventID 和省、市政边界等多边形要素的关联关系以及子系统范围和站列的关联关系来管理管道数据。

⑥活动（Activity）。

Activity 是对象类，规范管道上的行为和受该行为影响的事件。具体来说，Activity 对象类中的行存储了影响管道上一个或多个事件或要素行为的信息。常见行为包括操作次序、检测、开挖验证。

Activity 对象类与审计（Audit）对象类之间是一对多的关系，这种关系类型是 APDM 模型的核心关联关系。任何涉及 Activity 的对象或要素类必须实现与 Audit 对象的关联。这些关系模型实际表明一种行为可以有一个或多个（不同类型）行为或参与行为的事件。

Activity 对象类与外部文档（External Document）对象类是多对多的关系，因为可能有多个文档挂接到一个管道设备上。反之，一个文档可能与多个活动相关。

⑦度量参考（AltRefMeasure）。

AltRefMeasure 是对象类，用来存储所有在线要素的度量系统的里程信息。在线点要素类的里程属性以及在线线要素类的起始里程和终止里程属性仅存储了初始度量系统的里程值。AltRefMeasure 类提供了改变度量系统后存储里程值的方法，同时也适用于初始度量系统。

（9）PIDM 逻辑 / 物理模型。

PIDM 模型分为逻辑模型和物理模型两类，都是通过 UML 语言来描述的，通过需求分析抽象出现实世界的管道，并在模型中定制数据内容、属性、类型和结构关系，以建立数据库。模型一经确定，便确定了整个管道完整性数据库的存储内容、数据类型标准、逻辑关系。

①逻辑模型。

PIDM 逻辑模型是完整性数据库结构的一种示意图，以简洁明了的形式说明数据库的复杂构造，是物理模型和数据库的设计基础。主要描述了数据库包含什么内容，以及他们之间是什么关系。逻辑模型通过 UML 描述了具有复杂关系的若干对象图，包括对象类、要素类、子类型、阈值、关联关系、抽象类以及继承关系等。

②物理模型。

PIDM 物理模型是用 UML 工具创建的一种数据库静态结构图，它将数据库中的特征定义为 COM 对象，并在对象内封装了属性和行为。物理模型可以通过建模工具直接导出

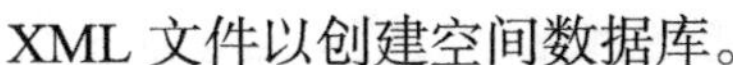

XML 文件以创建空间数据库。

二、数据模型选型及定制

作为国际上主流的管道数据模型，APDM 和 PODS 模型涵盖内容非常丰富，其他数据模型开发过程中基本都借鉴了这两种模型，因此以下对这两种模型进行简要对比分析。数据实体范围方面二者包括管道中心线、防腐、设施、阴极保护、基础地理、侵占、运行等常用的管道数据内容，都为管道运营商根据自己管道的特点提供了可选的需求，并且自己可以通过 UML 建模工具进行扩展。这两个模型的相同之处可以概括为：

（1）两个模型都可用于油气管道的长输管网和集输管网；

（2）支持线性参考和绝对里程的方式，进行要素的定位；

（3）都有强大的技术支持和管理机构，以及相应的支持软件；

（4）都可以和 GIS 相结合；

（5）拥有相当数量的客户群体，可以根据自己的需求通过 GIS 软件开发商来确定解决方案。

当然，作为两个相互独立的数据模型，这两个模型各自的优势和不同之处主要体现在以下方面：

（1）APDM 是一个带有一系列核心要素的模板，即是一个标准的数据库模板，用户可以根据自己的需求定制、扩展这个模板，它并不是专属于某个管道企业或商业机构，而是通过实施这个模板来最大限度地满足管道运营商和软件开发商的互操作性，它提供给管道运营商一个根据自己需求定制模型的机会，有利于管道运营商更好地对软件开发商解释自己的管道并提出自己的需求。

（2）PODS 是一套已认证的标准表结构，其定义了大量的管道要素来描述管道。使用 PODS 表结构意味着使用 PODS 所制定的标准，是否需要实现具有 GIS 功能数据结构称为管道运营商提供了一个可选项。

（3）PODS 描述了管道数据库中广泛的内容和结构，而 APDM 更多的是描述了当编辑这个数据库时，这些要素的行为规则。

（4）APDM 建立的是一个 ESRI 的地理数据库，其拥有强大的 GIS 功能，遵循 ESRI 标准的空间参考、拓扑规则。而 PODS 是一个传统的关系型数据库管理系统，将空间参考和拓扑关系存储在数据库表中，本身不强制要求实现 GIS 能力。PODS ESRI Spatial 版本提供了基于 ESRI 地理数据库的空间数据库模型实现。

可见，PODS 是一套标准的数据库表结构，其给管道运营商提供了一个选择 GIS 软件的机会。APDM 是一个标准的数据库模板，可提供管道运营商一个根据自己需求定制模型的机会，且 APDM 依附于 ESRI 空间数据库，是一个企业级的对象关系的数据库管理系统。

此外在开发和制定管道数据模型的过程中应参考国家和行业相关监管部门的数据报备要求。例如美国联邦监管法案 CFR 191.29 和 CFR 195.61 要求管道运营商向其国家管道地图系统 NPMS 提交数据，NPMS 通过发布 *NPMS Operator Standards* 对数据提交要求作具体规定。2017 年 4 月版本 *NPMS Operator Standards* 的中对数据位置最低精度要求为 ±500ft(±152.4m)。NPMS 是一个功能全面的 GIS 系统，可提供危险液体与气体输送管道、液化天然气厂的位置和属性数据，不包括集输管道和配送管道的数据。管道运营企业提交给 NPMS 的数据主要包括函件封面、元数据、地理空间数据、属性数据、公共联系信息等 5 个组成部分，如图 5-21 所示。PODS 等数据模型的开发过程中专门包含了 NPMS 运营商数据标准所规定的数据提交内容及相关属性。

地理空间数据	属性数据	元数据	联系信息
数字数据，以点或线型式标记管道、LNG工厂及缓冲罐位置。 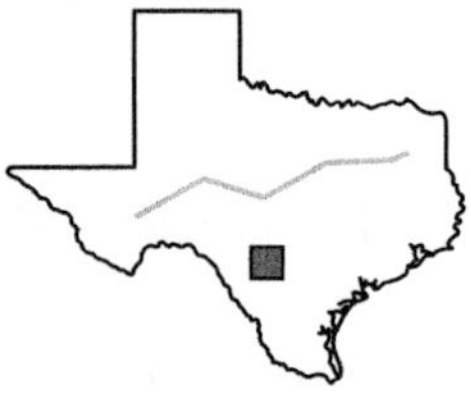	计算机数据库文件，包含管道或LNG工厂的描述信息。每个管段对应1条记录。 管道属性表 描述字段1 描述字段2 描述字段… LNG属性表 描述字段1…	关于地理空间数据和属性数据采集处理过程的描述信息。包括基准面、坐标投影及度量单位	作为管道系统联系人的个人或机构信息。包含个人的姓名、职位或机构名称，地址，电话及电子邮箱信息

图 5-21　NPMS 数据提交内容

我国政府监管部门尚未明确提出统一的管道数据提交标准。但现行《中华人民共和国石油天然气管道保护法》提出了管道建设选线方案、竣工测量图、管道事故应急预案等数据报备要求。按照国家自然资源部的统一要求，2018 年 7 月 1 日后自然资源系统将全面使用 2000 国家大地坐标，系涉及空间坐标的报部审查和备案项目，全部采用 2000 国家大地坐标系。各级地方政府近年来也推动开展了大量地下管道普查工作，对管道属性数据内容及空间数据的坐标系、比例尺、管道点选取类型、测点间距、单点平面精度、单点高程精度等方面提出了技术要求。在管道企业在借鉴和定制开发管道数据模型过程中应注意满足相关的监管要求。

三、数据处理

随着数据采集技术手段的进步，管道数据的精度不断提高、数量迅速增长，一方面为管道管理的科学决策提供了更充分的事实依据，为管道深入精细化管理带来难得的机遇，但同时也对数据的综合管理和分析处理技术提出了挑战。管道数据采集技术和管道数据模型分别解决了数据源头采集和数据入库后组织架构问题，本节主要介绍数据管理中间过程即处理及分析中所涉及的数据校验和对齐整合技术。

1. 数据校验

管道完整性数据采集的内业、外业工作结束后，应对所形成的数据资料进行必要的校验。数据质量检查主要集中对以下几个方面的指标进行审核：

（1）首级控制网点位设置及观测计算方法和精度；

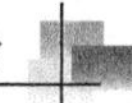

（2）各坐标系卫星影像的配准精度；

（3）矢量地理数据的内容及正确性；

（4）外业测量成果的精度及刺点情况；

（5）标志桩埋设情况；

（6）属性调查的完整性、正确性；

（7）所需比例尺影像图、线划图整饰及精度；

（8）对地形图、影像图数据格式的校验，包括数据格式、拓扑关系、图层划分、地类代码等；

（9）对管道调查数据及其属性的校验，包括属性信息、连线关系等；

（10）对沿线属性调查信息的校验，包括属性的连续性、一致性和完整性等；

（11）对数字化管道专职人员、组织机构、数据采集设备进行检查；

（12）对审核后的数字化管道数据现场纸质填写记录进行检查；

（13）对已填报数字化管道设施坐标数据进行复核并检查数据采集、填报的及时性；

（14）对数字化管道采集的照片、属性信息数据进行复核检查；

（15）对数字化管道穿跨越地下设施障碍物处的数据重点进行复核检查；

（16）对三桩、三穿工程记录数据重点进行复核检查；

（17）对站场、阀室、通信光缆等记录数据进行复核。

其中内业、外业质量检查主要包括以下几部分内容：

（1）监理单位进行监理和质量监督检查。监理规划和监理细则中的有关规定，是监理单位对施工承包商管道完整性数据采集和资料数字化工作进行监理的基本依据。其监理工作的内容和范围应随着管道完整性数据采集和资料数字化建设的逐步完善而有所拓展。监理单位应具有专职数字化人员，持证上岗。在测量开始前和施工过程中区段监理应对施工单位相关仪器的校核情况进行检查，保证相关仪器能达到数字化要求。施工承包商有关管道完整性数据采集和资料数字化填写及汇总过程应纳入区段专业监理工程师或监理员的工作范围，对每日施工承包商上传的数据进行审核。根据数据正确性确认其通过或者打回。在测量开始前和施工过程中区段监理应根据需要监理部按一定比例进行数据抽查，并保存抽查记录。发现问题要责令相关单位及时整改。发现不据实填报数据的，监理部应责令整改并对事故单位进行通报。如事后发现已经上传的数据出错，专业监理工程师应找出数据错误原因，责令施工承包商改正错误；错误改正后承包商重新上报，由监理进行确认。

（2）建立检查和验收制度。一般而言，应该建立质量三级检查和一级验收制度。在质检时从录入扫描数据的正确性、完整性及录入各要求间的拓扑关系等方面检查。正确性：图形各要素的表示方法是否合理，满足规范要求；录入的属性数据是否正确无误。完整性：属性数据的关联关系是否正确，信息是否完整录入。拓扑一致性：拓扑处理后的数据是否满足 GIS 的数据标准。

一级质检：作业人员按照项目要求对自己所做的成果、半成果进行自查；二级质检：项目进行过程中分组的项目组长或者技术人员不定时对各个属性表进行抽查；三级质检：所有数据完成在提交甲方前，组织项目骨干成立数据检查校验组，对完成的数据进行整体全面检查。

（3）作业人员的经济效益不但与作业数量，而且与作业质量挂钩。

（4）使用先进的技术设备提升工程质量，尽可能采用先进的技术、方法、设备。如编制专门的数据质量检查程序，提高数据检查的速度和准确度，以降低人工错误率。

（5）明确质量责任，提高作业人员质量意识，促进质量的提高。产品质量主要靠作业人员做出来，不是靠检查员查出来的。在开工后由质检部对首批数据产品、半成品进行抽查，发现作业中的问题及时处理。

（6）建立质量跟踪档案，对成果质量终身负责。对重大技术问题由专人不定期同管道企业技术人员交流。

（7）配备专业技术熟练、素质高的作业员到项目作业组，并对其进行岗前技术培训。培训合格者方可上岗，以保证整体作业队伍的技术水平，为高标准、高质量完成整个工程奠定基础。

除数据采集过程质量控制和成果验收检查之外，按照数据模型要求进行数据处理及录入数据库过程还需要基于数据模型规则进行检验。例如，基于中国石油开发的“油气管道完整性管理数据维护系统”，可以以地理信息技术为手段对在线点、在线线、主域等进行校验。各功能描述如下：

（1）管道自相交校验。

管道相交检查主要用来检查管道中心线的正确性，在绘制管道时，管道的中心线由控制点的里程排列后生成。在这里我们通过检测管道控制点的准确性来防止管道自相交。

（2）在线线校验。

在线线是一种有向线段，每一条线段的终点里程应该大于起点里程。没有起点或是终点的线段是错误的。同时，起点里程和终点里程都必须在站列长度范围内。

（3）在线点校验。

在线点是一种有顺序点。每一个点在中心线上都有一个对应的位置，这个位置使用里程来确定。没有里程的点是无意义的。同时，中心线以及站列是有长度范围的，任何大于中心线长度和对应站列长度的点，数据库都认为其是错误的。

（4）域值匹配校验。

管道属性表中的各种属性信息录入时，需要根据数据模型中已经定义好的主域来进行，数据表中每一个可选的属性值必须存在一个与之相对应的代码，为防止管道属性表都与主域不对应，必须将录入的每一字段内的数据与域值进行比较。

（5）设备位置校验。

为防止数据在类型和逻辑上正确而在现实中是错误的现象，需要进行在线设备的位置校验。这主要是现实中管道的同一位置只能存在一个类型型号规格相同的设备。

2. 对齐与整合

由于油气长输管道线性分布的特点，管道本体及设备设施、周边环境数据需要通过坐标绝对定位或线性参考相对定位的方式确定相对位置关系，以充分地综合利用各类数据保证管理决策的科学性。简单来说，数据对齐就是确定数据的相对位置关系。

基于目前常见的管道数据模型开发的信息系统，一般数据入库之前通过引用桩、焊口记录相对位置或通过地理坐标记录绝对位置，入库过程中自动完成定位方式的转换，实现基于统一线性参考里程的全面对齐。

由于内检测数据是目前管道本体特征及相对定位信息的可靠来源，获取到内检测成果

数据之后往往有必要开展专门的数据对齐工作。常见成批次集中开展的数据对齐工作主要包括内检测数据与竣工数据对齐、多批次内检测数据之间的对齐及同批次不同版本内检测数据。数据对齐的基本工作内容及流程如图 5-22 所示。

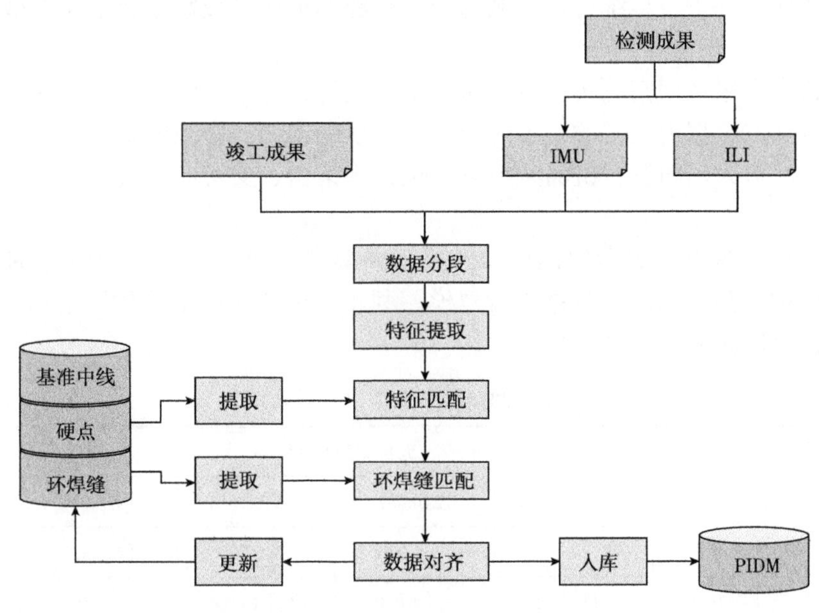

图 5-22　数据对齐工作流程

数据对齐的关键是确定不同来源的数据中阀门、弯管、焊口等特征物的对应关系。为控制对齐误差的传播，保证对齐质量，数据对齐可采用根据特征根据对应关系置信度逐级分段匹配对齐的方法。中国石油管道科技研究中心基于这一基本思想开发了内检测数据对齐管理系统以实现基于 PIDM 数据模型的快速自动化数据对齐。

第四节　管道数据分析

随着油气管道信息化建设的快速发展，特别是物联网技术、在线监测技术、移动技术的广泛应用，管道相关数据量快速增长。面对快速增长的数据量，采用何种效的手段，使用数据、分析数据，挖掘数据价值，提高数据的使用效率，缩短数据分析的周期，更快地为管理提供支持，是亟须解决的一个问题，即“数据海量，信息缺乏”的问题。

大数据是近几年兴起的技术热点，已在互联网、制造业、电力、物流、交通、金融、移动通信等领域得到应用。基于大数据技术，整合多源异构的油气管道数据，在更大的检索空间内挖掘数据规律、探索发展趋势，是发挥数据价值，实现基于数据的管道管理决策支持的关键。

一、空间分析

空间分析是针对带有空间坐标信息的数据的一系列分析方法，包括基于空间图形的分析运算、基于非空间属性的数据运算及空间和非空间数据的联合运算。常用的方法包括空间查询、缓冲区分析、叠加分析、路径分析、空间插值、空间统计等。

以管道第三方施工数据分析为例，采用 GIS 的空间分析方法，可将管道第三方施工活动数据、行政区划数据、风险评价数据等进行叠加，统计各地区公司在不同地区的第三方施工发生频次，并进一步统计该区域的管道途经的地区等级数量及不同类型的高后果区数量。

空间分析中常采用回归分析等方法对样本数据进行分析。回归分析是针对样本变量建立量化关系以获取数据内在规律，可用于目标变量的预测。常用的统计学方法包括线性回归、逻辑回归、多元回归等，机器学习算法包括决策树、支持向量机、神经网络、随机森林等。

采用线性回归模型、决策树模型及随机森林模型，利用 2011—2013 年的第三方施工活动、阴极保护、高后果区等数据进行建模，利用指标 T_x（标准化后的平均绝对误差）进行交叉验证，比选获取最优模型（表 5-2）。

表 5-2 回归模型五折交叉验证结果

模型名称	五折交叉验证结果					
线性回归	训练集 T_x	[1]0.702	[2]0.882	[3]0.767	[4]0.708	[5]0.640
	测试集 T_x	[1]245.813	[2]0.936	[3]0.750	[4]1.339	[5]2.114
决策树	训练集 T_x	[1]1.000	[2] 1.000	[3] 1.000	[4] 1.000	[5] 1.000
	测试集 T_x	[1]1.132	[2]1.079	[3]1.019	[4]1.000	[5]1.024
随机森林	训练集 T_x	[1]0.135	[2]0.172	[3]0.147	[4]0.151	[5]0.136
	测试集 T_x	[1]0.251	[2]0.137	[3]0.140	[4]0.089	[5]0.228

依照上述的结果，比较 2011—2013 年数据预测的 T_x，可以看出随机森林模型在 2011—2013 年训练集、测试集的 T_x 指标较小、且稳定。同时，利用该模型，可以识别出对预测具有重要影响程度的变量，按照重要程度依次是高人口密集区、三级地区、保护电位极大值、自然电位极大值、一级地区、四级地区、巡线事项、二级地区。

利用 2014 年的数据进行预测，得到 T_x 值为 0.18，进一步验证该模型的预测效果良好。因此，可以采用该模型，通过输入主影响变量数据（高人口密集区、三级地区、保护电位极大值、自然电位极大值、一级地区、四级地区、巡线事项、二级地区），可以实现年度的预测。

通过上述分析，可以得到各管道企业第三方施工在时空上的分布规律、第三方施工活动的主要关联因素，并形成了相应的预测模型。基于上述信息，可以帮助管道企业更合理的分配资源。例如在每年 3 月提高途经宁夏、北京、江苏、新疆和云南 5 省的管道巡检频次，同时结合回归模型，利用地区等级、高后果区等数据的更新成果，来预测各管道管理段的第三方施工活动在未来一段时间发生的频率，从而进一步规划下一步的管道保护工作安排。

与长输油气管道的各类风险评价方法相比，传统方法更多是通过分析因果关系建立评价模型，大数据分析方法往往是通过数据分析得到相关关系，数据维度越多、数据量越

大，这种相关性就越稳定且可靠。但与风险评价相比，上述研究结论集中在管道失效发生可能性的预测，未考虑到相应的失效后果。

二、管道专题图生成

所谓专题图，是以管道走向为参照，采用图表和文字等形式，直观展示管道材料、埋深、沿线设施分布、高后果区分析结果、风险评价结果、完整性评价结果等信息，并将不同类的信息按照管道走向这个统一维度进行组织和表达，从而实现管道数据的多维表达。

当前，专题图在管道完整性管理领域有着广泛的用途，国内外许多研究机构和公司，参照行业需要，在其石油天然气管道信息化解决方案中提供了管道专题图制图方案，用于满足管道制图需求，支持日常的管道管理和维护工作。

在国外，管道专题图技术的发展较为成熟，并在管道完整性管理中得到了较广的应用，并行成了相应的软件产品，例如 GE 公司（General Electric，通用电气公司）的 SheetGen、New Century Software 公司的 Sheet Cutter、Blue Sky 公司的 Sheet Generation、PTC 公司的 PRO/ENGINEER 等。在国内，中国石油已研发面向管道完整性管理的专题图系统 PipeSG^{TM}，该系统从国内管道完整性管理的行业需求出发，结合中国石油管道的实际情况，与管道完整性管理技术（如高后果区识别、管道风险评价、管道完整性评价等）有机结合，能对管道检测、缺陷、评价结果等数据进行综合表达。

图 5-23 展示了中国石油管道完整性管理专题图系统的基本的构架、功能模块。

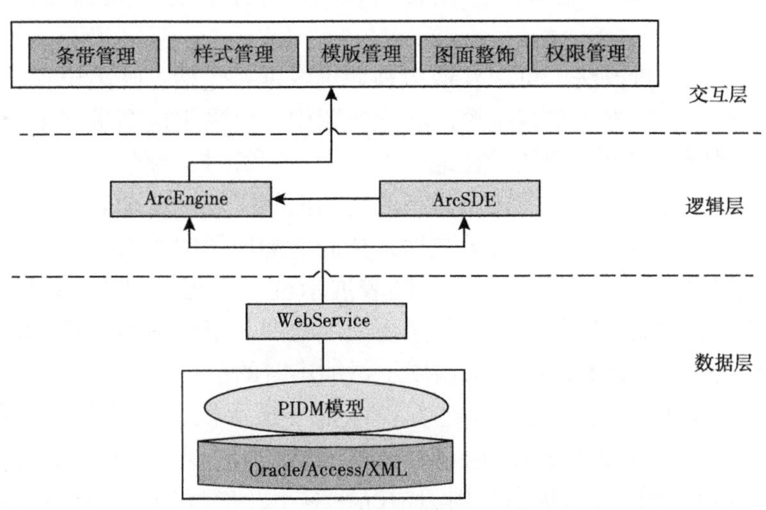

图 5-23　中国石油管道完整性专题图系统架构

（1）数据层，主要是存放与管道相关的各种类型的数据，包括支持 PIDM 模型（Pipeline Integrity Data Model，管道完整性数据模型）的管道专业数据、模板库、条带库、符号库等数据。这些数据可存放在 XML 文件中，也可存放在 Access、Oralce 或 SQLServer 等关系数据库中。

在实现管道数据的存储过程中，系统采用了 PIDM 数据模型 +ESRI SDE+RDBMS 的方式进行管道数据的存储。PIDM 管道数据模型是在以往数据建模过程中的经验的基础上，充分考虑中国石油管道的特点，引进国际上通用的标准管道数据模型（APDM3.0/4.0，PODS），结合管道完整性管理的需求，形成的专门针对管道完整性管理的数据模型，该模型能够很好地满足中石油管道完整性管理的数据要求。采用空间数据引擎 ESRI SDE+RDBMS 的方式，有利于将基于传统文件的矢量、栅格数据都移植到空间数据库中，所有的空间数据及属性数据都被管理在数据库内，有利于数据的一体化管理。

（2）逻辑层，主要是用于实现通用逻辑或行业特定业务逻辑的算法程序、组件或中间件，其中主要包括 ArcGIS 的通用组件包 ArcGIS Engine、空间数据引擎 ArcSDE、用于访问空间数据库的 WebService。

（3）交互层，主要用于实现与用户交互的应用程序，在系统中表现为各个应用功能模块，主要包括：条带管理、样式管理、模版管理、图面整饰、权限管理等。参考管道完整性专题图设计的业务逻辑流程，在交互层中划分出若干功能模块，使用其中的某一个功能，通过逻辑层中的算法，联系到数据层，实现数据的读取和修改。当表示层的功能发生变化，或者出现功能重组时，不会影响逻辑层和数据层。

在面对庞大的管道完整性数据库的时候，利用 PipeSG™，可以按照特定的需要，将存储在管道完整性数据库中的自动数据提取出来，用于专题图的绘制。在专题图中不仅可以将管道及沿线的各类数据，以地图的形式，按照比例绘制出来，同时，还可以采用带状图，以折线图、散点图等形式，将管道的属性信息绘制出来，并参照空间对象的对应关系，将地图、带状图对齐排列在专题图模板中。

下面以管道完整性评价结果可视化表达为例，介绍管道完整性评价专题图的实际应用。

利用管道完整性评价方法，可以获取多种评价数据，包括：缺陷位置、缺陷深度、金属损失量、缺陷类型、缺陷严重程度等。在专题图中，可采用地图带和多个属性带的方式来展示这些分析评价的结果。例如，在地图中，用不同符号、颜色标示不同类型的缺陷点及缺陷类型，沿管道周边一定范围，用高亮颜色的面状区域标示高后果区，还可以叠加行政区划、道路、河流、卫星影像、桩等数据，从而增加地图中的信息量。同时，在带状图中，可以采用线段图、散点图、折线图等图表展示桩、高程、埋深、缺陷位置、缺陷深度、缺陷长度及修复方式、修复时间等信息。使用地图、带状图的方式，能够实现管道数据的多维度可视化表达，在有限的图幅内展示更加丰富的信息。

管道完整性评价的目的，就是通过各种评价分析手段，获得与管道相关的状态信息，以此为依据来制定修复方案计划，保护管道的安全运行。现场工作人员，利用专题图能够更好地理解目标管段的状态及周边情况，对于开展现场开挖修复工作起着积极的作用。

某管道途经黑龙江、吉林省、辽宁省三省十一市（县），长约 500km。在基于管道内检测工作的基础上，利用管道完整性专题图系统，将各种遥感影像、缺陷点、修复等数据信息以专题图的形式展示出来，使现场维修人员能够准确地找到腐蚀、螺旋焊缝等缺陷点，并根据完整性评价结果建议的修复方式开展修复工作。

图 5-24 展示了专题图中管道线路的分段情况。由于管道线路往往长达上百千米，因此，在专题图设计的过程中，常需要使用若干个矩形框覆盖管道线路，保证管道线路被矩形框均匀分割，每一个矩形框将成为专题图纸的基本单位。

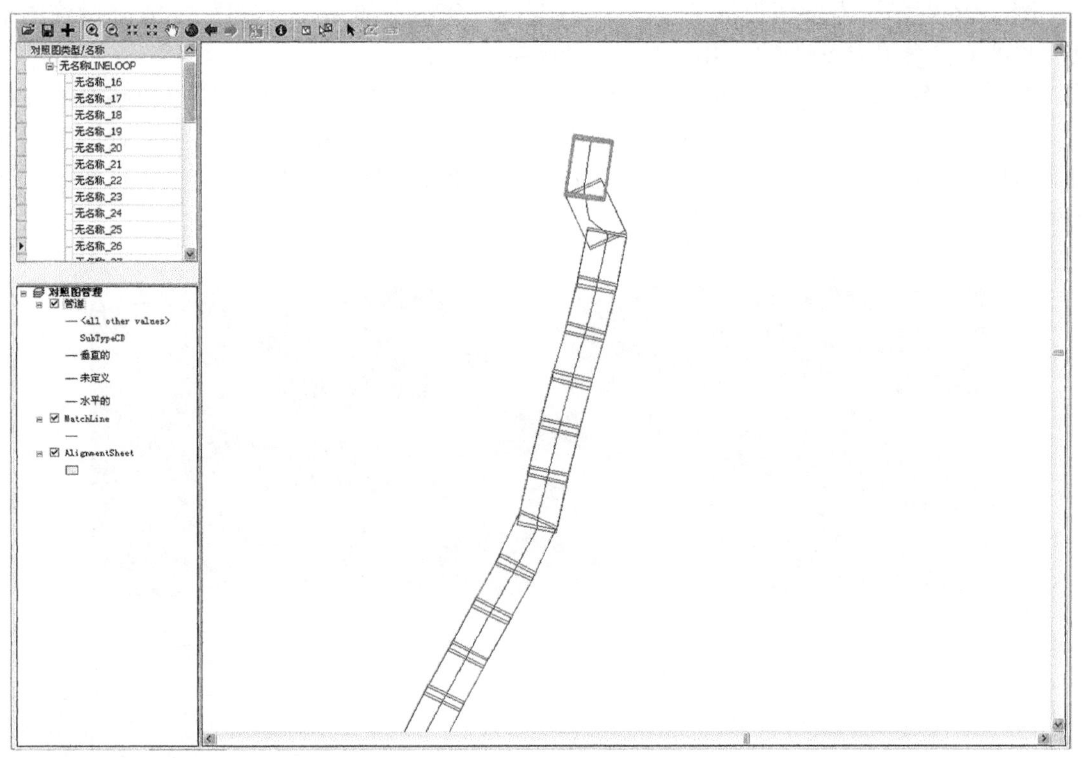

图 5-24 某管道线路分段

图 5-25 展示了图 5-24 中高亮矩形框对应管段的空间信息，包括管道中线、站场、各种类型的缺陷点、卫星影像等信息。

图 5-25 某管道局部范围

图 5-26 展示了专题图设计的结果。在图 5-25 管道分段矩形框和图 5-26 分段管道信息的基础上，参考完整性管理制图的需求设计完成该图。

图 5-26 中包含了地图带和多种属性带信息。在地图带中，反映了管道的基本特征信息，如中心线、缺陷点位置等。在属性带中，使用了多种类型的带状图，如散点图、折线图、表格的形式，来展示各类信息，如高后果区、建议修复时间等，同时，也包含了一些基本数据，如里程桩位置、高程等。

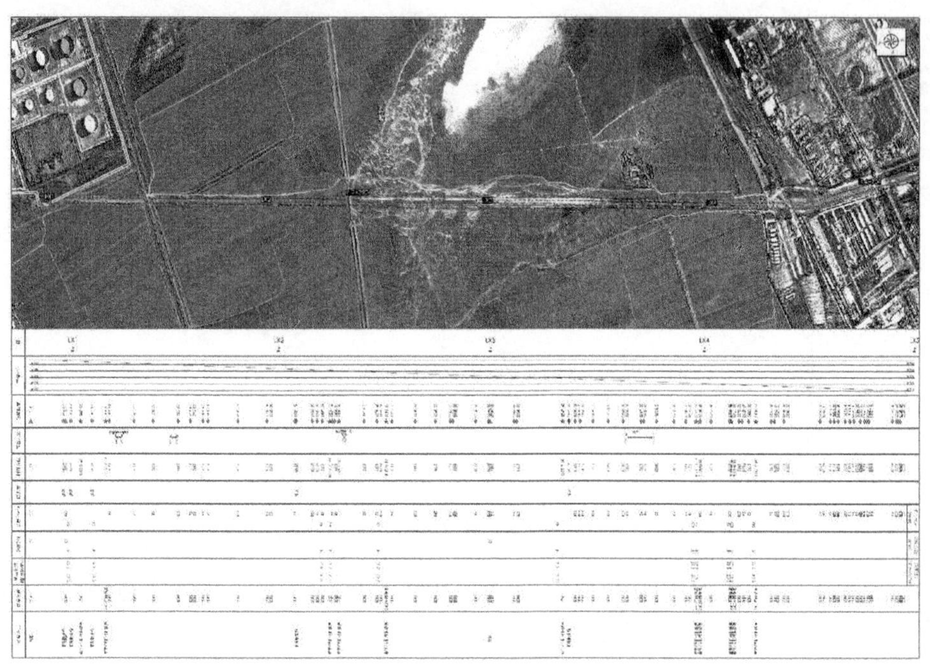

图 5-26　某管道缺陷专题图

利用缺陷专题图，现场工作人员可以对当前范围内的缺陷点相对位置及数量有一个整体的把握，同时，图中显示的地名点、遥感影像等信息，也有助于现场工作人员更好地了解现场的工作环境。

专题图中的缺陷修复时间是实施现场开挖修复工作的重要依据，即距离当前时间越近的缺陷点，越是需要及时修复的点，即该缺陷点的危险程度越高，出现问题的可能性越大。现场工作人员，利用图中的缺陷修复时间，可判断缺陷点修复的先后顺序。在此基础上，利用定位技术，结合图中的缺陷位置信息、桩信息、中心线信息、高程信息，可对特定缺陷点实施开挖验证，并根据图纸中的建议修复方式、缺陷严重程度（缺陷长度、缺陷深度），实施管道修复工作。

可以看出，利用专题图不仅可以辅助现场人员了解管道缺陷状态信息，同时，也能辅助现场开挖验证和修复工作。因此，专题图技术对于管道完整性评价工作、现场开挖修复工作，对于保证管道安全运行，降低管道的失效风险，具有很大的应用价值。

专题图系统从国内管道完整性管理实际需求出发，更好地与完整性评价手段相结合，为管道检测、完整性评价等提供了一种更好的数据综合展示与应用的技术手段。

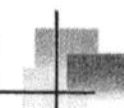

三、管道大数据分析

当前，大数据已经成为多个领域共同关注和讨论的研究主题，并在许多领域得到了应用。美国是最早开展大数据技术研究的国家，2012 年 3 月美国政府开展了署名为“Big Data Research and Development Initiative”的计划，而计划的实施机构几乎涵盖了整个国家最为关键的科研机构。国际学术界的顶级期刊英国的 *Nature* 和美国的 *Science* 分别于 2008 年和 2011 年出版了专刊 *Big Data* 和 *Dealing with Data*，介绍了信息技术、计算科学、能源科学、天文学等多个学科领域由大数据带来的挑战，其中 *Dealing With Data* 专门指出大数据的有效组织和使用关系着未来科学技术对社会发展的推动力量。

中国在大数据领域的研究集中体现在互联网行业，百度、阿里巴巴、腾讯则是大数据领域研究的佼佼者。中国政府同样十分重视大数据技术的研究，国家高技术研究发展计划、国家自然科学基金、国家重点基础研究发展计划等都投入大量基金支持大数据技术相关的研究工作。国家高技术研究发展计划早在 2006—2008 年这三年期间总共投资约 6800 万开展大数据相关的研究。

相比传统数据，大数据具有体量大、速度快、价值密度低等特点。一般来说大数据的量级在 PB 级以上，数据种类涉及结构化数据、图像数据、地图数据等，计算响应要求在秒级。

针对批量数据处理，一般适用于针对 TB 到 PB 级海量数据分析，实时性要求不高，但对响应速度、准确性要求较高。典型的平台为 Hadoop 的 HDFS 和 MapReduce：HDFS 实现了数据分布式存储，集群伸缩性强，MapReduce 实现了计算逻辑的分布式运行，二者的结合使得大批量数据计算时，运算逻辑在多个数据节点并行执行，计算速度快、开发成本较低。

针对实时数据处理，一般适用于实时数据采集处理分析，实时性要求、响应速率要求高，如 PB 级数据处理时间需在秒级完成。典型的平台为 Twitter 的 Storm、Berkeley 的 Spark，前者多用于 Web 日志采集、智能交通传感器采集、环境监控数据采集、金融交易数据采集等流式数据处理，后者多用于交互式数据处理，如 OLTP（On-Line Transaction Processing，联机事务处理过程）。

分析挖掘大数据潜在价值，是大数据分析技术的主要目标和应用场景。

针对数据建模分析，相比传统的数据挖掘，二者存在相似的地方，包括建模目标制定、建模变量选取、建模样本整理、建模方法选择，如图 5-27 所示。但二者在处理的数据量级、数据种类等方面仍存在差异。例如，大数据分析的处理对象往往在 PB 级以上，处理数据类型涉及结构化数据、文本、图像、地理位置等多种类型的数据，计算模型为并行计算模式，分析结论多为相关性结论。

针对大数据分析工具，传统数据挖掘工具 R、SAS、SPSS 已开发出基于 Hadoop 的工具产品，支持挖掘算法在大数据平台上的运行，同时，也出现了 Mahout、SparkR 等原生的大数据分析工具。

另外，深度学习技术近几年来在语音、图像及自然语言处理等方面的研究取得了重大突破，例如 Google AlphaGo 采用深度学习方法训练机器与人对弈、无人驾驶技术、图片搜索引擎、遥感影像自动处理等，在一定程度上验证了深度学习技术的成熟度和应用效果。

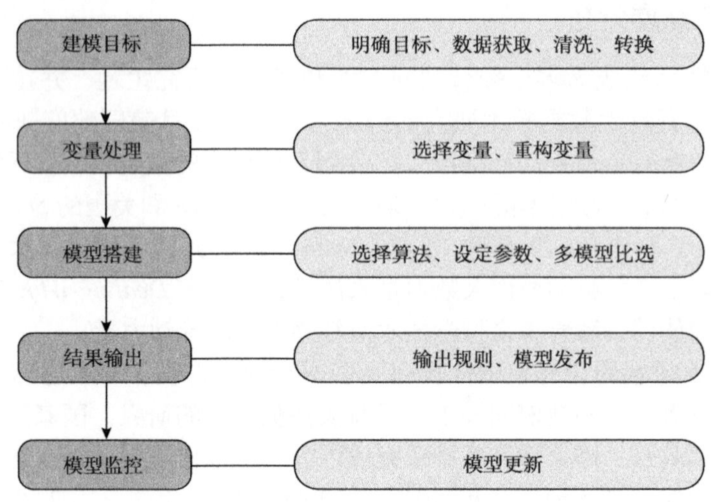

图 5-27　数据建模分析流程图

在油气开发领域，英国石油公司在采油厂安装无线感应器，监测、评估管道、设备的腐蚀风险，雪佛龙公司、斯伦贝谢、哈里伯顿和贝克休斯等石油公司对海量数据进行计算分析以指导油气田勘探开发作业；在设备故障争端与预测领域，GE 能源监测和诊断（M&D）中心每天收集全球 50 多个国家上千台 GE 燃气轮机的数据，通过数据分析为 GE 燃气轮机故障诊断和预警提供支持；在电力领域，美国太平洋天然气电力公司针对 900 万智能电表进行实时数据采集，用于分析预测电力负荷；在智能交通领域，北京市、上海市、广州市利用城市交通监控设备、传感器的实时数据，实现了实时交通流预测预报，为交通控制及诱导提供支撑。

在油气管道领域，基于图像识别的分析方法可以应用于管道焊缝检测与评价模型建立，如图 5-28 所示。

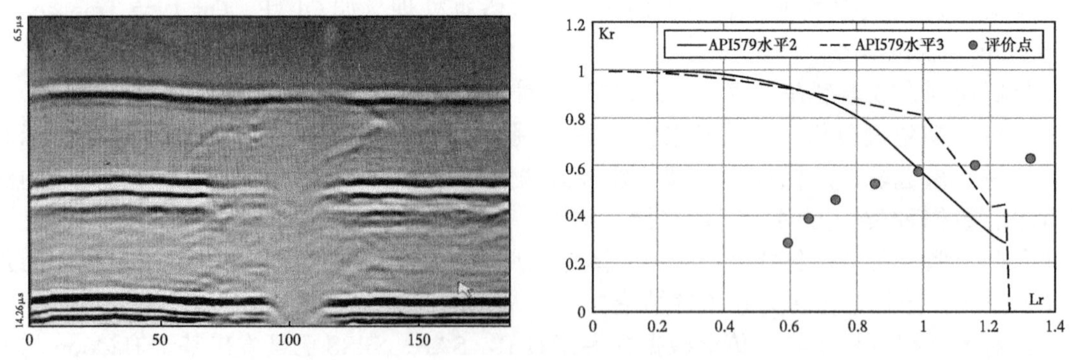

图 5-28　管道缺陷评价示意图

逻辑回归分析也可以应用于油气管道地质灾害评价。油气管道工程沿线的滑坡危险性区划是对研究内发生滑坡的可能性做出等级划分，是油气管道程沿线滑坡预警预报工作的基础统计分析模型是利用 GIS 技术进行大区域内滑坡危险性区划的一种方法。利用 GIS

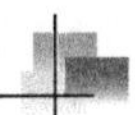

空间分析功能，将每个影响因子用一张专题地图来表示；然后将多个专题地图作相应的数学运算，得到一张新的专题地图，该运算的结果即为危险性区划的结果。将基于逻辑回归模型和滑坡发生确定性系数 CF 的评价方法应用于油气管道工程沿线的滑坡危险性区划中。

通过传感器网络对运行状态实施采集数据，通过神经网络建立模型，可以实现对旋转机械的故障分析与诊断。

在油气管道建设、运营的过程中，已完成面向多种业务的信息化建设。其中，中国石油管道完整性管理系统 PIS（Pipeline Integrity management System）作为管道完整性管理、管道巡护管理、管道阴保管理、管道地灾管理、管道工程管理、管道维抢修管理、管道失效管理、管道知识文档管理、管道空间数据管理的信息化平台，已覆盖中国石油油气储运企业、油田企业的绝大部分长输油气管道，积累了大量的数据资料，并通过服务接口的方式，集成了管道泄漏在线监测、安全预警、SCADA、地质灾害监测、移动巡检 GPS 监测数据等。同时，PIS 中还接入了多种外部数据，例如降雨预报数据、实况数据、地质灾害预警数据、地温数据等。

PIS 系统中已积累了多种数据种类，涉及数据库结构化数据、地图数据、图像数据、文档数据等多种格式，同时，PIS 数据量每年也以快速的速度进行增长。

因此，管道大数据平台建设需依托 PIS 系统中已有的内外部、异构数据资源，基于油气管道应用场景，进行数据抽取、转换、清洗、建模、挖掘，为生产决策提供支持，同时，大数据平台的分析结果可以反馈到原有的业务信息平台中，实现数据应用的循环，大数据平台架构如图 5-29 所示。

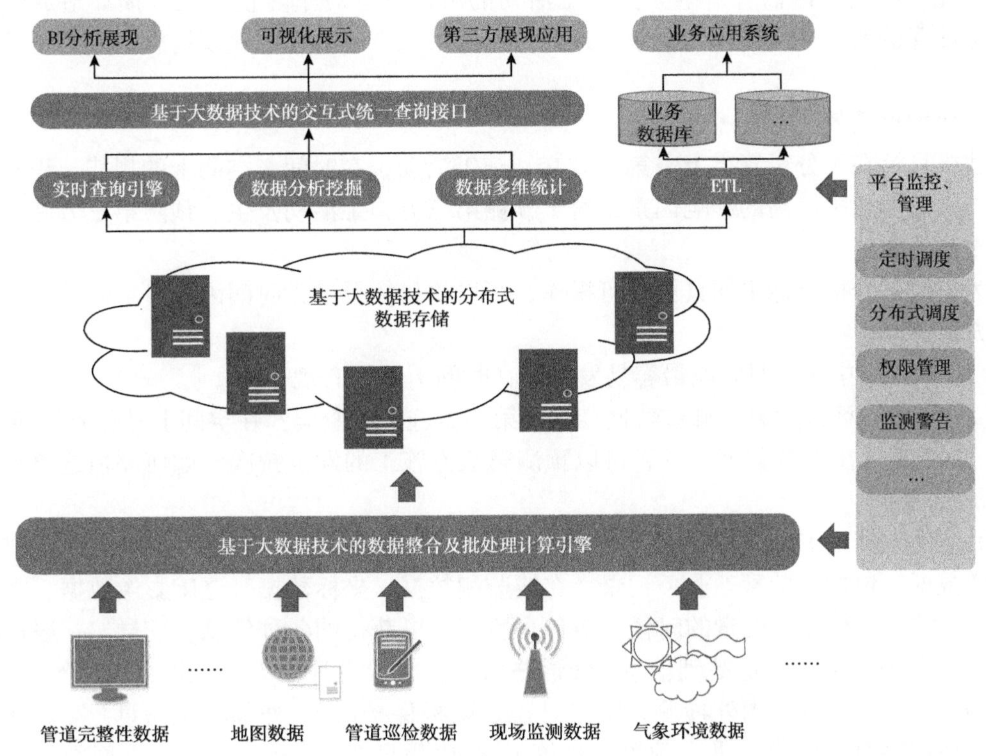

图 5-29　基于 PIS 的管道大数据平台架构图

与传统数据库中的集中式存储方式存在不同，整个架构采用Hadoop分布式存储方式，由于数据被分割、复制到多个数据节点，在应用数据批量并行计算、数据多节点备份等方面具有高效、安全的优势。在交互式操作方面，本架构在Hadoop Hdfs分布式存储系统之上采用分布式内存计算框架，以满足传统数据库交互操作的响应时间需求。

下面以大数据在管道第三方损坏发生规律方面的分析为例介绍其应用。统计数据表明，管道第三方损坏已成为管道失效的主要形式。欧洲输油管道失效第三方损坏在1971—1994年期间占32.6%；美国燃气集团（AFG）在2005年的研究发现近35%的严重事件（包括受伤或死亡）是由于第三方损坏；美国管道及危险材料安全管理局（PHMSA）针对某段时间数据资料进行分析，发现38%的天然气管道事故是由挖掘和机械破坏引起的，其中9%是由于第三方活动；美国运输管道部（DOT）通过分析1971—1986年管道事故资料发现，第三方破坏约占40%。在我国，第三方损坏也十分严重，其中打孔盗油现象尤为突出。

引起第三方损坏的起因也十分复杂，例如违章施工作业、违章占压、打孔盗油、恐怖袭击等等，使得管道第三方损坏具有很强的随机性，不易预测和控制。最为常见的第三方损坏活动，主要包含交叉施工、地下设备设施的维修活动、开矿、地下爆破、挖沙等地散放施工活动。一般来说，与管道临近或交叉的地下设施越多，如城市燃气管网、地下通讯光缆，针对这类设施设备的开挖维修维护活动也就越多，第三方交叉施工损坏的可能性越大。同时，管道沿线的城市用地规划、人口密度、地区等级、交通量也是需要考虑的因素之一，这主要是由于人口越多，地面活动越频繁，可能导致地面开挖等活动的增加。

因此，识别、评估管道第三方施工活动的可能性，对于防止第三方损坏造成管道失效，保证管道的安全、平稳、高效的运行，以便采取有针对性的建议措施，具有十分重要的意义。

1. 大数据建模

建模目标在于分析管道上方第三方交叉施工活动，在时间、空间上的规律，识别与第三方施工活动相关性高的影响因素，对于预测第三方施工活动发生、预防第三方施工造成破坏十分关键。

为了使得分析目标更加具体且可操作，可以将目标分解为时间因素、空间因素和预测三个方面的分析：

（1）一年当中哪个时间段最容易发生？在时间上是否有规律？

（2）哪些地区最频繁？哪些特性会导致第三方施工的密集？在空间上是否有规律？

（3）依据历史业务数据，是否可以预测第三方施工的发生频次？如何评估这类预测频次的是否准确？

针对大数据的ETL（Extract-Transform-Load，抽取—转换—加载）准备，需要整合多类管道数据，包括运营管理业务记录、在线监测数据、坐标数据、遥感影像数据、文本数据等，在选取建模输入变量的时候，应包含所有可以获得的各种信息、变量。一般可以将输入数据分为4类，管道基础信息（管道路由、管材、设计压力、三桩、埋深等）、管道业务信息（风险评价、内外检测、防汛日志、阴极保护等）、外部收集信息（气象预报信息、地质灾害预警信息、洪水预警信息等）、衍生信息（由上述3种信息重新组合、构造出来的信息，如管道沿线第三方施工密度等）。

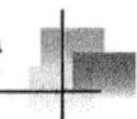

同时，在 ETL 过程中还需要考虑数据的可对齐性，包括数据在时间维度、空间维度的可对齐性，如果某类属性信息在管道投产前发生、且在距离管道很远的地方发生，那么这类数据是不能作为输入变量的，可以被删除。

针对大数据建模算法，依据建模目标，选择时序分析、空间分析、回归分析的 3 类方法对数据进行分析，如图 5-30 所示。数据来源包括国内多家管道公司的 2011-2014 年的第三方施工活动、检测评价、阴极保护等数据，各家公司按照地域分别划分为 A 公司、B 公司、C 公司、D 公司、E 公司。

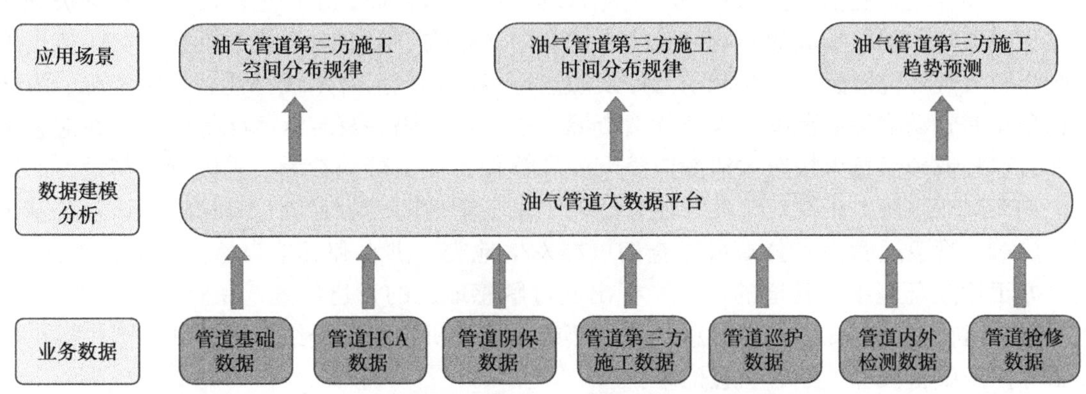

图 5-30　油气管道第三方施工数据分析应用

2. 时序分析

时序分析是针对按时间顺序采集到的数据（时间序列）进行序列自相关、偏自相关等统计分析，在此基础上识别并且建立分析模型，实现时序规律发现和预测。常用的方法包括移动平均法、自回归模型、自回归滑动平均模型、GARCH 模型、指数平滑模型。

利用各管道企业的第三方施工数据，建立时间序列，通过时序分析方法，分解识别出各地区公司在时间轴上的趋势、季节变动、循环波动和不规则波动。其中季节波动，即固定周期内（一般为一年）重复出现的周期性波动，是时间热点分析的重点，旨在识别各地区公司第三方施工的主要时间区间（表 5-3）。

表 5-3　各公司时间热点分析结果

序号	地区公司	累计频次最高的 3 个月份（按照降序排列）
1	A 公司	3，9，7
2	B 公司	3，7，9
3	C 公司	3，1，11
4	D 公司	3，7，9
5	E 公司	3，11，9

通过表 5-4 可以看出 3 月份是各家公司第三方施工频次最高的月份，其次是 9 月、7 月、11 月和 1 月，主要集中在春季初、夏季中、秋季初、冬季中，这主要是由于各公司

所处地域不同，导致了第三方施工单位选择的开工时间存在差异，另一方面也和气候条件、节假日等各种影响因素相关。

四、应急支持

当管道发生泄漏、爆炸等事故时，会对周边居民、环境造成危害；另一方面，外部环境（如洪水、泥石流等）也会对管道的安全运行造成威胁。

美国国土安全部基于国家事故管理系统建立了管道修应急支持响应程序系统，包括应急准备和管理、通信和信息管理、资源管理、命令和管理、正在进行的管理和维护等内容，用于预防和减轻事故的影响，减少人身和财产损失，降低对环境的危害。美国依据国家海洋和大气环境敏感指标绘制了海岸线敏感环境图，包括海岸线特性、生物资源、海鸟群和海洋哺乳动物活动范围、人类耗费资源、水入口、码头及游泳海滩等内容，在应急条件下，这些地理信息可快速为泄漏应急响应和管理者提供行动参考。美国管道与危险品管理局（PHMSA）建立了面对全美长输管道的国家管道地图表示系统（NPMS），该系统基于GIS 技术，管道运营商和公众可以查询可能发生地震、洪水和其他自然灾害的重点区段，确定处于危险环境中的管道的风险，标出通过敏感地区的管道位置；一旦发生意外事故，还可以迅速在系统中提取相关信息，向联邦或州管理机构提供详细资料，并在图中标出围油栅等抢修设备位置，指导应急抢修。

1. 管道地质灾害气象预警

依据管道地质灾害危险性评价结果，结合历史灾害降雨数据，建立面向特定管道区段的大比例尺的管道地质灾害气象预警模型，并结合管道沿线的实况降雨数据，实现 24h 地质灾害预警。然后定制预警消息，可通过企业内部通信平台或短信等方式，直接推送给属地的管道管理人员，用于提前做好准备。

2. 管道泄漏模拟分析

基于 GIS 技术和流体力学理论，根据陆上管道油品泄漏的特点，采用油品泄漏—漫流—汇流—停止扩散—水源地临近判别的过程进行评价，能够确定泄漏路径，判别可能受到影响的水源地。

该方法可有效识别管道的潜在失效点，这类失效点通常距离居民区、大型河流等环境敏感区较远，不易发现，常被管道管理者所忽视，但一旦发生事故往往造成严重后果。

基于数字高程模型（DEM），通过三维方式展示管道与周边河流、居民区的空间关系，使管道企业更加有效地识别出泄漏油品对周边人口、环境造成危害的潜在影响区域。同时，基于河流连通性等空间分析，有效判断泄漏油品的流动方向及是否可能流入大型河流或海洋，并通过道路河网交叉分析提出有效的应急布控点位置，最大可能地减小油品扩散范围。

3. 管道应急数据支持

通过建设管道完整性管理数据库，涵盖管道管理各业务领域、业务流程、维抢修机具、抢修人员、应急预案等信息。可实现对所辖管道的管道专业数据的信息查询、抢修信息资料管理、抢修数据统计与分析等功能。如果与各管道巡检系统、气象与地质灾害预警平台的集成，当管道所辖区域预报有高等级的气象灾害或三级以上的地质灾害发生时，则可对所辖管道的管理者发出通知，加强灾害受影响管段的灾害防御；当发生泄漏事件时，

可通过数据钻取，将泄漏点所在位置的应急所需数据实现精确钻取，包括管道基础数据、管道运行维护数据、泄漏点风险分析、周边影像图、周边应急资源、匹配的应急处置方案、紧急联系通讯录等。管道巡线工可以通过手持终端第一时间将泄漏位置、泄漏量等现场情况上报，为应急抢险争取时间。

第五节　管道完整性管理系统平台

长输油气管道管理工作具有“三多”的特点：

（1）涉及的用户多，包括基层站队、地区分公司 / 管理处、地区公司、专业公司，四个层级多个业务部门的专业人员；

（2）涉及的业务多，包括管道保护、腐蚀防护、内 / 外检测、日常维修、地质灾害风险管理、第三方交叉施工、绩效考核等；

（3）涉及的信息多，包括管道数据、技术标准、分析报告、评价结果等。

在这种情况下，容易造成用户之间信息传递不及时，数据信息的重复采集、录入，管道管理资料零散、分散等问题。

目前，国际上不少管道企业已开始利用信息化技术实现完整性管理，信息化平台已成为设施管理、寿命周期监测、风险分析、改进运营效率的有效手段。例如，Williams Gas Pipelines 公司采用 Data Integration Software（数据集成软件）对内检测数据和风险评价数据进行管理；ADVANTICA 公司采用 Uptime 系统实现量化风险分析、后果分析、腐蚀评估；Sasol 公司利用 PIMSlider 实现了对完整性管理相关数据的分析工作。此外，类似的系统还包括 J P Kenny 公司的 MIDAS 系统、Dynamic Risk Assessment System 公司的 IRAS 系统、挪威船级社的 LEAK、SAFETI 等。

中国石油管道完整性管理系统（PIS）实现了高效管理管道数据信息，全面集成管道完整性管理技术，科学制定完整性管理计划，优化检测、维护和维修的资金投入，统一规范管道运维。该系统可满足从专业公司、地区公司到基层站队的多个层次的管道管理需求，实现了基于风险管道完整性管理，降低了油气管道运营风险和成本，切实提升管道管理水平。

该系统实现从数据填报、信息分析、决策制定上下贯通，实现对各个层级的管道业务全面支撑；通过业务信息关联实现管道风险闭环控制，并为规划计划、工程立项提供充分、科学的依据，为效能评价提供科学有效的手段；实现对完整性技术资料及知识体系的集成化管理，促进完整性管理技术共享应用；实现对管道建设、运维、检测、修复等全生命周期数据的专业管理，为管道的日常管理、检测、评价、应急提供信息快速获取及可视化展示工具。针对业务需求和信息化发展方向，在下一步工作中，管道完整性管理系统将进一步实现与 ERP、管道生产管理、工程项目管理等相关系统的关联，进一步推动信息共享和业务集成。

一、系统架构

1. 功能架构

PIS 划分为 4 个功能子系统，以实现管道日常业务办理、完整性相关技术资料集成共享、完整性管理工作效果评估及管道基础数据的管理维护，图 5-31 展示了 PIS 系统功能架构图。

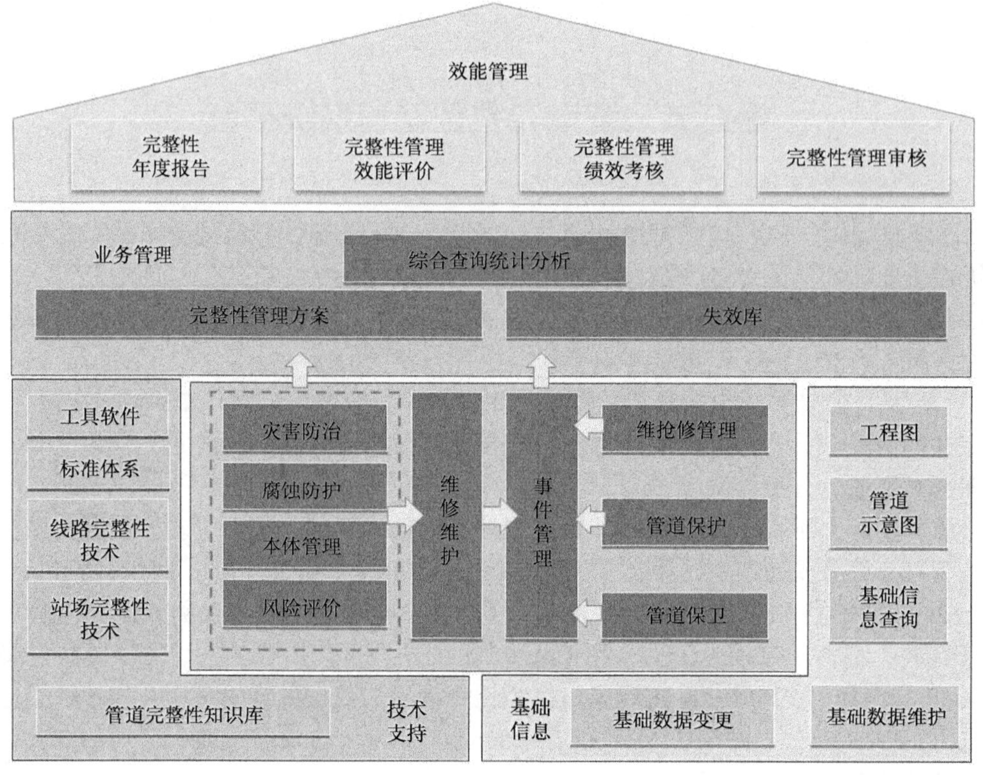

图 5-31　功能架构图

1）业务管理子系统

业务管理子系统以专业公司、地区公司、地区分公司和基层站队的管道管理日常业务为核心，以管道完整性管理方案、完整性管理计划为依据，将完整性管理方法融入日常管理工作流程当中，实现了管道日常业务的网上办理、流转和监督，业务数据的规范填报与存储，是各层级管道资产管理部门的日常工作支持系统和维修维护费用预算、投资的决策支持系统。

该子系统涉及多项管道日常业务，如高后果区识别、风险评价、内 / 外检测、阴极保护数据采集、反打孔盗油气等。

2）技术支持子系统

技术支持子系统集成完整性管理支持技术和知识，为管道完整性管理提供技术支持，促进各个层级公司、部门、人员的完整性管理技术的发展，实现综合、全面的技术管理与共享。子系统中涉及线路完整性、站场完整性相关技术资料，资料类型包括法律法规、标准规范、体系文件、技术资料、方案与报告。

此外，该子系统中还提供了知识库及工具软件库专业工具，方便用户快速搜索、发布、共享技术资料。

3）效能管理子系统

效能管理子系统基于效能测试的方法，对管道完整性管理绩效考核、完整性管理审核、专项效能评估结果进行管理，从而不断完善管道完整性管理体系，提高完整性管理能力，明确开展完整性管理的各环节或方法是否达到完整性管理的目的，以提高完整性管理体系的有效性和时效性。

此外，该子系统中提供了各种对比统计分析的工具，方便用户从部门、线路、时间等多个维度进行分析。

4）基础信息子系统

基础信息子系统实现了对管道设备设施数据的维护管理，对于不同类别的管道设施数据进行分类化的属性管理，同时可进行数据正确性的检验，为管道的日常管理、检测评价、应急管理提供信息查询、可视化展示等服务。用户通过该子系统可以方便地获取到管道完整性相关的属性信息。

该子系统采用中国石油管道完整性数据模型PIDM为基础，对管道本体及沿线各类数据进行集成化管理，涉及种类包括中心线、线路设施、三穿水工、阴极保护、风险分析等。

2. 技术架构

基于MVC的设计方式，PIS系统的技术架构包括了数据存储层、业务处理层、控制流转层以及界面展示层，图5-32展示了系统的技术架构图。

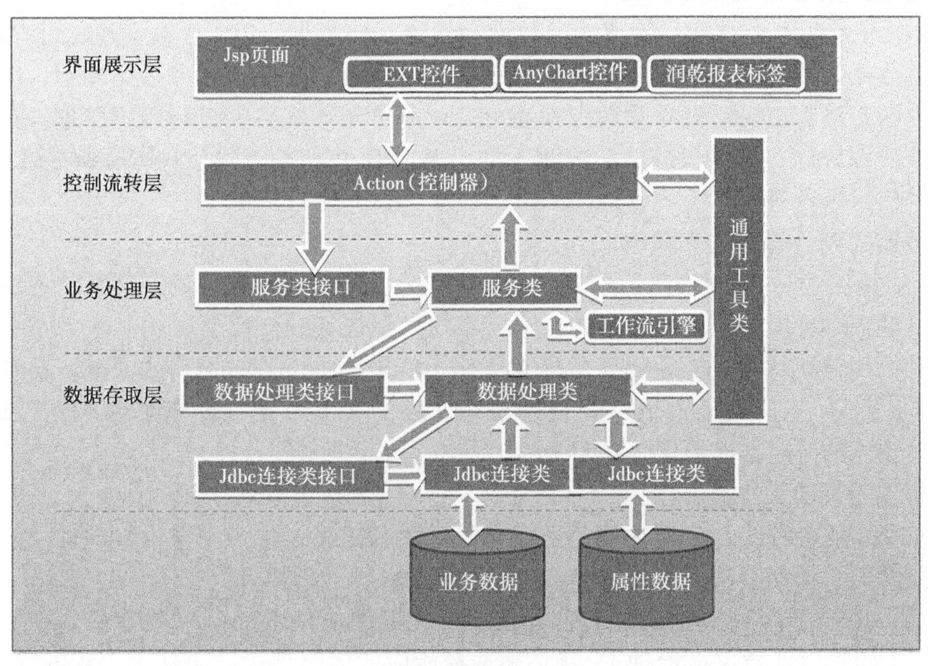

图5-32　系统技术架构图

PIS系统采用基于MVC的分层架构，实现了功能、视图、数据的分离，同时还提高了应用系统的可维护性、可扩展性、可移植性和组件的可复用性：用户通过浏览器（如IE，Firefox等）向服务端发出请求，在接收到用户的操作请求后，控制端会依据请求类型自动调用相应的业务类和数据存储类，以响应用户的操作，实现各种业务表单填写、流程办理、资料共享、数据维护的操作，各层之间相互独立，某一个层的变化不会对其他层造成影响，保证了系统的稳定性。

此外，系统还采用了HTML5、Ext等技术，增强系统的可视效果及交互性，极大地改善了用户体验。

二、关键业务

作为完整性数据管理、信息挖掘分析及可视化表达的企业级平台，PIS在日常工作中发挥着重要的作用：

1. 管道业务办理

PIS集成业务数据的填写、上报、审核、统计分析及评价等功能，保证数据信息在不同用户层级的及时传递、上下贯通，避免业务数据重复录入、提交，实现业务流程的网上流转，极大地提高了工作效率。例如，操作层的用户在PIS中填写各种业务数据（如管道沿地质灾害风险评估数据），通过管理层用户的检查审核，完成业务流程的办结和数据入库，决策层用户基于业务数据进行分析，为各种决策、计划的制定提供量化依据。

同时，PIS基于完整性管理业务要素关系，强化了各项业务之间的关联，有效改善以往业务分散、孤立的状况，实现管道对象的全生命周期的闭环管理。

2. 管道完整性数据信息管理

PIS中涉及两大类数据：管道业务数据和管道本体数据。PIS基于业务之间的相关性，将业务类数据按照完整性管理体系进行组织管理，并进一步挖掘业务数据知识，同时，系统采用中国石油管道完整性管理数据模型PIDM对管道本体数据进行组织管理，包括管道中心线、阴保设施、线路设施、三穿水工等。基于管道业务模型及本体模型，PIS可对完整性数据信息进行有效的组织管理。

3. 管道完整性管理技术集成

PIS中涵盖了与完整性相关的技术资料，包括线路完整性和站场完整性，各级用户可在PIS中对法律法规、标准规范、体系文件、技术报告等进行检索。

同时，用户能够在PIS中建立共享文件夹，实现技术文件、资料的共享。此外，基于PIS的授权机制，用户还可以根据实际情况对文件的共享内容、共享对象进行控制，在与他人分享知识的同时，亦能保证信息安全。

4. 管道管理决策支持

基于PIS的各种统计分析功能及业务之间的关联关系，可为完整性管理计划、管道工程立项提供科学依据，从而优化检测、维护和维修的资金投入。

例如，用户利用PIS可以快速地比对、筛选出优先处理的高风险隐患，在PIS中创建工程时（如管道地质灾害治理），就必须选择相应的风险评价结果作为工程的立项依据，当工程验收竣工后，相应的风险已整改治理，实现风险的闭环管理。

三、应用案例

1. 管道业务关联分析

在PIS中可以按照完整性管理六步循环（数据采集、高后果区识别、风险评价、完整性评价、维修维护、效能管理）对业务进行关联分析（图 5-33）。

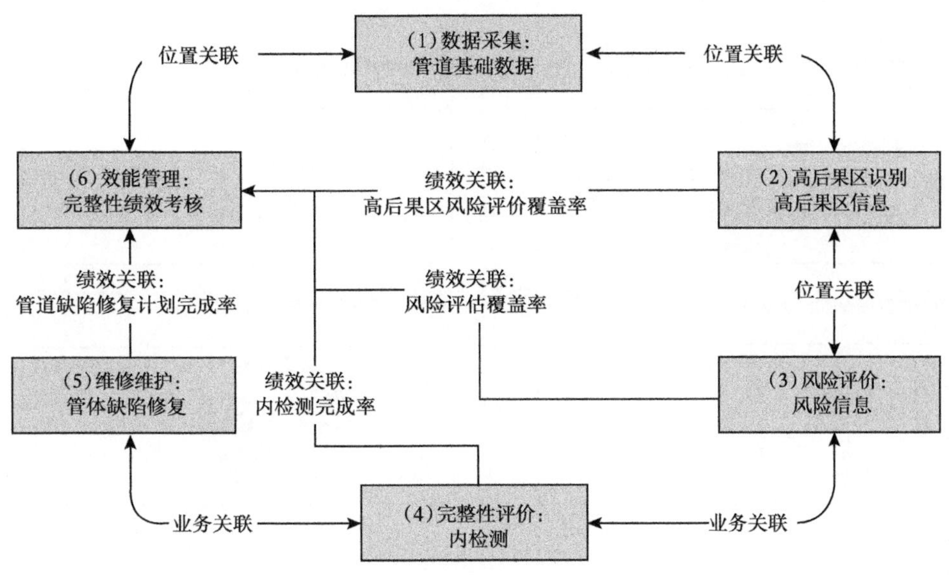

图 5-33 业务关联性分析示意图

图 5-34 展示了部分业务之间的相关性：风险信息通过位置关联关系，与管道基础数据、管道高后果区信息发生关联，即通过某个管段的风险数据，可关联获取该管段的基础数据、高后果区数据；风险信息与内检测计划、内检测信息与管体缺陷修复信息之间存在业务关联，即根据风险评价结果制定检测计划，根据完整性评价结果制定缺陷修复计划；同时，效能管理中各项指标，如高后果区风险评价覆盖率、风险评估覆盖率、内检测完成率、管道缺陷修复计划完成率等，可通过与各业务单元间的绩效关联，实现完整性绩效考核指标的量化计算，其结果更加科学、客观。通过以上紧密的数据关联，可以实现数据的整合、追溯，最终实现风险的闭环控制。

2. 多维数据统计分析

在 PIS 中可以按照不同维度（如时间维度、部门维度、线路维度）对数据进行统计分析（图 5-34）。

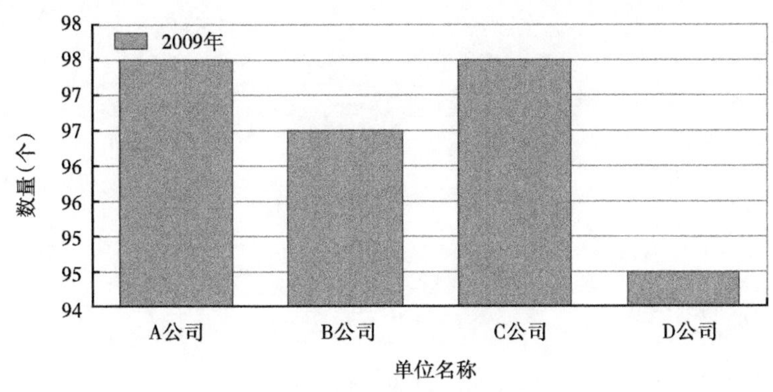

图 5-34 不同公司数据统计

此外，PIS 中还提供了多个样式的统计图类型，包括了数量统计、比例统计、损失金额统计等，如图 5-35 所示。

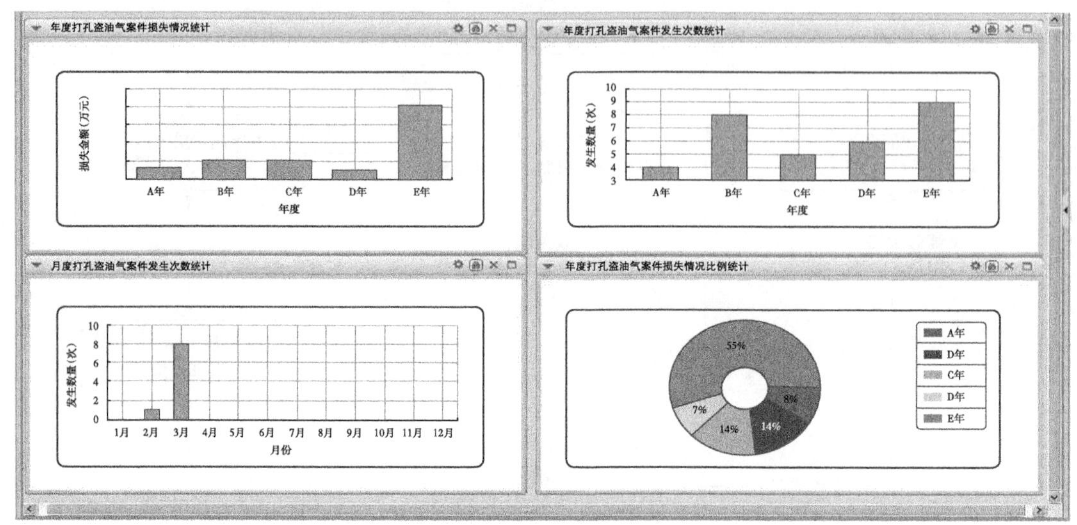

图 5-35 统计图样式

3. 专业的技术支持平台

在 PIS 中可以对线路完整性、站场完整性相关的体系文件、方案报告、法律法规、标准规范、专项技术及软件工具进行检索、查询和共享使用，如图 5-36 所示。系统支持全局知识和信息检索，实现对业务数据、基础数据、技术资料的一站式查询，同时提供与业务紧密耦合的知识共享工具，实现不同层级用户在不同的业务单元内快速、准确获取知识（如操作规程、体系文件、标准规范）和相关数据（如通过缺陷位置查询相关管体修复信息和风险信息）。

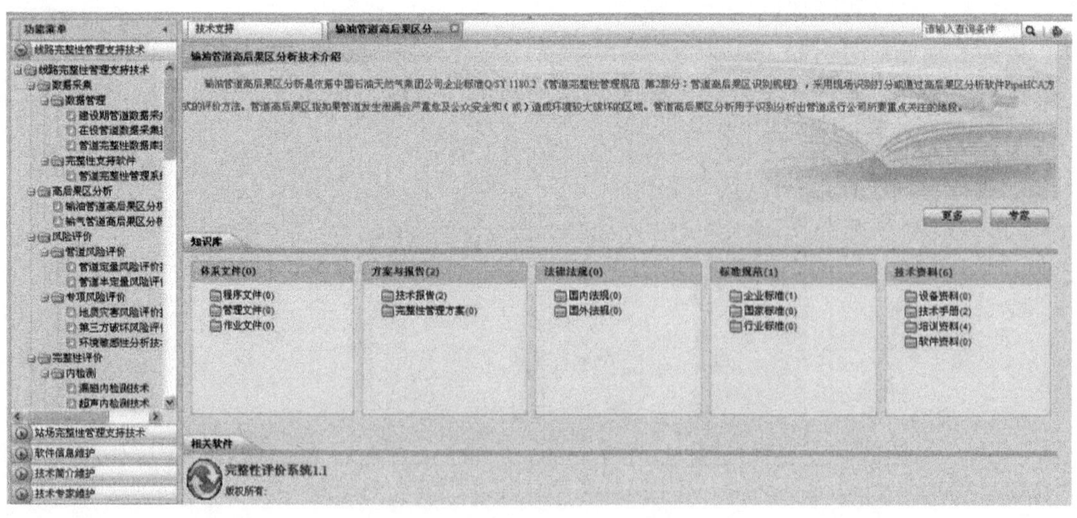

图 5-36 技术支持子系统

4. 基础数据管理

在 PIS 中可以对管网层次结构、管道设备设施数据进行浏览、查询（图 5-37）。

如图 5-37 所示，用户在系统中不仅可以查看所辖管道概况信息、管网层级结构、管道数据种类，还可以对某种类型的数据进行查询、汇总。

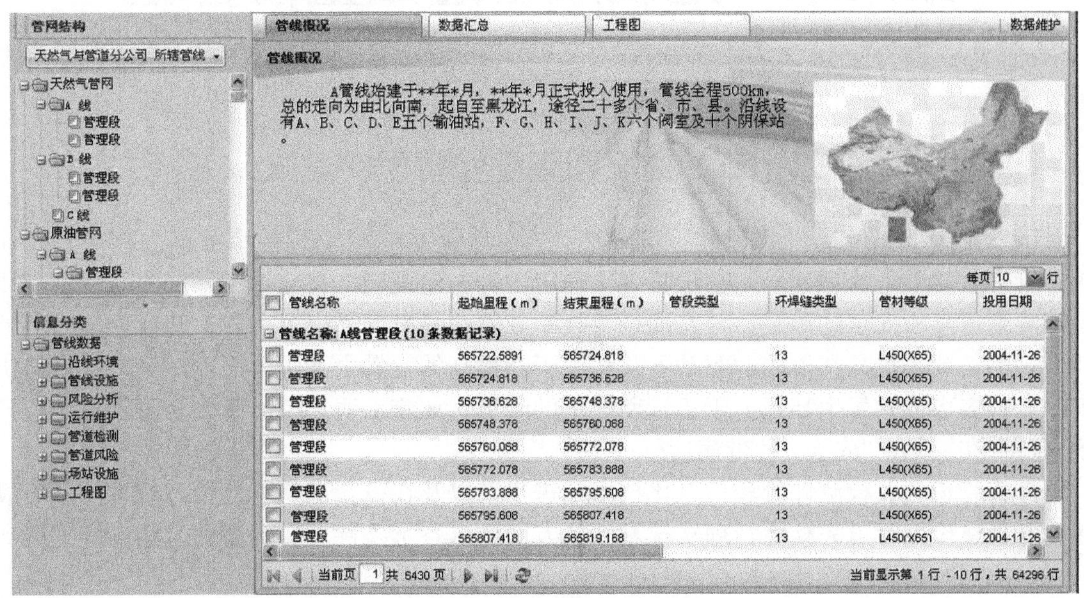

图 5-37　基础信息子系统界面

第六章　建设期管道完整性管理

第一节　建设期完整性管理的意义

随着在役管道完整性管理的推广应用在事故预防和提升管理效率方面发挥了重要作用，管理者清楚地认识到，完整性管理工作应延伸至建设期，在建设期开展完整性管理才是保障管道本质安全的源头。与其他行业技术或管理的发展和变革一样，建设期管道完整性管理的发展，也是在事故的驱动下，认识不断提高的背景之下应运而生。失效统计分析表明，很多事故的发生都是由于建设期埋下的隐患，如施工质量控制不严、监管不到位导致管道存在缺陷，“先天”就带病运行。

随着管道相关检测评价和信息化技术的进步，以及在役管道完整性管理技术的不断成熟，开展建设期管道完整性管理从技术储备方面已具备了条件。实践证明，建设期开展高后果区识别和风险评价，以及投产前内检测等工作的效果非常显著。

国家强制标准 GB 32167—2015《油气输送管道完整性管理规范》在第 4 章“一般要求”中，对建设期完整性管理提出明确要求：

4.1 完整性管理应贯穿管道全生命周期，包括设计、采购、施工、投产、运行和废弃等各阶段，并应符合国家法律法规的规定。

4.2 新建管道的设计、施工和投产应满足完整性管理的要求（不应只是合规达标，还应体现完整性管理风险预控的理念）。

4.3 数据采集与整合工作应从设计期开始，完整性管理全过程中持续进行。

4.4 在建设期开展高后果区识别，优化路由选择。无法避绕高后果区时应采取安全防护措施。

其中，4.4 条为强制性条款，是合规性管理必须要遵照执行的。管道建设阶段作为管道全生命周期的重要一环，建设质量的优劣和所处环境条件是管道运行期管理的基础，其很大程度上决定了运行维护条件的优劣和管道能否安全平稳运行，因此认真做好建设期的风险管理、从源头上识别和消减风险至关重要。GB 32167—2015 中对于建设期完整性管理在各环节中的开展也有明确要求，与在役管道完整性管理的各环节同步进行了规定。

建设期管道完整性管理对于运营期管道运行的安全高效保障具有三大方面的重要意义：

（1）实现管道数据的源头采集，大幅度提高数据的准确性和真实性。

无论是开展数字化管道还是未来的智慧管道工程，其核心和基础是数据，如果基础的数据采集不准确，那么建设智慧管道也只能成为空谈，就犹如空中楼阁、镜花水月。尤其对于管道这种线性工程，有些数据如果在建设期未采集，那么在运营期就很难进行恢复或

者继续采集，从这个方面来说建设期实现数据采集是一项非常重要的工作。

（2）建设期是对管道风险进行预控的最佳时机，少量的投入，就能大幅降低管道风险（如改线、换管等成本相对较低）。

因此建设期间的缺陷修复标准比运营期更加严格。通常在建设期油气长输管道工程施工验收遵守 GB 50369—2014《油气长输管道工程施工及验收规范》的要求，其中第 10.2.13 中对于焊缝返修及处理的规定是“所有带裂纹的焊缝应从管道上切除，焊道出现的非裂纹性缺陷，可直接返修；焊接返修应使用评定合格的返修焊接工艺规程，焊缝在同一部位的返修不应超过 2 次，根部只应返修 1 次，返修后宜按原标准检测”。此要求比运营期苛刻，对于裂纹无需开展适用性评价而是直接修复。另外，该标准中对于钢管表面的凹坑处理的规定是“凹陷处有尖点或凹陷位于焊缝处应将该处管段切除；凹陷深度超过管道公称直径 2% 的管段应切除”。与在役管道相比，建设期凹陷的修复标准更为严格。

（3）实现风险的源头消减，实现管道的本质安全。

如在设计阶段考虑避绕高后果区，在施工阶段严格控制施工质量等都可以为运营期的安全提供保障。对于某些管道如果在建设期未能很好削减风险，在运营期将持续面临高风险运营的局面。

第二节　建设期完整性管理工作内容

建设期完整性管理的内容包括三个阶段三个循环，有限数据条件下快速评价。根据核心评价管理需求，形成支持体系文件、标准和数据库。对于建设期完整性管理而言，各个阶段均包括数据采集、高后果区识别（HCA）、风险评价和风险削减等内容（如图 6-1 所示）。

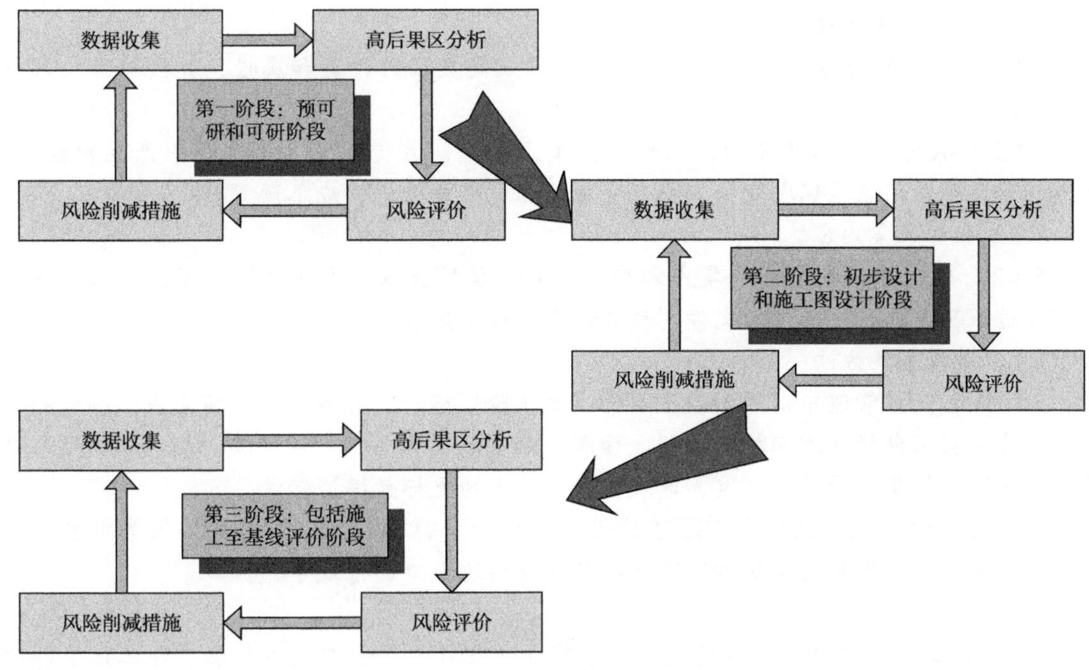

图 6-1　管道建设期各阶段完整性管理内容

陈向新等提出建设完整性管理的主要内容包括：

（1）可行性研究阶段。通过各项评价和政府核准，选择经济合理的宏观路由。管道线路选择以现场踏勘调研取得相关数据为主。完整性管理数据收集包括可研报告、沿线环境数据、专项评价报告及评审意见等。高后果区识别包括沿线高后果区的调查和识别（含规划调查与分布预测）。风险评价包括对专项评估报告审核、危害因素识别和高后果区评价等。风险消减与维修维护主要是根据高后果区识别和风险评价的结果，对管道路由进行调整和设计防控措施。

（2）初步设计和施工图设计阶段。随着管道的勘测数据不断完善和设计方案的逐渐细化，完整性管理的数据采集、高后果区识别、风险评价等工作需要重新循环开始，结合沿线环境数据的变化和新增高后果区情况，进行风险评价和落实调整优化设计。在初步设计阶段，管道完整性评价需要针对管道设计路由图、工艺流程图、收发球装置等进行可行性评估，以保证满足后期运行内外检测和完整性评价的需要；施工图设计阶段主要针对设计方案（包括施工期间的设计变更）进行高后果区识别和风险评价等工作。

从陈向新等的文章论述的建设期完整性管理内容中也可以看出，在建设期实施完整性管理，可以通过提升设计理念和方法、做好多方案路由必选、合理划分地区等级、重视高后果区识别、严格控制焊接施工质量、做好数据采集等为管道安全运营创造更好的环境、提供更好的保障。国家强制标准 GB 32167—2015《油气输送管道完整性管理规范》对各环节建设期完整性管理要求摘录如下。

一、数据采集

GB 32167—2015《油气输送管道完整性管理规范》明确了建设期数据收集的内容：

5.1 数据采集

5.1.1 数据采集流程

5.1.1.1 应明确管道全生命周期不同阶段需采集数据的种类和属性，并按照源头采集的原则进行采集。

5.1.1.2 数据来源包括设计、采购、施工、投产、运行、废弃等过程中产生的数据，还包括管道测绘记录、环境数据、社会资源数据、失效分析、应急预案等。

5.1.2 数据采集内容

5.1.2.1 管道建设期数据采集内容应包含管道属性数据、管道环境数据、施工过程中的重要过程及事件记录、设计文件、施工记录及评价报告等。

5.1.3 数据采集方法

5.1.3.1.1 新建管道中心线测量应在管道施工阶段进行，并在回填之前完成。测量的管道中心线数据应包括地理坐标、高程、埋深。测量数据应与桩、环焊缝、拐角点等信息对应。与公路、铁路、管道、河流、建筑物等交叉点的坐标数据应标注。

5.1.3.2.1 管道设施数据宜在管道建设期从设计资料、施工记录和评估报告中进行采集，并在管道测绘同时采集基础地理数据及管道周边人口、行政等数据。

5.2 数据移交

5.2.1 在试运行之前，管道建设单位应将管道设计资料、中心线数据、施工记录、评估报告、相关协议等管道数据提交给运营单位。

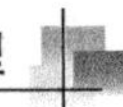

5.2.2 数据形式应为电子数据和纸质数据。管道工程资料数据可按工程竣工资料要求的格式和内容提交。管道中心线等电子数据宜采用标准格式，数据表结构参见附录B。

5.2.3 移交方应确保移交数据的准确性、完整性，要求如下：

a）建设期的数据应按5.1.4的要求进行对齐整合，并建立数据之间的线性关联关系；

b）建设期管道中心线及沿线地物坐标精度应达到亚米级精度。在人口密集区应适当提高数据精度。

二、高后果区识别

GB 32167—2015未对建设期高后果区识别规则做单独规定，与管道运营期相同。应做好结果利用，尽量绕避高后果区。相关条款如下：

6.3.1 建设期识别出的高后果区应作为重点关注区域。试压及投产阶段应对处于高后果区管段重点检查，制定针对性预案，做好沿线宣传并采取安全保护措施。

整体上，近几年我国管道设计者对于高后果区在设计中的考虑在逐步增强，认识也在不断转变，在可研前期就将绕避高后果区作为首要考虑因素。但是在对未来的预测和对地方规划的结合在很多设计方面缺乏考虑。当然这也可能是多方面的原因，包括地方规划的不确定性和不断变更等因素。这种情况也应该提前考虑地区等级增加的影响，按照较高的地区等级来提前设计，这样有利于日后的维护管理，避免在运营期改线增加更多的成本费用。

（1）高后果区与非高后果区对比。

对于高后果区和非高后果区的差异分析，位于埃及沙漠无人区的输油管道和Enbridge公司位于河流等环境敏感区域输油管道发生泄漏的后果有巨大的差异。位于埃及沙漠地带的某输油管道在2011年期间发生了近20起泄漏事故，其中还发生5起爆炸火灾，但这些事故发生后，引起的后果就是封堵和抢修，抢修完成后恢复生产，总经济损失不足1000万美元。但Enbridge管道公司在2010年7月25日发生的泄漏事故，发生在环境敏感的高后果区，管道发生破裂泄漏后，泄漏油品进入了旁边的小溪，随着小溪蔓延到附近的河流里面，从而造成了河流严重的污染，该起事故造成的经济损失超过7.67亿美元。从这两起事故对比分析可以看到，在高后果区和非高后果区发生泄漏事故，其影响的程度有巨大的差异。

事实上，完全绕避高后果区是不现实的，尤其是能源需求量大的国家，人口密度相对来说也会大一些，土地资源也非常有限。在《输气管道工程设计规范》（GB 50251—2015）标准的条文解释里谈到了输气管道建设中的安全保证的两种指导思想：一是控制管道自身的安全性，如美国、加拿大等用控制管道的强度和结构安全来确保管道系统的安全，从而为管道周围公众、建构筑物及其他设施提供安全保证；二是控制安全距离，如俄罗斯虽对管道系统强度有一定要求，但主要是控制管道与周围建构筑物的距离，以此为周围建构筑物提供安全保证。我国因为人口众多，人均土地面积有限，部分大口径、高压力管道不得已通过人口密集的场所（图6-2）。因此，我国采用欧美的控制管道自身安全性的设计原则。输油气管道国家设计标准中规定的管道与建构筑距离为不少于5m，这个5m不是管道与建构筑物的安全间距，而是为了维护管廊带，考虑到维修和抢险等因素提出的。

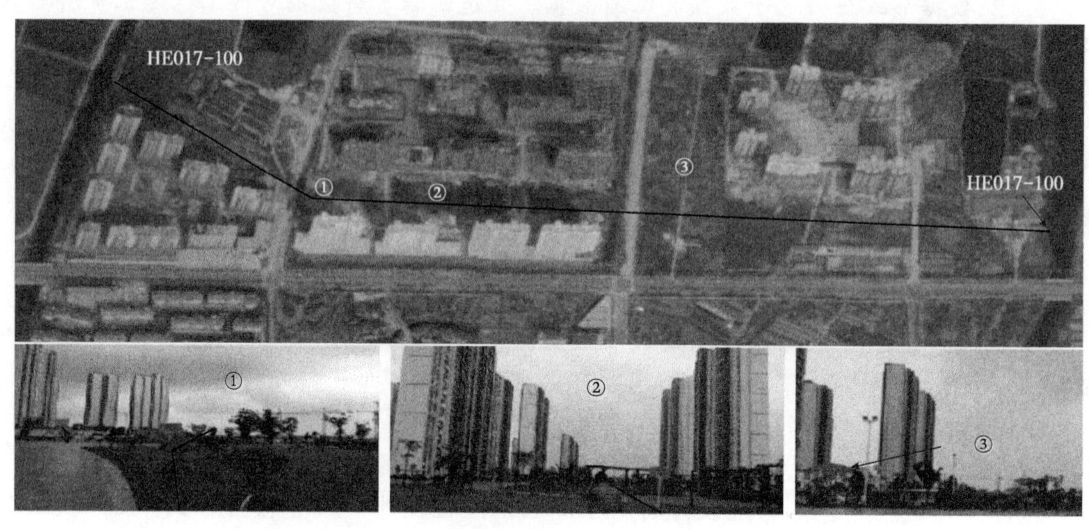

图 6-2　某输气管道通过人口密集型场所

（2）对建设期完整性管理工作的启示。

建设期在可研、设计阶段应尽量绕避高后果区，对于无法绕避的高后果区应提前制定防护措施，防护措施包括工程和管理的，并且区分高后果区的类型，譬如人口密集型、环境敏感型、易燃易爆场所等，针对其特点在设计上采取安全防护对策措施。

对高后果区建设期采取的安全防护对策措施应结合管道运营期的需求包括但不限于：

①针对地质灾害，加强对高后果区易受地质灾害管段的识别和设计标准，对于可能存在水土流失的区域，做好工程防护措施，提前布设地灾监测点，提高高后果区地质灾害防护等级。

②环境影响类高后果区严格做好隔离措施，应根据地形地貌及地表高程情况以及灭火过程的消防污水可能的流动路径，设置相应的围堤或专用导流沟渠以防止流入水体。

③对于特殊的经过人口密集场所的高后果区可适当考虑经过评估后确定修筑防暴墙，隔离事故状态下产生的冲击波和辐射热对周边人群的影响。

总之，在建设期是消除高后果区风险的最佳时期，也是采取预防、减弱、隔离、连锁和警告等安全技术措施的最合适的时期。

三、风险评价与风险减缓

GB 32167—2015 明确了建设期风险评价的内容：

7.1.2 d）应在设计阶段和施工阶段进行危害识别和风险评价，根据风险评价结果进行设计、施工和投产优化，规避风险；

e）设计与施工阶段的风险评价宜参考或模拟运行条件进行。

7.3.3.4 在管道建设期进行的风险评价宜考虑的因素参见附录 F。应识别出在运行过程中可能出现的风险源、发生事故的可能性、发生事故的可能后果和在这些威胁存在情况下所采取的措施需要投入的安全成本，通过分析，对可能发生的运行风险提出预防措施，或优化设计，规避风险。

7.3.3.5 在条件具备情况下，试运投产阶段应开展定性或定量风险评价，对识别出的风险因素，应逐一评价、落实各个风险点的风险控制措施是否满足运行要求。

7.3.3.6 建设期各阶段的风险评价宜作为各阶段工作成果的评估依据之一。在风险评价报告所提出的风险消减措施应得到有效落实。

风险评价内容见 GB 32167—2015 附录 F（资料性附录），主要基于专家经验法。对高风险因素提前识别，采取措施。在管道建设期进行的风险评价，应考虑以下因素：

（1）根据管道沿线的地方政府规划，考虑现有设计是否能满足规划要求。

（2）根据沿线土地的使用情况及规划用地情况分析可能存在的第三方损坏、占压等情况。避免投产后引起的占地纠纷、交叉施工过多带来的第三方损坏风险、短期内改线等情况。

（3）应充分考虑腐蚀、疲劳、热应力等风险因素，在满足输量的情况下，合理选择管道材质、管径、壁厚等参数，并依据设计的正常工况及可能出现的紧急情况，对管道材质及壁厚选取进行校核；调研材质及焊接工艺对环境温度、湿度、土质等的敏感性，使管材及焊缝在运行环境中不产生异常失效速率。

（4）根据沿线土壤腐蚀性、岩土类型、沿线电气化设施等分析可能出现的防腐层损坏、杂散电流和腐蚀易发区等风险。对局部腐蚀环境、杂散电流等腐蚀控制措施的有效性进行评价。防腐层及补口材料的选择应考虑具体的管径、壁厚、施工温度、土壤类型等因素。

（5）应对管道穿跨越（含隧道）位置、活动断裂带及特殊不良地质地段的风险进行评价，管道应选择在稳定的缓坡地带、灾害地质较少的地段通过，避免通过滑坡、崩塌、泥石流、陡坡、陡坎等易造成管道破坏的地带；通过活动断裂带可选用应变能力强的钢管，宜适当加大壁厚，并尽量减少使用弯头等管件，断裂带两侧的过渡段范围内管道宜采用弹性敷设方式。

（6）考虑施工阶段可能对周围环境和地形、地貌造成的挠动和破坏，依据地貌、土壤类型、降雨等信息，分析可能存在的地质灾害类型及危险程度。对于可能存在的山体滑坡、冻胀融沉等灾害，审核其监测设施运行有效性。管道铺设应尽量避免横坡铺设。

（7）应识别施工可能对管道本体产生的危害，并给出评价结论。使用特殊的施工工艺应考虑对将来完整性评价的影响。

（8）考虑工程变更时的风险，识别出由于变更对今后运行可能产生的危害，并提出消除危害和预防风险的措施。

由于管道建设过程的专业化分工越来越细，也带来了较为严重的脱节问题，各阶段之间缺乏有效的衔接，从而导致真空地带的出现，其中情况最明显的是建设管道和运营管理分离之后，例如某成品油管道支线泄漏事故其中很大的一个因素就是因为建设管道的队伍在建设施工期缺少对管道巡护，而管道企业尚未接收管道也未进行巡护，从而导致第三方施工活动未能及时的识别和监管，造成管道的损伤，最终导致了事故的发生，造成水源污染。

建设期各个阶段的衔接问题主要包括：

（1）可研与设计的断档。可研阶段对资源、市场缺乏足够的数据支撑，评估偏差大，存在资源、市场不能落实的情况，甚至出现“拍脑袋”决策的情况。而在设计阶段对于可研阶段的评估和结论未做核实，完全依赖于可研的结果进行设计，有的甚至明知道措施的情况下将错就错，从而导致设计与实际的情况偏差很大，给运营带来无法弥补的损失。典型案例为某管道在建设期可研阶段对下游市场需求未调研准确，后续的设计、投产等各个阶段也未起到对前一阶段核实的作用，最后在投产完成后，发现了市场需求错误，从而投产后不久就进行了扫线、氮气封存，造成了几十亿资金的浪费。

（2）设计与施工的断档。在设计阶段对于现场的了解不足，采用理想化的模式设计管道，缺乏现场实际的支撑，间接导致现场施工不便利，甚至有些施工无法实施。在这种情况下，很多施工队伍在施工过程中会变更设计方案，而因为各种对于变更的审批手续比较繁杂，经历的时间比较长，很多施工往往又会为了节约时间私自变更方案施工，在没有进行充分的论证风险的情况下做出这些变更，对后期的运行安全来说是致命的。

（3）施工与投产的断档。近几年管道大建设期间，出现一些管道因资源为落实，长期不能投产，导致空管时间较长，带来了管道内外腐蚀严重的风险。这种情况，对于前面提到的水压试验后，扫水不干净的管道，如果还存在这种长期未能投产的话，那么这条管道极有可能发生针孔腐蚀，后期投产面临的针孔泄漏风险非常大，该风险对于运营来说是致命的。

某管道支线 A 于 2009 年建成，2014 年投产，投产试压期间发生针孔泄漏（图 6-3）。2014 年 7 月，内检测公司对该管道支线进行了高清漏磁检测。管道内检测结果显示：共检测出 3833 个缺陷，其中 2 个壁厚损失超过 30% 的缺陷，114 个壁厚损失为 20%~30% 的缺陷，3707 个壁厚损失超过 10% 小于 20% 的缺陷。其中缺陷都是在内壁，且大部分缺陷分布在管道底部，时钟方位 4：00 至 8：00 的范围内。随后，针对发现的内腐蚀缺陷，进行了大量的换管工作，由此也造成巨大的经济损失。

图 6-3　某管道投产试压时发生针孔泄漏

某成品油外输管道 B 与支线管道 A 的情况类似，2010 年开工建设，2016 年 11 月份投产。建成后长时间未投产，试压水清扫不彻底，以及采用空气封存等原因导致发生了多起针孔泄漏，管道内腐蚀也非常严重，进行了大量换管作业。这条管道也是非常典型的可研与设计断档的经典案例，在投产后不久，这条管道因为下游市场需求不足，采用了氮气扫线封存。

管道在投产试压阶段发生多处针孔泄漏：

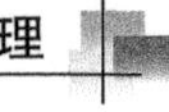

注水阶段。10 月 29 日 10 点启泵，水头到达 12# 阀室，在 97km 处出现沙眼，117.8km 处发现盗油预埋阀门，120.2km、120.7km 处发现砂眼。11 月 12 日 19：05 再次启泵注水，出站压力 2.1MPa。

分段试压。14 日 3-4# 阀室打压至 7MPa 发生泄漏，103.8km 处发现砂眼，15 日补疤完毕，但压力仍在下降；4-5# 阀室 15 日打压至 6MPa，135km 处发现砂眼，16 日抢修完毕，压力降至 3MPa 后仍在继续下降。

管道外防腐层检测。宁夏段完成干线 157km、支线 6.6km 排查，发现漏点 180 处，开挖修复 92 处；内蒙古段完成 32km 排查，发现漏点 12 处，开挖修复 9 处。

管道企业在针对管道内腐蚀成因机理分析研究过程中调研发现了一些现场监管不到位导致的管道发生内腐蚀的部分根源问题。主要获得了以下信息：

（1）管道出厂时的内表面状态：管道出厂时内表面是卷板后的腐蚀状态和大气腐蚀状态，未经过喷砂除锈处理。管道端口没有任何的防护措施，管道出厂日期是 2010—2014 年。

（2）管道存放期的腐蚀情况：管道按照一定的堆放标准堆放，如图 6-4 所示，管道两端有保护坡口的钢箍（部分管道钢箍丢失），没有任何的内腐蚀防护措施（如管帽）。管道在焊接前摆放时也没有任何的内防腐措施，部分管道倾斜，一端着地，如图 6-5 所示，在降雨时容易进水，加快腐蚀，在部分管道内部发现有明显的沉积水痕迹，在除去浮锈和尘土后，没有发现明显的点蚀情况。固安段现场的管道内部是一层浮锈，将浮锈用钢丝刷刷下收集，进行物相分析，如图 6-6 所示。管道端口外部没有防腐层处也没有腐蚀防护措施，管道端口外部也有一层浮锈，如图 6-7 所示，外部的锈蚀比较严重，采用超声测厚仪测量厚度，壁厚测量结果为 10.2mm，管道初始壁厚为 10.3mm，由于仪器存在 ±0.1mm 左右的误差，并且从表面打磨情况看减薄量较小，测量不出明显的减薄。

图 6-4　管道在中转站堆放情况

（a）管道布管情况

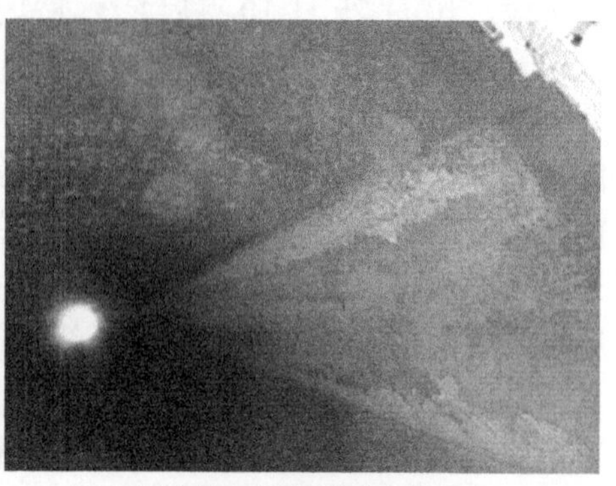
（b）管内壁浮锈和降雨水痕

图 6-5　管道现场布管情况和管道内壁降雨腐蚀情况

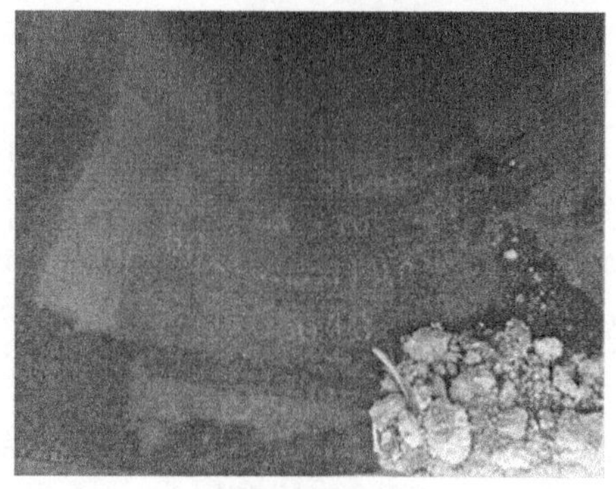
（a）管内壁浮锈

（b）管道内壁刷下浮锈

图 6-6　管道内壁腐蚀和刷下浮锈情况

（a）管口外壁浮锈和钢箍

（b）超声测厚

图 6-7　管道端口外壁腐蚀、保护钢箍和壁厚测量情况

（3）管道焊接连头后的内腐蚀防护情况：管道焊接连头后，一般将两端进行临时性的封堵，部分采用简单的编织袋封住，部分采用薄钢板焊接封住，但封堵不是很严密，主要是为了防止异物的进入，如图 6-8 所示，这种简单的封堵可以一定程度上降低管道内部腐蚀。

(a)编织袋封堵

(b)焊板封堵

图 6-8　管道焊接连接后的端口封堵情况

（4）管道内积水腐蚀情况：现场调研发现，由于在堆放和布管期间，管道端口没有内腐蚀防护措施，降雨时造成部分管道内部有沉积水，造成了一定的内腐蚀，但是去除浮锈和沉积物后没有发现明显的点蚀。个别管道在外壁与土壤接触的管口位置发现了点蚀情况，点蚀最大深度 1.24mm 左右，如图 6-9 所示，针对这段有点蚀的管道准备进行切除点蚀部分。

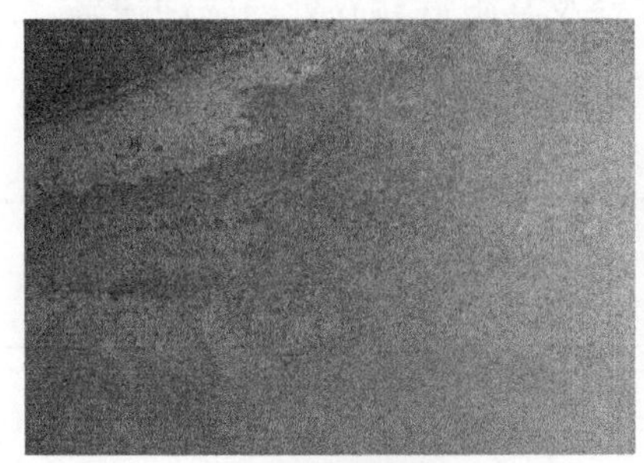

(a)内壁除锈后

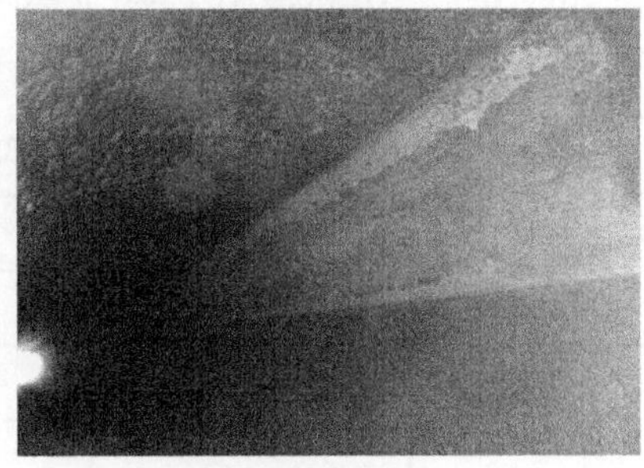

(b)内壁除锈前

(c)外部端口点蚀

图 6-9　降雨造成的管道内壁沉积水腐蚀和外壁点蚀情况

除了在各个阶段之间的断档之外，还存在一些职责之间真空导致的推诿或推脱，比如焊缝外观检查就不合格的焊口，但是拍射线底片人员的不负责外观检测，所以在外观不合格的情况拍了射线底片，这种情况在后期的运营中通过内检测等手段也发现了不少。另外，管道环焊缝焊接存在的漏焊一层或焊道没有焊完，而负责防腐的没有经过核实或看到了也不说，直接进行防腐；焊缝没有做补口，而负责回填的直接进行回填等情况近期也发现了不少。

水压试验后，管道扫水不干净，导致管道内腐蚀严重的案例如下：

（1）总体情况描述。

某原油管道自2014年1月4日从首站发送第一个2支撑板3皮碗测径清管器开始，至2015年9月10日在末站接收最后一个几何+IMU检测为止，历时614天完成了全线的三轴高清漏磁、几何+IMU检测，共收发球作业32次，其中收发送清管器27次，收发检测器5次。清出油泥、污物超过5t。后期根据管道内检测结果进行了开挖验证，统计分析了内部金属损失缺陷的情况。从内腐蚀开挖验证结果来看，开挖测量金属损失值与内检测报告深度符合性较好。根据内腐蚀分布推断，开挖两处的几根管节曾存在大量积水，积水应来自建设期试压水（此处基本可以排除运营期从原油中沉积出来水产生腐蚀的可能，因为连续管节内的原油不可能沉积出如此多的水）。查阅建设施工资料，该段于2011年5月左右试压，于2013年1月投产，推断积水在该处存在了1年7个月，内腐蚀在这段时间内逐渐发展。

（2）第一处内腐蚀缺陷开挖验证。

该点位于首站出站50322.605m，环焊缝编号44110，最大深度40%。内检测信号显示该处连续5根管节存在内腐蚀。对该点及该点附近的内腐蚀缺陷进行了开挖验证，开挖验证的具体信息如表6-1，实际检出了40%深度处及其附近共6处内腐蚀缺陷，内检测深度与验证深度符合较好。

表6-1 某原油管道检测里程50322m处内腐蚀缺陷开挖验证信息表

开挖点类型名称	内部金属损失				
里程（m）	50322.612				
输油站	XX站				
GPS坐标	略				
管道材质	X65，外径ϕ711，公称壁厚9.5mm				
检测方法	超声测厚仪				
开挖点实际位置	64#定标点上游245m				
内/外壁	☑内壁　□外壁				
周围环境描述	位于某市某县某镇某村，地形为丘陵，农田				
防腐层状况	外观完好，与管体结合紧密				
公称壁厚（mm）	9.5				
绝对距离（m）	长（mm）	宽（mm）	钟点	内检测深度	验证壁厚/深度
50322.605	10	8	03:00	40%	5.7mm，40%
50322.648	33	20	03:00	24%	7.4mm，22%
50322.725	29	46	03:00	22%	7.7mm，19%
50322.841	29	49	0.880	15%	8.0mm，16%
50322.855	43	53	03:00	27%	8.8mm，7%
50322.942	11	13	02:45	26%	8.4mm，12%

现场照片如图 6-10 所示。内腐蚀在管节上的分布与管道局部走向示意图如图 6-11 所示，内检测信号截图如图 6-12 所示。内检测数据显示，该段 5 根管节 65m 范围内存在 760 处内腐蚀缺陷，且内腐蚀时钟方位的分布符合积水腐蚀的特征。根据内腐蚀分布推断，此处的 5 根管节曾存在大量积水，积水应来自建设期试压水（此处基本可以排除运营期从原油中沉积出来水产生腐蚀的可能，因为 65m 长管节内的原油不可能沉积出如此多的水）。查阅建设施工资料，该段于 2011 年 5 月左右试压，于 2013 年 1 月投产，推断积水在该处存在了 1 年 7 个月，内腐蚀在这段时间内逐渐发展。

图 6-10　某原油管道检测里程 50322m 处开挖验证现场测量

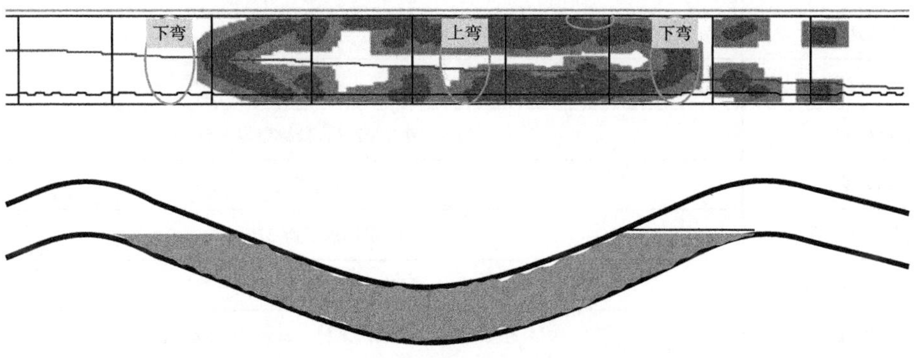

图 6-11　某原油管道检测里程 50322m 处内腐蚀分布于管道局部走向示意图

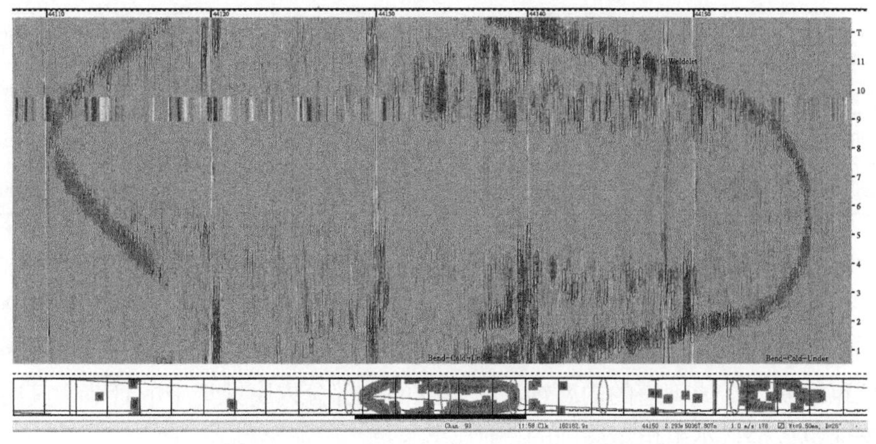

图 6-12　某原油管道检测里程 50322m 处内检测信号截图

此外，在首站进行了初步调研，站内4座储罐存在不同程度的积水，储罐有排污口但没有定期排水。且该原油管道为间歇式运行，停输期间管道内不排除产生积水的可能性。

（3）第二处内腐蚀开挖验证。

该点位于首站出站50890.035m，环焊缝编号44600，最大深度27%。内检测信号显示该处连续6根管节存在内腐蚀。对该点及该点附近的内腐蚀缺陷进行了开挖验证，开挖验证的具体信息见表6-2，现场照片如图6-13所示。内腐蚀分布情况与管道局部走向示意图如图6-14所示。内腐蚀分布与管道里程、高程关系图如图6-15所示，内检测信号截图如图6-16所示。内检测数据显示，该段6根管节66m范围内存在1072处内腐蚀缺陷，且缺陷的时钟分布特征也显示为积水腐蚀。其下游的44620~44670段6根管节44m范围内存在532处内腐蚀缺陷，且内腐蚀均分布在5：00至7：00范围内。与50322m处的内腐蚀类似，该管段也呈现出较典型的建设期试压水导致的内腐蚀特征。查阅建设施工资料，该段于2011年5月左右试压，于2013年1月投产，推断积水在该处存在了1年7个月，内腐蚀在这段时间内逐渐发展。

表6-2　某原油管道检测里程50890m处内腐蚀缺陷开挖验证信息表

开挖点类型名称	内部金属损失				
里程（m）	50890.035				
输油站	XX站				
GPS坐标	略				
管道材质	X65，外径ϕ711，公称壁厚9.5mm				
检测方法	超声测厚仪				
开挖点实际位置	64#定标点下游320m				
内/外壁	☑内壁　　☐外壁				
周围环境描述	位于某市某县某镇某村，地形为丘陵，农田				
防腐层状况	外观完好，与管体结合紧密				
公称壁厚（mm）	9.5				
绝对距离（m）	长（mm）	宽（mm）	钟点	内检测深度	验证壁厚/深度
50890.035	11	16	03：45	27%	7.4mm，22%
50890.313	73	13	08：15	22%	7.3mm，23%
50890.438	20	13	08：15	14%	8.8mm，8%

此外，某原油管道28A段的内腐蚀集中分布于45~72km，该范围地形为丘陵。由图6-15可知45~72km范围地势较高，且这一段高程变化频繁，存在大量的类似于50322m及50890m这样的局部低点，建设期试压水（主要因素）或运行期沉积水（次要因素）易于在这些局部低点沉积，造成管道的内腐蚀。未开挖的大部分内腐蚀集中的管节，其内腐蚀时钟方位分布特征也大都显示出积水腐蚀的特征。

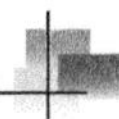

图 6-13　某原油管道检测里程 50890m 处开挖验证现场测量

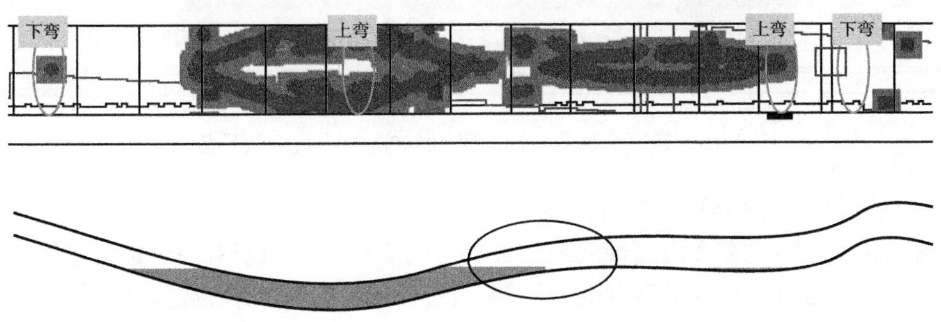

图 6-14　某原油管道检测里程 50890m 处内腐蚀缺陷集中分布图

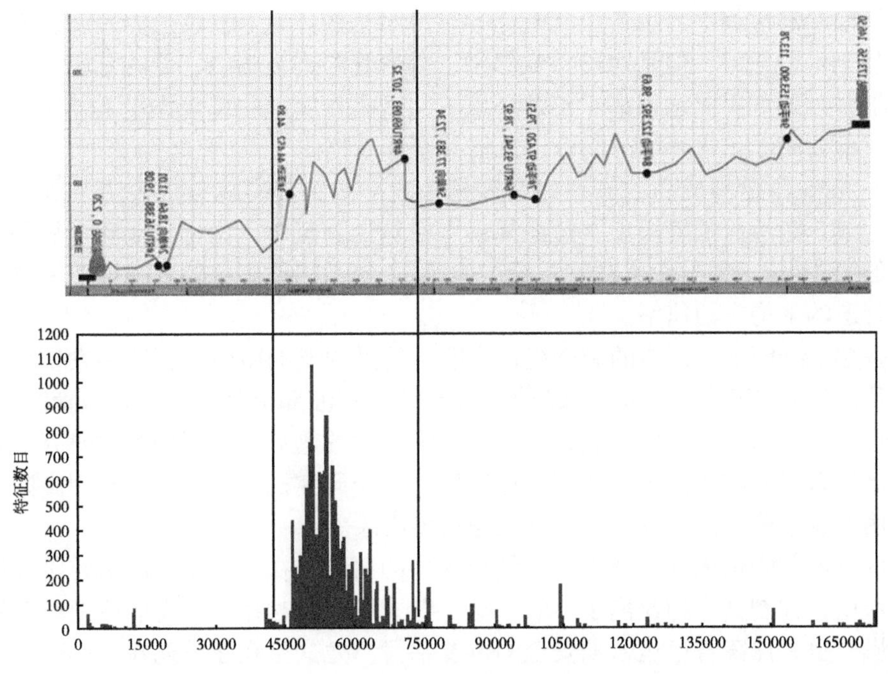

图 6-15　某原油管道内腐蚀缺陷分布与里程—高程关系图

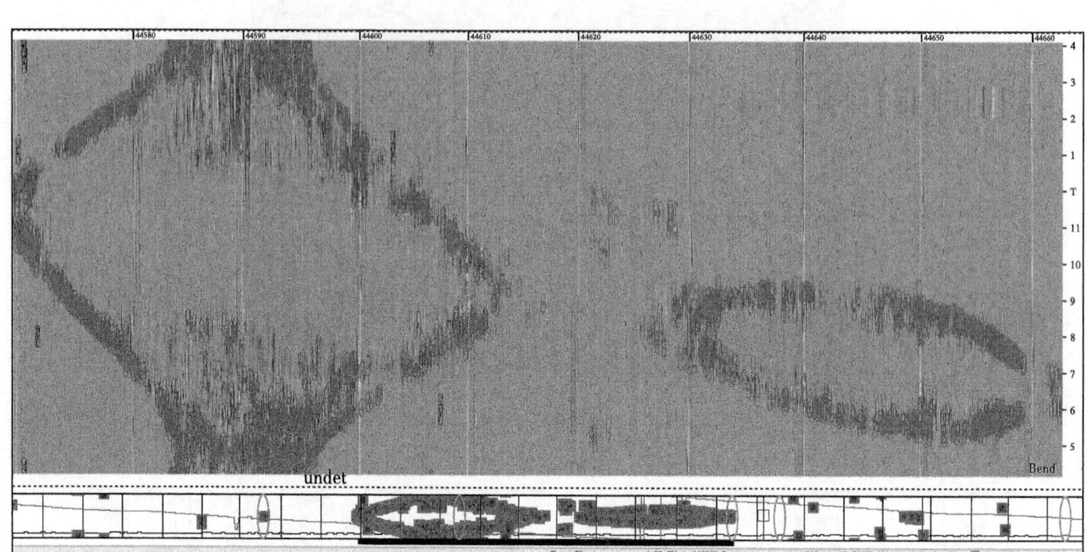

图 6-16　某原油管道检测里程 50890m 处内检测信号截图

（4）对建设期完整性管理工作的启示。

欧洲成品油管道也存在内腐蚀问题，大部分的管道虽然初期有一定量的杂质，但是并不影响管道安全运行。在管道运营的中后期，内腐蚀速率会呈现出逐步加速的趋势，在特殊管段甚至会造成腐蚀穿孔的严重后果。成品油管道的内腐蚀相比原油和天然气管道发生的程度要轻。内腐蚀是由多种腐蚀综合作用的结果，其中最主要的两种腐蚀分别是氧腐蚀（电化学腐蚀）和微生物腐蚀（细菌腐蚀）。管道内水的来源主要有两部分：试压过程中的水存留和热油冷却过程中的水析出。电化学腐蚀对正常环境下的管道内表面造成的损伤并不严重，甚至可以忽略，但是对于特殊部位，如弯管附近、阀门、低洼管段、站内复杂管网，电化学腐蚀的危害要远远高于正常环境。与微生物腐蚀的综合作用下，这些特殊部位的内腐蚀速率要高于正常环境下的管道几倍甚至几十倍。

1971—2006 年欧洲成品油管道内腐蚀导致泄漏的 5 起事故分析表明，所有的事故都发生在山地或丘陵地区的管段上，且泄漏集中在管道 5 至 7 点位置。泄漏事故平均发生在管道投产的第 19 年，最早发生在管道投产的第 11 年，特殊部位的内腐蚀速率要远远高于平缓地带管道的平均腐蚀速率。

欧洲鲁尔（Ruhrgas）公司的调查统计表明，管道内壁的微生物腐蚀多发生在站内复杂管网的特殊部位（如弯头、弯管、阀门等）和干线易积液部位（U 型或 V 型管段底部），并且在管道运营的中后期，微生物腐蚀也具有逐渐加速的趋势。欧洲的管道研究机构和相关高校目前已经合成数种杀菌剂并实现工业应用，多个研究机构正在研发利用高频交变电磁场杀菌作用抑制细菌腐蚀的设备，并已取得初步成果。

从国内当前的管道内外检测来看，结合国外的情况，在建设期水压试验阶段严格控制水压水的水质，控制其中的氯离子、氧、盐、杂质等，同时在试压完成后及时对管道进行彻底的干燥，也是保障管道运营期安全的重要手段。尤其是在建设期建立一套识别扫线干燥后可能残留试压水的位置的风险识别方法，对重点区域进行监测或者采取低点排水等都

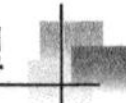

是建设期非常重要的措施。

建设期管道风险减缓措施主要包括：管道改线避让高后果区 / 高风险区，凹陷、防腐层等缺陷的修复，水工保护、地质灾害治理，预留足够安全裕量等。

保温原油管道缺少内防腐层，导致补口位置腐蚀严重的案例详情如下：

（1）总体情况描述。

2015 年 7 月，管道企业对内检测环焊缝编号 250、260、270、280、290 共 5 处环焊缝附近金属损失缺陷进行了开挖验证，这 5 处均位于土默特右旗输油站出站第一个左弯弯头下游，与站南侧围墙平行，相距 12m（图 6-17）。

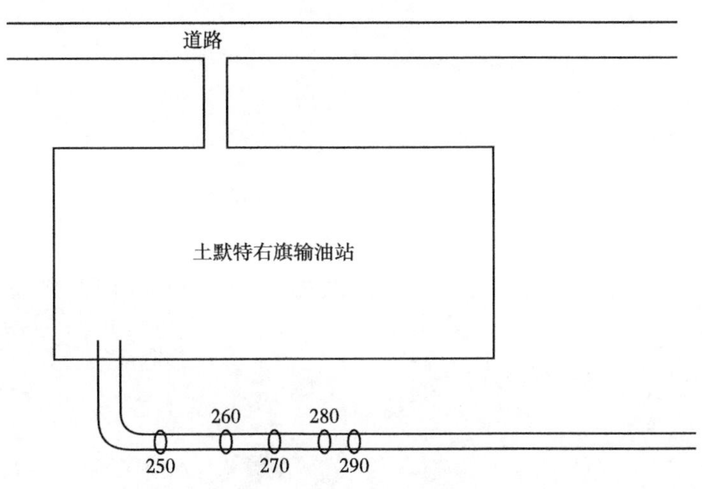

图 6-17　开挖缺陷点位置示意图

管道位于黄河冲积平原地区，距黄河直线距离约 5km，地势低洼，地下水位较高。开挖的 5 处缺陷点在 2014 年 11 月就着手准备开挖验证工作，但由于常年有地表水覆盖，开挖困难；2015 年春夏的干旱致使地表水蒸发，地下水位下降，因此具备了开挖修复条件（图 6-18）。

图 6-18　2014 年 11 月定位时的照片（左）和 2015 年 7 月开挖时的照片（右）

（2）管道缺陷修复实施情况。

参考环焊缝 280 下游 4.723~4.993m 处的缺陷，即为环焊缝 290 处（280 至 290 段管道实长 5m），埋深 0.4m（图 6-19，图 6-20）。

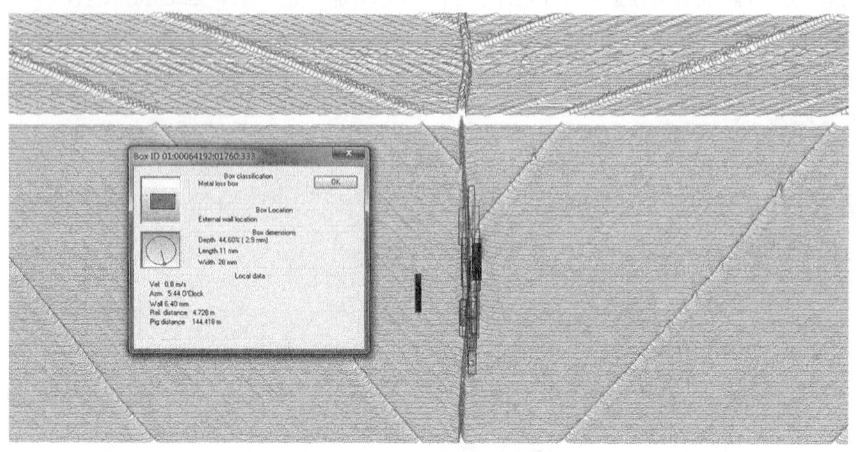

图 6-19　环焊缝 290 的内检测信号

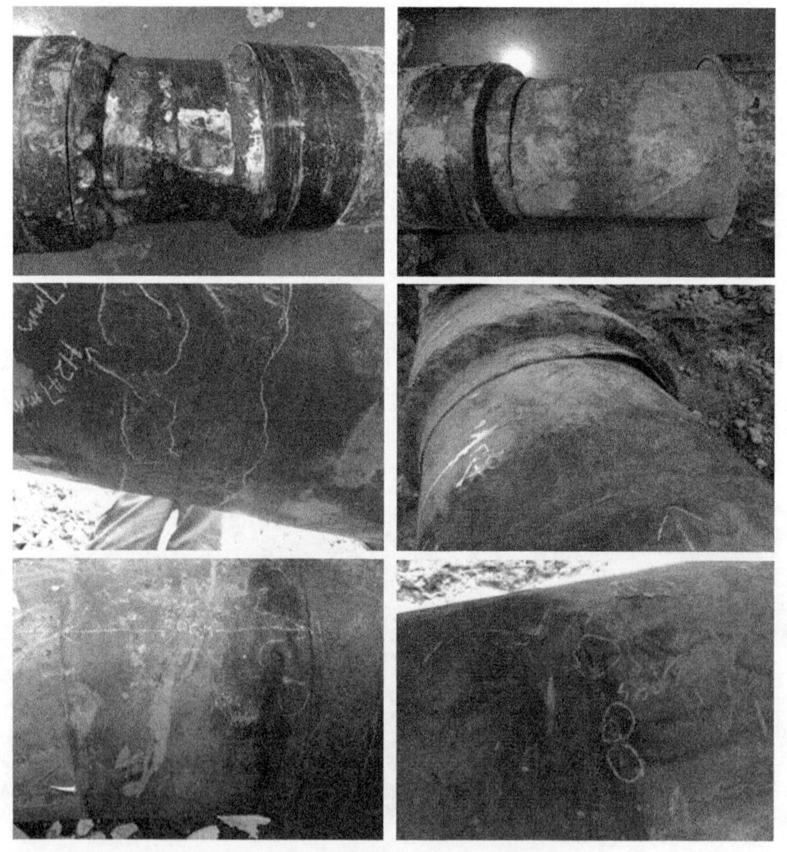

图 6-20　环焊缝 290 开挖后现场

开挖情况描述：环焊缝 290 开挖后，外防护层有空隙已失去密封性，打开后保温层底部有水流出，保温层内部进水，两侧防水热收缩套有明显缝隙。取下保温层后，焊缝两侧锈蚀明显。经打磨，焊缝两侧约 8cm 范围内无防腐措施（询问施工方，对方告知焊缝处已涂刷底漆，不知何种原因未能按要求加装热收缩带）。无防腐层管体部分遍布金属腐蚀，其中底部（5：00—7：00）腐蚀程度较为严重，数据显示最深处已至管道壁厚 48%。管体侧面及上方（1：00—5：00/8：00—11：00）有大量圆点状腐蚀点密集分布。有环氧粉末涂层的部分也有部分防腐层破损及腐蚀。

环焊缝 290 上游方向 30cm 处，5：00—6：00 方向有带状腐蚀，其中 5：30 方向处有一深度为 4.58mm 腐蚀深坑，5：15 方向处有一深度为 3.37mm 腐蚀深坑。

该段管道长期在水中浸泡，受浮力影响，管道埋深变浅，环焊缝 290 处埋深仅 0.4m。管道已经有可见向上弯曲的情况。

产生原因分析：环焊缝 290 处防护层密封不严，导致保温层进水，而焊缝处无防腐措施，再加上管道南侧 20m 处有 35kV 交流电路的可能存在干扰加速了此处腐蚀。

修复方法：该处缺陷采用长度 500mm，厚度为 7.1mm 的 B 型套筒进行修复，并恢复了原保温层和外防护层（图 6-21）。

图 6-21　环焊缝 290 修复后现场

参考环焊缝 270 下游 12.092m 处的缺陷，即为环焊缝 280 处，埋深 0.65m（图 6-22）。

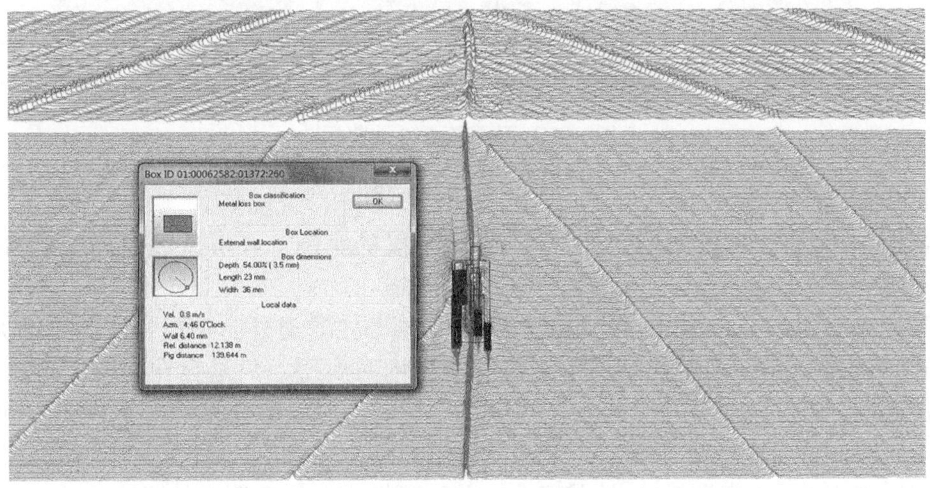

图 6-22　环焊缝 280 的内检测信号

开挖情况描述：环焊缝 280 处情况与 290 类似，外防护层有空隙已失去密封性，打开后保温层底部有水流出，保温层内部进水，两侧防水热收缩套有明显缝隙。取下保温层后，焊缝两侧锈蚀明显。经打磨，焊缝两侧约 8cm 范围内无防腐措施。无防腐层管体部分遍布金属腐蚀，其中底部（3：00—8：00）腐蚀程度尤为严重，由于腐蚀成片范围较大，表面凹凸不平，无法准确测得壁厚。数据显示最深处已至管道壁厚 54%（图 6-23）。

产生原因分析：环焊缝 280 处防护层密封不严，导致保温层进水，而焊缝处无防腐措施，再加上管道南侧 20m 处有 35kV 交流电路的干扰可能加速了此处腐蚀。

修复方法：该处缺陷采用长度 300mm，厚度为 7.1mm 的 B 型套筒进行修复，并恢复了原保温层和外防护层（图 6-24）。

图 6-23　环焊缝 280 开挖后现场

图 6-24　环焊缝 280 修复后

（3）现场调查结果。

此次开挖的 5 处环焊缝附近均发生了不同程度的腐蚀，分析造成如此严重腐蚀的原因为：

①开挖处管道的补口失效，补口处的外防护层与主管道外防护层之间的黏结力降低，导致水进入到补口里。同时保温层下面没有发现内防腐层，只是存在一层黑色的环氧底漆，不能起到很好的防腐作用。当水进入到补口里时，保温层吸收了大量的水，使保温层下的管道长时间处于潮湿的环境中，形成了封闭的腐蚀环境，从而引起管道发生腐蚀。补口处保温层内水的 pH 值为 6.7，呈弱酸性，此种环境也会加速管道的腐蚀。

②开挖管道所处的地势较周围地势较低，管道埋深较浅，每当农田进行浇灌时就会有

水从农田里流入到管道所处的位置，这样管道就会长时间的处于水位很高的环境中。从土壤电阻率的测试结果来看，此处土壤的腐蚀性也很强。

③阴极保护测试结果满足了阴极保护准则的要求，但管道仍出现了大面积的腐蚀，主要原因就是，当补口处保温层内进入水后，保温层对阴极保护电流起到了屏蔽作用，使得阴极保护电流无法进入到保温层内对管道进行保护，即使阴极保护电流通过补口的外防护层与主管道外防护层之间的空隙进入到补口内部，但由于此通道很小，加上有水的进入，使得电流进入的阻力变大，不能进入到更深处的管道表面进行保护。同时，由于空隙处内外的氧浓度不同，也会形成氧浓差电池，从而使管道发生腐蚀。

（4）对建设期完整性管理的反馈。

出现上述情况除了施工质量差之外，还有就是施工分工之间缺少验证，下一道工序对于上一道工序没有检查的职责，在没有完成上一道工序的情况下直接进行了下一道工序，从而导致了严重腐蚀的发生。

在建设期应当完善机制，每个阶段的实施都应该核查和验证上一个阶段的可行性，在专业化分工的同时要注重系统性。工序和管理都应当结合工程实际来制定，不应为了监管而监管，走过场，存在很多的侥幸心理，导致形成很多管理的真空地带，给管道运营带来不可挽回的损失。

四、完整性评价

GB 32167—2015 明确了建设期完整性评价的内容：

8.2　内检测

8.2.1　建设期要求

8.2.1.1　管道系统的设计应保障内检测器的可通过性，考虑如下因素：

（a）安装永久收发球筒或预留连接临时收发球筒的接口，收发球筒前应留有足够的作业空间和安全距离。

（b）上下游收发球筒间距宜控制在 150km 以内，最长不能超过 200km。对投产后可能存在杂质较多、管道结蜡或者管道内表面对清管器磨损严重的管道，应适当缩短间距。

（c）收发球筒应满足使用内检测器的长度的要求。平衡管、阀门、三通等附件的设置满足清管和内检测的要求。

（d）最小允许弯管曲率半径。

（e）最大允许的内径变化。

（f）支管连接设计及线管材料兼容性。

（g）内涂层与内检测的相互影响。

（h）过球指示器。

（i）旁通与盲板的间距。

（j）在确定球筒方位时应考虑进入路线和相邻设施的安全。

8.2.1.2　投产前宜开展内检测，对其发现的特征进行分类，依据相关施工标准的要求进行修复，并记录在案。

8.2.1.3　投运前或投运后 3 年内的基线检测与评价结论可以作为工程验收依据。

上述这些条款反馈到建设期完整性管理中，大部分都是经过事故考验总结的经验。诸如设计站间距过长导致管道清管和内检测无法有效实施（图 6-25）；施工期扫水不彻底导致后期内腐蚀严重；管沟底部未清楚尖锐岩石，导致管道形成凹坑（图 6-26）；未按照标准要求进行细土回填，导致管道的划伤等（图 6-27）。上述风险在建设期处置相对容易，成本也较低，但在运营期处理的费用就非常昂贵，且部分受识别时间的限制，一旦不能及时识别缺陷的存在，极有可能导致事故的发生，损失不可估量。

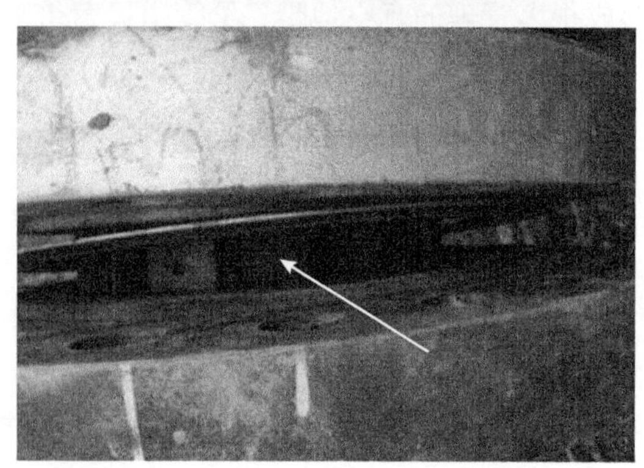

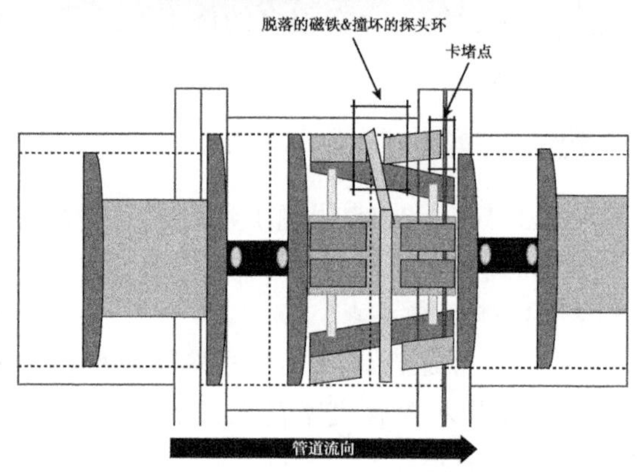

图 6-25　某投产前管道球阀错位导致检测器卡堵

图 6-26　管道底部石头顶出的凹坑

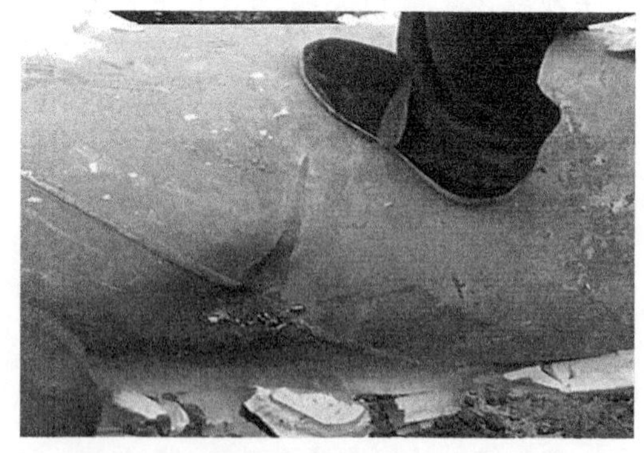

图 6-27　管体划伤

站间距过长，清管器磨损量过大，污油量大的案例详情如下：

（1）总体情况描述。

某成品油管道发球站—收球站长度为 308.5km，管径为 660mm，设计压力 8~10MPa，输送0号柴油、90号汽油和93号汽油。从2014年6月23日11:40从发球站发送2支撑6直板清管器到7月17日08:55在收球站取出该清管器，历时22天20小时45分钟，期间经历了2次停输，发球站站多次启停泵操作，输量在这期间也发生了多次变化，最大输量达到1450m³/h。

这次清管器停滞的主要原因包括两个方面：一是管道内沉积的油砂太多，站间距过长（308km），导致清管器在运行过程中前端堆积的杂质过多，从而加剧了清管器的磨损，密封性能下降，清管器泄流后失去足够的驱动力，加上输量频繁变化等因素共同作用致使清管器运行过程中出现间歇性停滞；二是发球站至收球站管道途径地区地势起伏较大，且存在大量的斜井，清管器在通过斜井的时候需要较大的驱动，加上斜井的地方有可能成为沉积油砂的主要区域，使得清管器容易在斜井或爬坡的位置发生停滞。

（2）清管运行记录。

发球站—收球站从2014年5月8日08:20开始发送第一个泡沫清管器，收球站共接收清管器三轮次，在第四次轮次清管器发生停滞，分别为：

第一球：聚氨酯涂层泡沫清管器于5月8日08:20发出，排量850m³/h，压力4.47MPa，温度16℃；13日23:52进收球站，排量850m³/h，压力4.27MPa，温度16℃；本次清管器运行112h，共清除铁锈、沙子共计30kg（图6-28）。

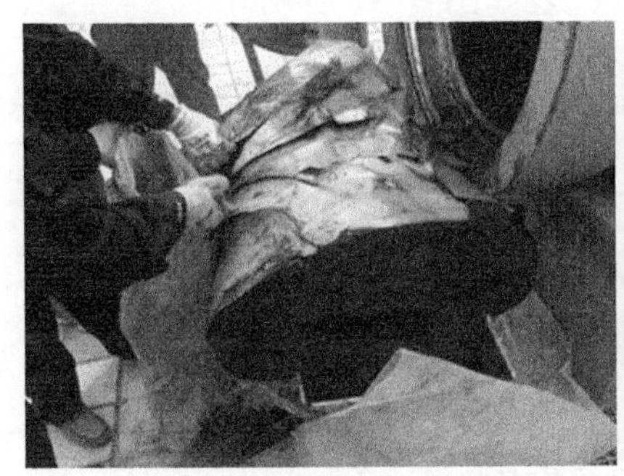
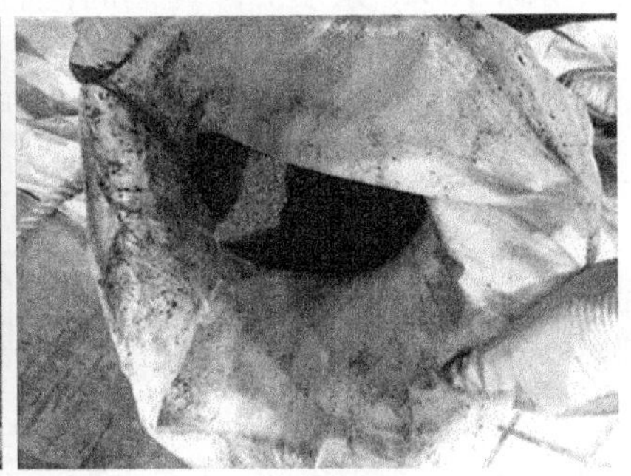

图6-28　第一次清管收球站取出的泡沫球及其杂质

第二球：两支撑四皮碗清管器于5月19日14:25发出，排量580m³/h，压力3.98MPa，温度16℃；25日06:30进收球站，排量640m³/h，压力5.2MPa，温度16℃；本次清管器运行136h，共清除铁锈、沙子共计70kg（图6-29）。

图6-29　第二次清管郑州站取出的清管器及其杂质

第三球：两支撑四直板测径清管器（测径板变形量为 12.77%）于 6 月 13 日 16：20 发出，排量 586m³/h，压力 4.32MPa，温度 15.2℃；19 日 21：05 进收球站，排量 626m³/h，压力 4.3MPa，温度 14℃；本次清管器运行时间 148.75h，共清除铁锈、沙子共计 70kg（图 6-30）。

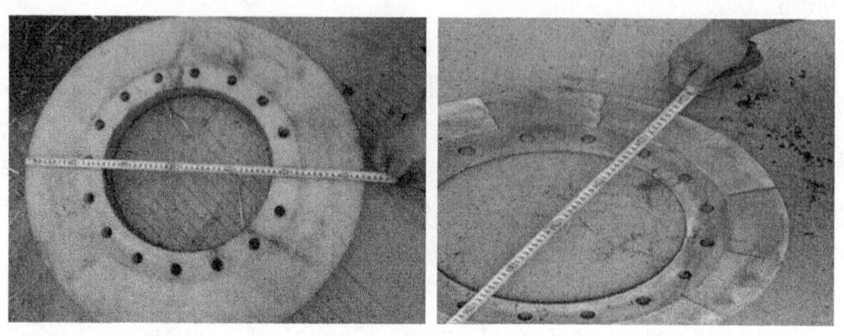

图 6-30　第三次清管收球站取出的清管器密封板及测径板（支撑板最大损耗 17mm；密封直板最大损耗 44mm；测径板最小直径 560mm）

第四球：两支撑六直板清管器于 6 月 23 日 11：40 发出，排量 820m³/h，压力 4.4MPa，温度 15℃；7 月 17 日 08：55 进收球站，清管器推出杂质 173kg（主要为粗砂），过滤器累计清理 4 次共清除 160kg 杂质。具体的时间行进表如图 6-31 所示。

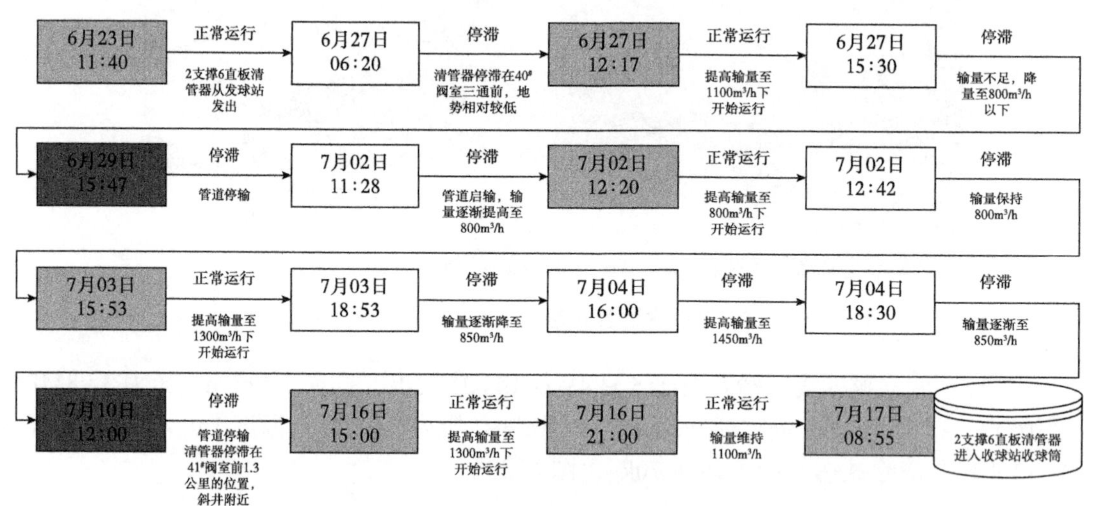

图 6-31　第四个 2 支撑 6 直板清管器运行时间节点图

浅灰色底框的时间代表清管器开始运行的时间；白色底框的时间代表清管器停滞运行的时间；深灰色底框的时间代表管道停输时清管器停滞运行的时间

发生间断性停滞的清管器为第四球，从 6 月 27 日 06：20 第一次清管器发生停滞后，在 7 月 16 日正常运行前，第四个清管器期间运行了 3 次，共行走了约 22.6km。其中，两次停留时间较长的位置分别位于 40# 阀室三通前（这次位置的判断主要根据清管器跟踪器和在该位置听到截流的声音）和 41# 阀室前 1.3km 处（这次位置的判断主要根据某管道的泄漏监测系统及清管器跟踪情况判断，清管器停留于 40# 阀室下游 22.66 km，距离 41# 阀

室上游 1.3 km附近），这两个位置都位于相对较低的位置，并且两个区域附近都有斜井。

（3）清管器停滞分析。

在 7 月 17 日 2 支撑 6 直板清管器收回前，判断清管器可能因发生过度磨损，导致清管器在运行过程中泄流量过大，从而失去驱动力的可能性较大，判断主要有以下两个原因：

一是该段清管区间全长 308 km，油品内杂质过多，可能造成清管器过度磨损。同时，清管器停止运行时，没有出现清管器卡堵应产生的压力差，收油量没有降低，从而可以判断清管器发生了泄流，也间接可以判定清管器过度磨损；

二是清管器于 40# 阀室前停滞时，提量通过三通时造成清管器破损，致使推动力对清管器的有效受力面积减小，因此无法推动清管器自身与管道杂质的综合重量。根据清管器运行的排量与管道泄漏检测系统压力波动变化得知，清管器在通过 40# 阀室后只有在高于 $800m^3/h$ 排量时，压力检测系统才会出现清管器运行波形，由此判断，清管器密封直板破损严重的可能性较大。

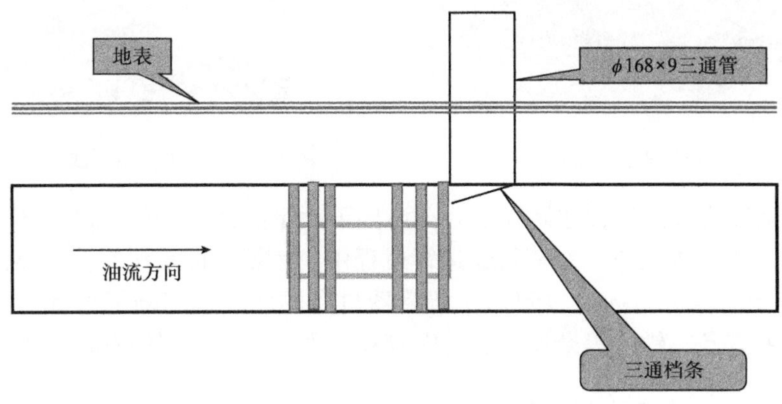

图 6-32　40# 阀室前三通位置示意图

另外，基于 2014 年 1 月该管道上一个检测段（全长 258km）第一次漏磁检测推出超过 1000kg 油砂，可以预测该收发球段管道内的杂质含量不会低于 1000kg。并且在 1 月上一检测段漏磁检测器运行后发现，检测器支撑轮因推出的杂质过多，限制了支撑轮的转动，将支撑轮磨平（由圆形磨成四方形）。从而可以判断，当清管器前面堆积的杂质过多时，也会导致清管器驱动皮碗和直板磨损过量（图 6-33）。

图 6-33　推出的泥沙和检测器里程轮被磨平

同时，发球站—收球站第三次运行了测径清管器，测径结果表明管道内没有较大的变形，不存在限制第四次发送的6直板清管器通过的卡堵点，据此也可以判断第四个清管是因为过度磨损导致停滞。

2014年7月17日收出清管器后验证了以上对于清管器磨损过量的分析，清管器前端堆积了大量油砂，并且清管器前端的直板也磨损过半（图6-34）。清管器运行后，站内过滤器发生了堵塞的情况，期间对过滤器清理了多次并且对进站油品进行了采样（图6-35），发现油品浑浊度高，含杂质量很大。

图6-34 清管器推出照片

图6-35 采样油品浑浊且有泥沙沉积

2支撑6直板清管器从收球筒收出后，清出了大量的油砂杂质，同时还清出了残留在管道内的焊条、铁片等杂质。在清管器运行过程中，大量油砂堆积在清管器前端，导致清管器运行的摩擦力增大，同时也阻碍了清管器自身的旋转，加剧了清管器磨损的严重程度。另外，这些焊条、铁片等杂质也有可能刺穿或者划伤清管器的直板或皮碗（图6-36）。

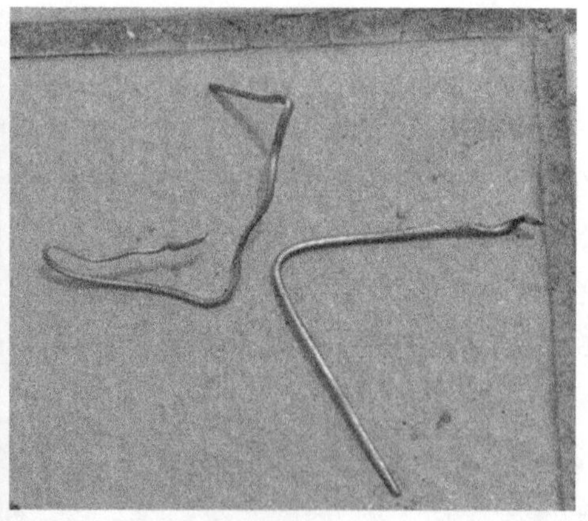

图6-36 清管器推出的焊条、铁片等杂质

（4）对建设期完整性管理工作的启示。

站间距过长是导致清管器或者检测器严重磨损的重要因素。对于生产运行来说也是一种安全隐患，极易导致检测质量下降，对管道本体的缺陷识别能力下降等。因此，在建设期应考虑收发球站间距对后期生产运行的影响，在设计阶段根据输量等情况，合理设计收发球站间距，为管道清管和检测创造更好的条件。

第三节　建设期完整性管理实践

一、MEDGAZ 管道建设期完整性管理实践

1. 管道情况介绍

该管道起自阿尔及利亚 Hassi R’Mel 气田，在贝尼萨夫港口穿越地中海，从西班牙阿尔梅里亚上岸，并与西班牙现有天然气管网相连，全长 757km，其中陆上管道长 547km、管径 1219mm，海底管道 210km、管径 610mm，设计输量 $80\times10^8m^3/a$。

该管道项目总投资约 9 亿欧元，由阿尔及利亚 Sonatrach 公司、西班牙 CEPSA 公司、Iberdrola 公司、Endesa 公司及法国 Gas de France 公司组成的合资公司负责运营，股比分别为 36∶20∶20∶12∶12。该项目于 2008 年 3 月开工建设，2011 年 3 月建成投产。

该管道面临的挑战主要是长 210km 的海底穿越管道，属于超深水的范围，水下 2160m 穿越地中海（图 6-37）。从技术和管理等多个方面存在挑战，管理层为了应对挑战，经过多种管理模式的对比分析，最终确定了开展管道完整性管理是确保管道系统长期无缺陷的企业内部的重要战略，而完成该目标需要对设计、施工、运行三个阶段开展完整性管理。

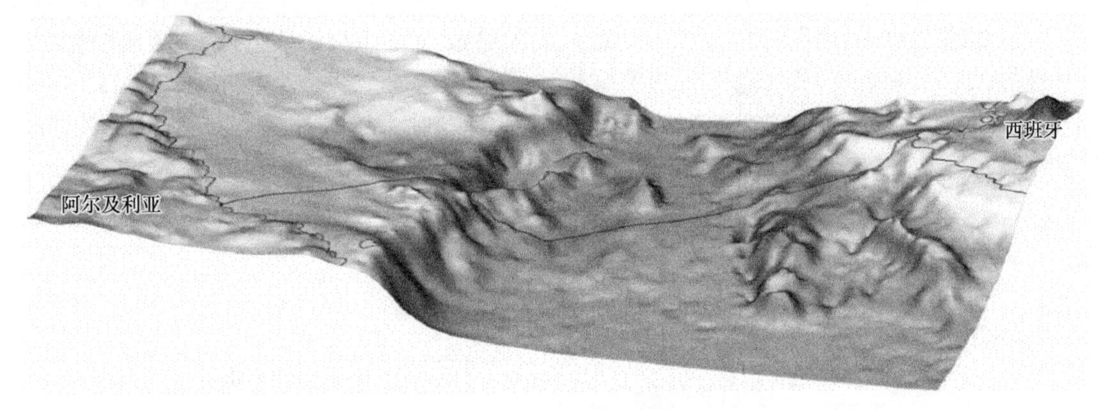

图 6-37　长达 210km 穿越海底地形图

2. 设计期管道完整性管理

在国外深水海底管道维修中，损坏管道长度小于管道直径且损坏不危及管道结构完整性的状况被称为管道小损坏；损坏长度大于管道直径的状况被称为管道大损坏，损坏管道小于 73.15m 的状况被称为管道短弯曲变形，否则被称为管道长弯曲变形。深水海底管道维修可根据管道损坏程度、维修系统能力、支持船作业水深和环境条件等采用不同的维修方式，目前基本的维修方式是夹具维修、海上提管维修、海底维修；也可根据特殊情况采取海上提管维修与海底维修相结合的维修方式或重新敷设管道。选择维修方式时还需考虑管径、水深、管道在海底的埋设深度、损坏位置、应急性还是永久性维修措施、维修时间、现有其他设备及所需费用等。鉴于深水管道维修作业的困难性，所以对于深水管道在设计期要考虑免维护的理念。Medgaz 管道为确保设计完整性，对以下因素进行结构化考虑：

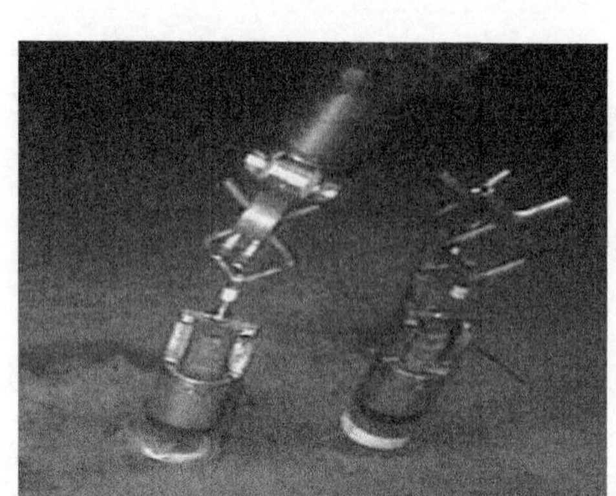

图 6-38　沿拟建管道海底取样（水下 1300m）

（1）路由的选择

（2）海底及基岩地球物理和地质风险特征海底取样如图 6-38 所示。

（3）运行负荷；

（4）施工 / 安装评价。

通过路由选择的评估，针对性采取措施，取得的主要成果包括：环境影响最小化；保护海洋植物群；避开沿线存在天然障碍；降低地质岩土风险。

开展了详细的地质风险评估，基于所知的管道线路特征和测量信息进行详细的地质风险评估，确保拟建管道免受明显的地质和地震风险，主要工作包括：综合地球物理解释；可能的地震灾害评估；坡体稳定性评估；可能的断层移位灾害分析；数值偏移建模。

同时，遵照 DNV OS-F101 规范对管材、管道设计、安装、运行及最大负载等开展分析评价。

传统的系统面临了以下挑战：（1）测量资料和 CAD 资料的不一致导致了模拟和精度的缺失；（2）在所有的阶段计划、施工和维护要求对数据进行人工对比；（3）缺乏数据的集中管理导致在测量、工程、施工和维护维修过程中无法通力协作，在 GIS、CAD、ERP、SRM 和其他应用之间缺少项目数据流。为了确保有效利用设计数据和相关的 GIS 数据库，在设计阶段开发了集成的 CAD-GIS 系统（图 6-39）。

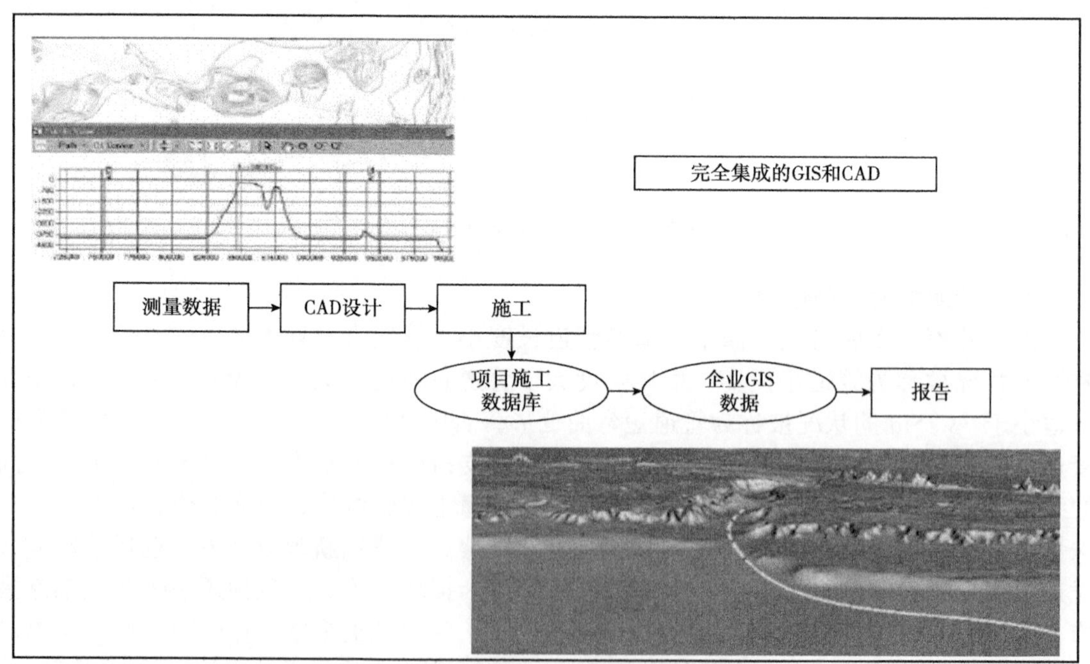

图 6-39　集成的 CAD-GIS 系统示意图

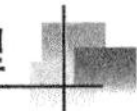

2013 年，ABB 为 Medgaz 天然气管道提供了一个集成多系统的自动化解决方案——扩展自动化系统 800xA 平台，以替代此前需要三个控制系统和三个独立控制室的旧方案。800xA 扩展自动化平台可以通过泄漏检测系统在同一个控制室内远程监测和控制压气站和接收终端。该系统集成了压气站和接收终端的分布式控制系统、火灾探测系统和应急关断系统。因此 Medgaz 天然气管道就可以采用一个自动化平台集成从电气仪表和通信，到安全、资产管理和企业资源规划相关的所有自动化和信息系统，将效率和生产力最大化。

3. 管道完整性数据库

依靠包含全部测量数据的 GIS 数据库，确保测深图、地球物理、地质特征、植物群数据的完整性和一致性。

4. Medgaz 完整性管理系统（MIMS）

基于中央知识库的信息和决策系统，在建设和运行阶段广泛应用，其数据模型为 Medgaz 的有效运行和风险管理提供了支持，整合的数据流如图 6-40 所示。

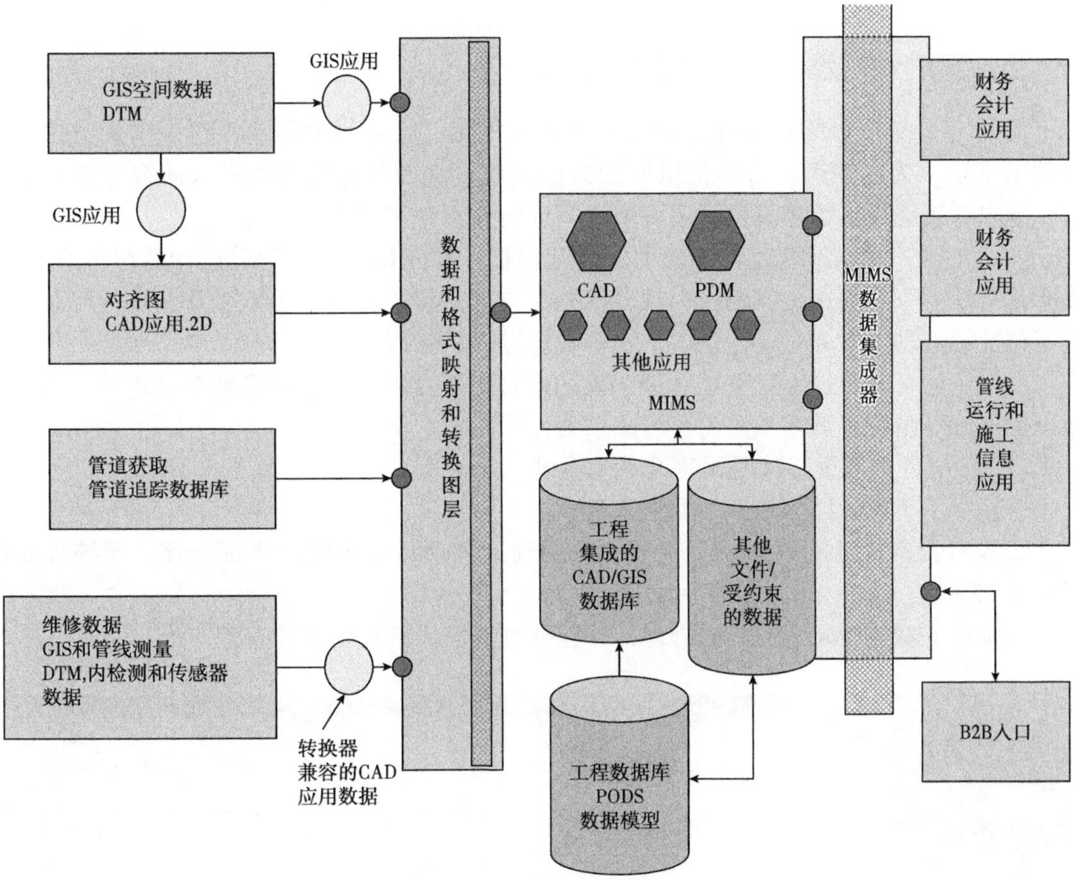

图 6-40　整合的数据流：设计 → 建设 → 运行

完善的数据模型，提供了所有阶段一致的数据存储能力，保存建设期数据，应用于运行维护，同时将持续累计运行期间检测及维护数据（图 6-41）。

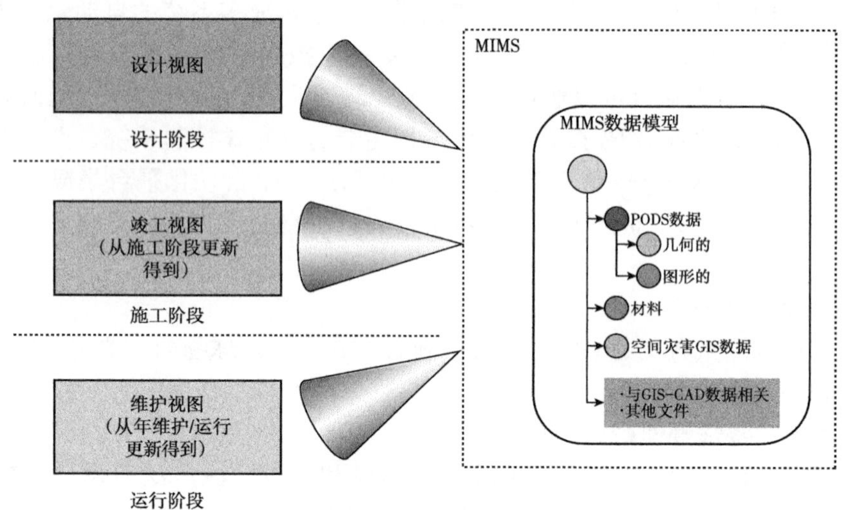

图 6-41　数据模型示意图

二、国内管道建设期完整性管理实践

2006 年，冀宁联络线开展了管道数字化的探索，主要目的是实现建设期管道建设数据的电子化，为后期运营管理提供好的数据基础；从西气东输二线重大研究专项研究开始，国内系统地提出了建设期管道完整性管理的理念和实施方法。

西气东输二线建设期完整性管理的原则包括：预先识别可能管道运行后存在的风险，将质量良好的管道在优化的路由以规范的施工方式敷设，提高管道本质安全性；与在役管道完整性管理进行无缝对接，管道平稳顺利地进入运营期。

西气东输二线建设期完整性管理实施的内容中重点包括了数据管理系统建设、高后果区识别评价等内容。具体工作内容与成果为：

（1）管道数据采集与数据库建设系统建设。

①提出了新建管道完整性数据流逻辑；

②提出管道建设期数据采集规范，应用到工程项目子系统，实现对接，系统界面如图 6-42 所示。

③实现了对建设时期的数据管理，并能够直接应用到运营期的管理。

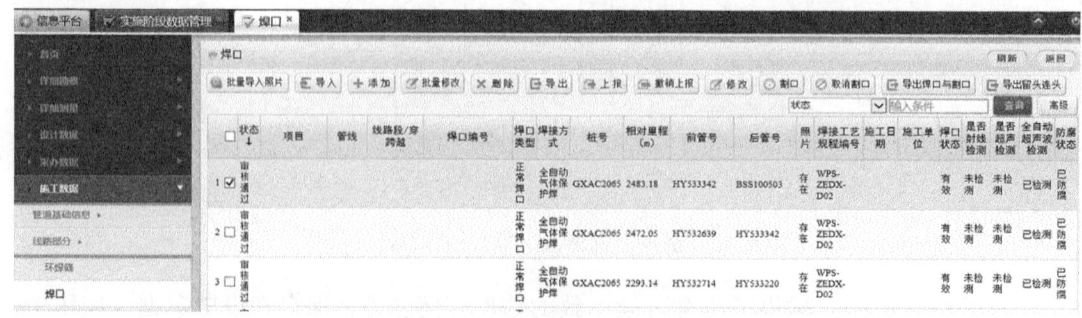

图 6-42　管道工程建设管理系统数据收集界面

（2）管道风险识别、评价与控制措施研究。

①提出了高后果区识别方法，界定了识别区域范围。

②提出了适合新建管道的线路风险评价方法，对西段进行了风险评价。

③全面开展了基线评价技术研究，研制了测绘系统。

④完成了全线的高后果区识别、线路风险评价、典型站场风险评价。管道线路风险评价结果如图 6-43 所示。

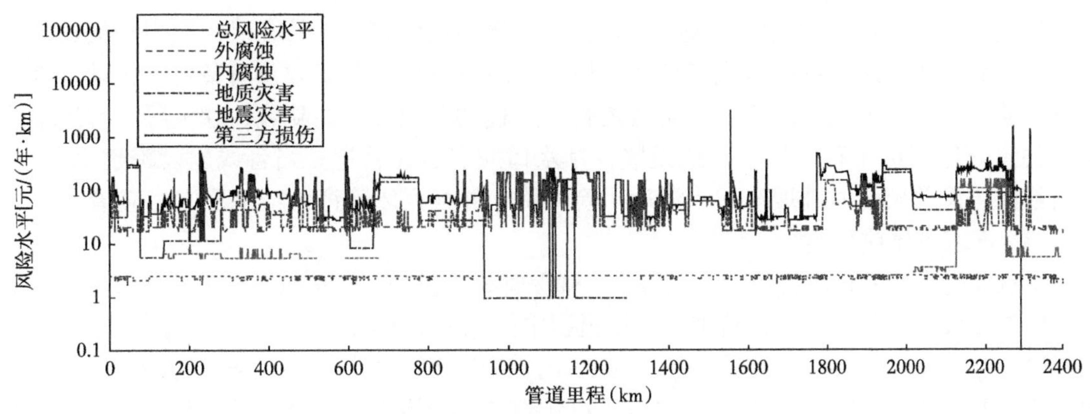

图 6-43　管道线路风险评价结果

西气东输结合多年管道运行经验，提出典型的管道工程建设期间完整性管理工作内容与具体做法。

（1）数据采集管理。

在管道工程建设阶段应当首先重视数据采集，必须保证数据的全面性、真实性、有效性。特别要重视管道属性数据、管道环境数据、施工过程中的重要过程及事件记录、设计文件、施工记录、质量检测记录及评价报告等数据的收集，这是保证管道安全和高质量发展的基石。在数据采集过程中，应当特别注意中心线测量应当在管道回填之前完成，而不是收集回填后的数据。还要注意管道地理坐标、高程、埋深数据是否齐全，数据是否与桩、环焊缝、拐角点等信息对应，与公路、铁路、管道、河流、建筑物等交叉点的坐标数据是否进行了标注。同时，应当确保中心线数据的坐标精度达到亚米级精度要求。

（2）管道高后果区管理。

高后果区管理是管道完整性管理的重要组成部分。在工程建设监管阶段应当重点进行高后果区识别，并作为建设期巡护和管道保护宣传的重点地段。应当关注管道周边地区等级的变化，当地区等级有升级的趋势时及时向政府部门预警，政企合作对高后果区“管好存量、控制增量”。重点防控管道周边 200m 内特定场所的形成，如医院、学校、托儿所、幼儿园、养老院、监狱、商场、集贸市场、寺庙、运动场、广场、娱乐休闲地、剧院、露营地等场所。同时监管途经高后果区管道在施工阶段是否采取了增加壁厚、提高防腐层等级等增加管道安全裕量的措施，确保管道建设工程合法合规。

（3）管道腐蚀防护。

应当重视防腐层电火花检漏的合格率，应当确保检漏电压与防腐层相适应。在管道埋地后应当使用PCM对外防腐层进行检漏，确保漏点数量不超过5个/km。第一时间测量记录新建管道的自然电位，作为今后管道阴极保护有效性评价的重要依据。关注管道交直流干扰情况，并作为管道风险评价的重要组成部分。当确认存在交直流干扰时应当及时排查干扰源，与相关方建立沟通机制，及时采取措施抑制干扰，降低危害。注意管道的埋地时效，当阴极保护系统在管道埋地三个月内不能投入使用，应当及时采取临时性的阴极保护措施。特别当确定管道受到直流干扰影响时，阴极保护（包含排流设施）应在三个月内投入使用。

（4）管道地质灾害防治。

建设期同步开展地质灾害调查与风险评估，当地质灾害风险较高时，应当督促建设单位采取可靠的工程防护措施或灾害监测手段，同时编制应急预案并及时备案。主动识别第三方活动造成的地质灾害隐患，特别防控管道周边的高填方、高陡坡、软土层。管道巡护重点关注管道周边工程的排水系统设置，排水口应当避让管道。当管线建设跨越汛期时，应当督促建设单位及时开展汛前、汛后风险评价，并根据风险评价结果采取对应措施。

（5）管道本体质量监管。

重点监管出厂和进场材料的质量验收，确保管材质量完好。重点关注焊接过程中焊接工艺参数与焊接工艺规程一致，特别是焊接过程中的电流值控制。掌握施工工序的执行情况，如割口、返修口、连头口等重要工序，关注工序交接制度。焊接完成后第一时间进行焊口检测，严格把控第一道质量关口。重点检查防腐层补口和下沟回填施工前环焊缝检测情况，严格把控第二道质量关口。重点检查监理的施工日志，关注其旁站记录和巡视记录，确保其旁站监理及时到位。同时，应当重点监管监理部分无损检测平行检验落实情况，如果出现平行检测环焊缝缺陷描述与检测单位一致，则可能存在造假行为，应当引起重视。

（6）第三方损坏风险管理。

第三方损坏风险管理一直是运营工作重点，也是难点。应当注重第三方损坏风险隐患的排查，对占压、管道与周边设施安全间距不足问题要力争一次性彻底解决不留隐患。同时，重点关注管道敷设后的周边施工管理，避免第三方造成管道损伤，不能因为未投产而对第三方损伤掉以轻心。对于评价出的第三方损坏高风险部位，应当考虑督促建设单位增加混凝土覆盖层、设置管道警示带等措施消减风险。特别是在管道回填后，施工单位应立即开展管道日常巡护，对有第三方施工征兆的点重点看护，已经批准的第三方施工现场24小时监护，无手续的第三方施工应当及时制止。

西部管道某分公司结合在役管道管理经验，发现管道建设期遗留的主要问题有：

（1）测量坐标缺少测绘基准。

建设方移交的管道设计和竣工测量坐标资料中，部分资料缺少测绘基准。如在无相对基准的戈壁滩或沙漠地区，当发生事故急需进行管道开挖维修时，难以快速定位地下管道的位置。部分管道仅利用一台GPS手持仪采集坐标数据，采用单点定位方法测量管道中线坐标，其精度约500m，达不到标准要求的亚米级精度，对管道企业的帮助不大，在管道完整性管理实践中没有太大意义。如将该坐标资料报备政府部门，据此规划用地时易导致用地冲突。

（2）管道施工质量存在问题。

管道存在多处补口带下缺陷。2016年对某管段80处补口带下缺陷进行了开挖修复，其中50处补口存在不同程度的空鼓，管道表面存在施工期留下的焊渣、浮土或浮锈；21

处补口完好，但焊缝存在轻微缺陷；仅 9 处补口及焊缝均完好。

管道内检测时发现多处凹陷。2012 年对该管段 23 处凹陷进行开挖验证及修复，发现 22 处凹陷均位于管道底部，其原因为在施工过程中管道下方的回填细土层厚度不够，导致管线直接和石头接触而出现变形。同时，发现因施工中机械损伤的防腐层，部分甚至可以目测看到管道金属。只有 1 处开挖后发现施工质量比较好，能按要求回填细土且在管线上方铺设警戒带。

（3）竣工资料与工程实体出入较大。

某管道一处定向钻穿越电子资料错误，且由于埋深较深，目前信息数据恢复困难。在管道施工焊缝与内检测焊缝对比过程中发现管道施工资料存在记录错误，尤其是“连头口”“金口”处焊缝，经开挖发现多处与实际不符，存在“黑户”焊口。淤土坝、截水墙、连续混凝土浇筑、地震断裂带、三穿套管等地下水工设施等竣工资料缺失。以上数据资料问题给管道现状风险评价、应急处置方案的制定及管道维修维护工作的开展带来困难。

（4）数据精度和资料完整性欠缺。

不同时期的管道建设采集的数据种类和属性存在差异，存储的方式没有统一标准，多采用单点数据存储，而非线性参考系统与基于坐标的数据相结合的结构化数据存储方式，无法满足管道日常管理需求，数据对齐难度较大。

（5）其他问题。

管道地面“三桩”不全、不准，带来管道第三方损坏风险和占压隐患。管道区域阴极保护与站场、线路主体工程非同时设计、同时施工，导致区域阴极保护和干线阴极保护互相干扰。后期建设的管道对已建管道阀室阴极保护系统的阳极地床造成屏蔽，导致其阴极保护系统无法正常运行等。

针对上述问题，提出以下设施建设期完整性管理的建议：

（1）认真建立管道测绘基准，为实施完整性管理打好基础。

应沿长输管道埋设一系列坚固耐用的基础控制点作为管道的数字基准，选择 CGCS2000 大地坐标系，形成测绘成果。

（2）加强建设期施工质量管理，把好项目竣工验收关。

一是开展管道焊缝复检。除监理单位外，建设期邀请第三方，对焊缝质量进行抽检，确保焊缝检测评价结果的真实性，杜绝重复开展相关工作。二是采用管道防腐层地面检漏、管道压力试验、管道阴保有效性评价、无人机巡线等方式掌握管道整体情况，开展项目验收交付检查。

（3）加大建设期数据采集投入，实现数据采集的专业化。

依据标准规定的管道完整性管理数据采集清单，自管道设计阶段起，由专业数据采集、恢复与整合单位介入，深入到建设一线，会同设计、施工、物资供应、监理等人员进行现场数据核实、采集，建立起满足管道企业日常管理的全套管道建设期数据库，并确保移交至管道企业的数据质量。

（4）已建与新建工程统筹考虑，避免带来新问题。

管道线路与区域阴保主体工程同时设计、施工，且在阴保设计时需考虑周边已建管道阴保类型、阳极地床位置等，防止产生干扰、屏蔽等问题。同时优化区域阴保设计，确保管道全面保护。

第四节　建设期完整性管理面临的挑战

一、转变高强钢管道设计理念

近年来，国内外发生多起环焊缝失效事故，造成严重后果，引起了社会广泛关注。在2014至2018年，北美地区发生了多起X70钢管道环焊缝开裂泄漏事故，见表6–3。

表6–3　北美地区管道环焊缝失效事件

序号	输送介质	钢级	管径（mm）	断裂时期	主要原因
1	天然气	X70	762	运行期	环焊缝上针孔泄漏
2	天然气	X70	914	试压	管道的曲率与管沟不匹配，承受较大的外力
3	天然气	X70	914	试压	返修、错边、焊缝缺陷、变壁厚
4	天然气	X70	1076	投产后不久	热煨弯头和直管段相连处环焊缝开裂，变壁厚。 管道组装较差，管道的曲率与管沟不匹配，使焊缝承受较大的外力

其中一起比较典型的管道事故发生在2015年的冬季，该管道是高频电阻焊（ERW）直焊缝管道，管材X70，管径508mm，80%SMYS，环焊缝发生开裂时的运行压力为82%最大允许运行压力（MOP），开裂焊口区域地质环境情况较好。失效断口的化学成分都符合API 5L X70的规格要求，金相检查也未发现裂纹，启裂的位置为根焊的位置，有塑性断裂特征。通过试验分析认为，当前采用的控扎控冷技术将管子的强度提高了，环焊连接以后，热影响出现软化，热影响区的强度比母材要低20%左右，但这不是导致事故发生的主要原因。对事故焊口进行硬度测试，采用300~1000g的力，每隔0.3mm进行硬度测试，发现母材的强度最高，其次为热影响区，再次为填充焊，最低为根焊。这种低匹配的情况，焊缝的强度比母材的要低，在焊缝材料没有发生屈服，且在弹性范围内时，母材跟焊缝的应变量是一致的，但是当焊缝先发生屈服，导致应变集中在焊缝的位置，当母材只发生了0.4%~0.5%的应变，而焊缝的应变量已经达到7%，这种情况下，即使没有裂纹也能发生开裂失效。该起事故发生在没有大型土体移动后者滑坡的区域，仅因为管沟不平坦，出现不均匀沉降就导致了管道的开裂（图4–44）。

另一起焊缝开裂事故是2000年左右建设的X70和X80钢管道，失效发生在X70和X80连头的地方，从X80钢管侧的热影响区12：00的位置启裂，开裂时母材的应变量只有0.4%~0.5%左右。这种当前的制管技术变化有关，合金和碳含量越来越低，依靠轧制和冷却来提高材料强度，从而导致环焊形成的热影响区软化越来越明显。

总体来说，在北美地区施工质量问题导致的管道环焊缝开裂的现象比较少，当前X70钢管道环焊缝开裂的主要原因是低强匹配比过去更严重，如X70级管道母材的抗拉强度550~750MPa，而环焊缝根焊E6010是550MPa，填充和盖面E8010是586MPa；其次，热影响区软化，开破口手工焊焊口，与45°剪切面吻合。这些即使不存在地震、地质灾害等大面积土体移动现象，就是存在敷设管沟不平这种小的受力不均匀，即使没有缺陷，也有可能发生失效。这两个因素是当前高强钢比较重要的因素，失效往往也是多种因素的综合作用导致的，需要系统的考虑来避免失效的发生。

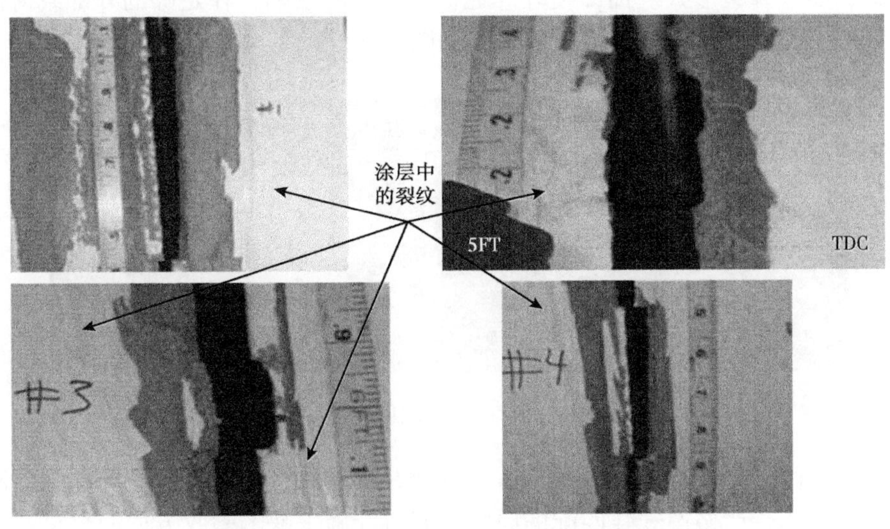

图 6-44　国外某高强钢管道焊口失效照片

据国内某研究机构统计，自 2003 至 2018 年，国内 X70 和 X80 钢管道发生 10 多起环焊缝失效事故。根据对失效因素的分析，环焊缝根焊缺陷、外部载荷作用、冲击韧性不达标、不均匀是导致环焊缝开裂失效的主要因素。通过统计分析，可以将环焊缝的失效因素归纳为焊接缺陷、材料性能和载荷三部分，如图 6-45 所示。

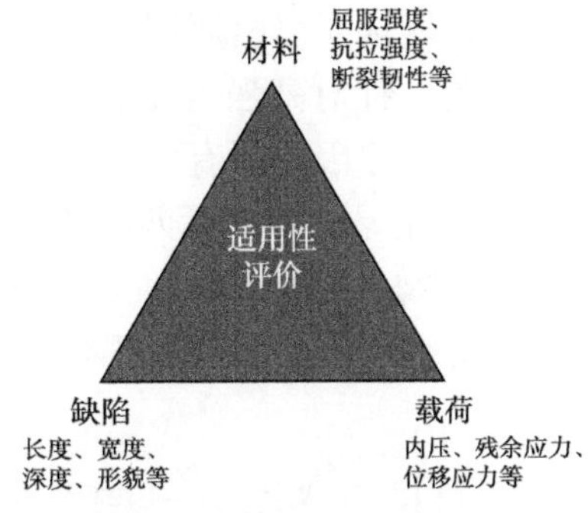

图 6-45　环焊缝的失效因素

焊接缺陷是管道环焊缝现场施工焊接过程中产生的缺陷，主要分为平面型和体积型缺陷，其中平面型缺陷的危害比较大，主要包括裂纹、未熔合、未焊透等，如图 6-46 所示。材料性能是指环焊缝的屈服强度、抗拉强度和断裂韧性是否满足焊接工艺要求。载荷除了管道承受内压外，也包括承受由于周围土壤移动产生的附加载荷，如滑坡、沉降、地震等。管道在建设施工时，不规范的组对焊接也会产生较大的附加载荷，如错边、斜接产生的局部弯曲应力，以及焊口强力组对所产生的附加载荷等。

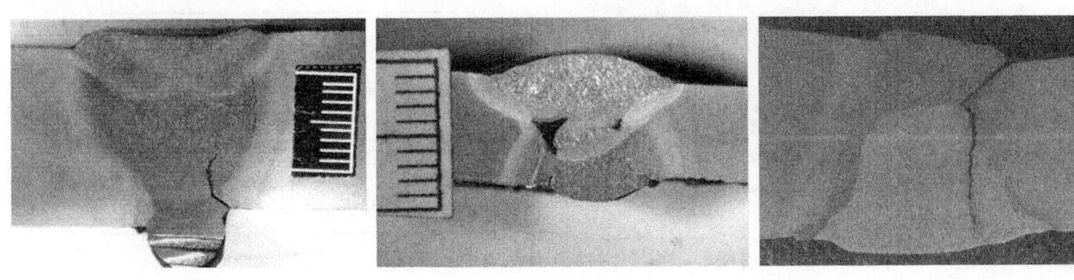

图 6-46　典型管道环焊缝焊接缺陷

环焊缝开裂失效通常在多种因素同时出现的情况下发生。环焊缝在内压作用下且材料性能达标时，即使出现贯穿性缺陷，焊缝也有足够的韧性阻止缺陷发生不稳定扩展，失效形式为泄漏，而非开裂形式。而即使环焊缝存在较小的缺陷，在足够的外部载荷作用下也可能发生韧性或脆性开裂，某典型失效事件如图 6-47 所示。

图 6-47　国内某高强钢管道由于咬边、弯曲应力、材料脆性等引起的失效事故

基于近几年国内外发生的高强钢管道环焊缝开裂事故，在设计方面应加强控制环焊缝与母材的匹配问题，严格遵守强匹配的原则。同时，施工缺陷验收方面应根据不同等级高强钢的容限能力确定缺陷的验收标准等。

随着高钢级、大口径管道的全面推广应用，设计理念也应相应的转变和提升，比如缺陷验收标准应当根据材料对缺陷的敏感性或者容限能力来确定缺陷验收标准；选择更好的焊接材料和焊接工艺方法使得现场施工焊接的工艺窗口更宽，从而降低现场焊接出现缺陷的概率；增加对母材屈服强度和抗拉强度的分散性控制等。

目前，针对高强钢在设计上出现的较大问题就是环焊缝与母材的匹配方面，出现这个问题主要的原因主要有两点：

一是环焊缝强韧性匹配难度大。焊缝金属是电弧加热、熔化、凝固形成的“铸态”组织，其强韧性匹配较经过 TMCP［控轧控冷技术，（图 6-48）］处理的钢管更加困难。钢的强度等级越高，环焊缝强韧性匹配难度就越大。在保证高强钢环焊缝满足强度要求的同

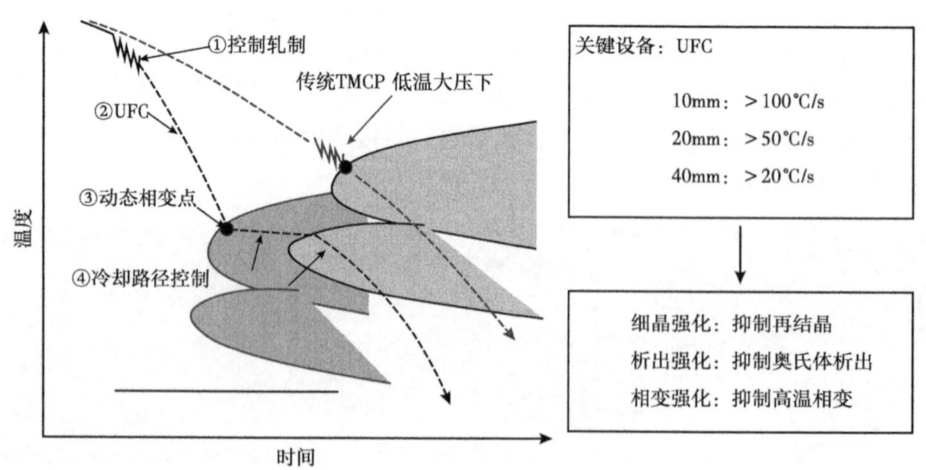

图 6-48　新一代控轧控冷技术

时，其冲击韧性也要达到一定要求。针对性研发配套的高强度、高韧性实心焊材、药芯焊丝、焊条等焊接材料，来满足环焊缝的强度和韧性匹配的要求，需要长期反复的试验过程。

从结构的安全可靠性考虑，一般要求焊缝满足高强或“等强”设计原则，即焊缝强度至少与母材强度相等。但国内钢管母材屈服强度和抗拉强度分布不均匀问题明显，X80 钢抗拉强度普遍在 620~780Mpa，且有偏高的趋势。手工焊 E10018 焊条熔敷金属抗拉强度可达 690MPa，采用半自动焊和自动焊所达到的强度稍高，但受现场施工环境、焊接操作人员水平、热输入量等因素的影响，可能会出现环焊缝强度低于母材强度的情况，管道整体受力时，环焊缝位置成为薄弱环节，如图 6-49 所示。

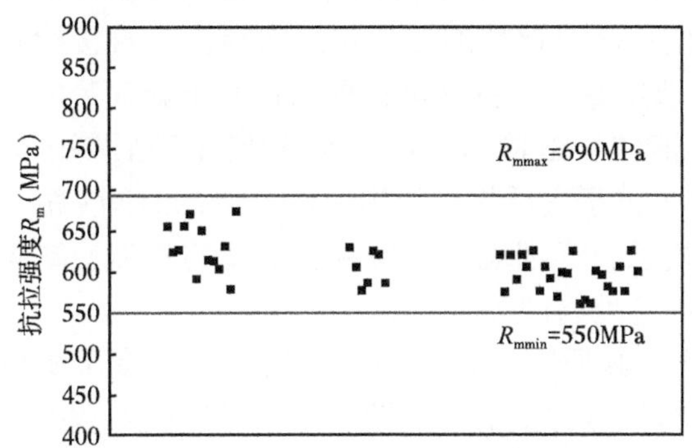

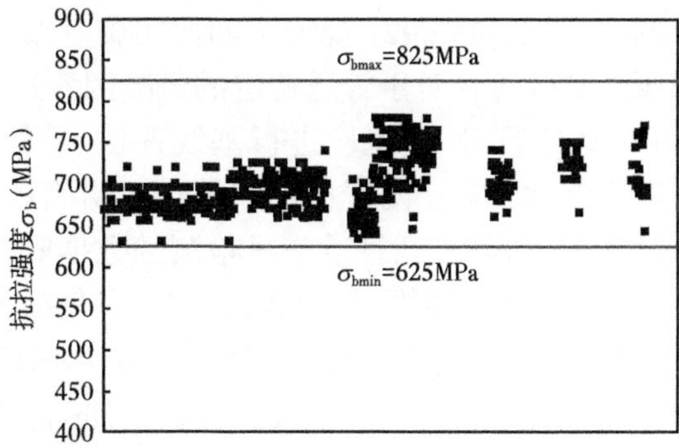

图 6-49　焊接材料（左）与钢管（右）抗拉强度分布图

二是焊接热影响区产生软化现象。这是由晶粒长大及微合金元素形成的第二相质点溶解造成的。X70 钢焊接软化现象并不显著，但 X80 钢的晶粒细化，可能存在比较明显的焊接热影响区软化问题，会导致焊缝强度和韧性均匀降低，如图 6-50 所示。焊接热输入量越大，软化现象越严重。这要求制定环焊缝焊接工艺时合理选择焊前预热温度，严格控制焊接热输入量。

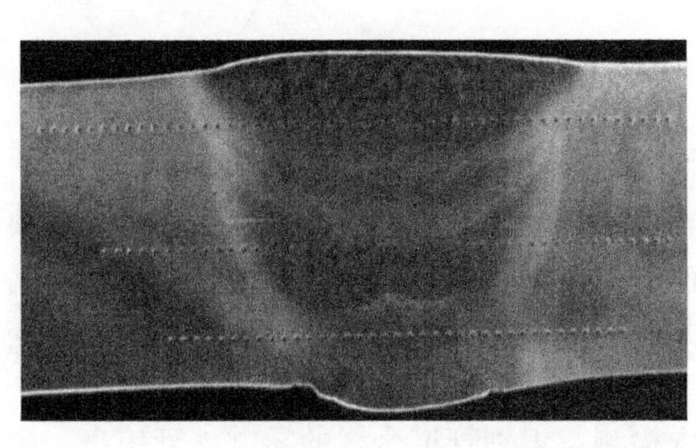

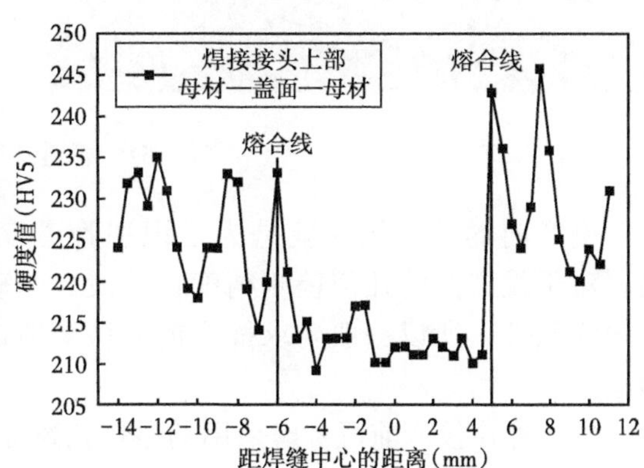

图 6-50　焊接接头热影响区软化

二、投产前实施管道内检测

在 GB 32167—2015《油气输送管道完整性管理规范》第 8.2.1 条中规定：投产前宜开

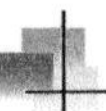

展内检测，对其发现的特征进行分类，依据相关施工标准的要求进行修复，并记录在案；投运前或投运后 3 年内的基线检测与评价结论可以作为工程验收依据。其中提到的要求就是提倡在投产前开展基线检测，基线检测的直接结果是获得管道基础状态，同时也可以发现工程遗漏问题，其核心目标是通过比较运行后周期检测数据和基线数据，能够准确判定缺陷是否发生变化，以保证这些缺陷能够及时得到维护，达到避免事故的发生，减少维护费用和成本的目的。基线检测的出发点是发现所有异常、可能造成泄漏事故的缺陷，要求既要全面又要有针对性。

美国联邦法规《天然气和其他气体输送管道：联邦最低安全标准》192.919 规定了基线评估计划必须包括的内容：识别管道潜在的风险，基于风险识别选择合适的方法评估管道的完整性；192.921 规定了如何实施基线评估：基线评估的方法包括内检测、直接检测和压力试验等；对于管道特定的风险因素还应选用专门的技术进行评估；对于新安装的管道（如改线部分），也应进行基线评估。《危险液体管道输送》195.452 规定了高后果区的管道完整性管理：对于已投产管道，明确规定了位于高后果区管道基线检测的时间（精确至日期）；高后果区管道基线检测的数据收集要求，详细规定了检测后发现的各类型缺陷处置方式（如金属损失、凹坑、裂纹、划痕和焊缝处腐蚀等）。

目前，投产前比较容易开展的是几何检测，其原理就是几何检测器上装载多个机械臂，如果管道出现变形，机械臂自动伸缩，同时机械臂上的传感器发出信号，进入数据储存系统，可得到管道上的几何变形尺寸与位置。管道几何内检测示意图如图 6-51 所示。

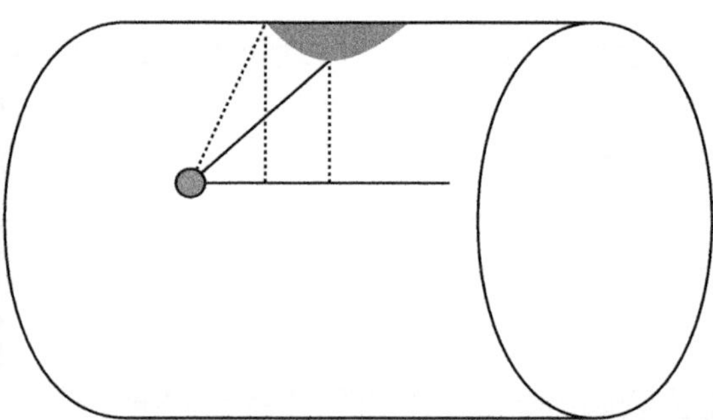

图 6-51　管道几何内检测示意图

投产前的几何检测就是为了识别管道存在的凹陷、椭圆变形、屈曲等几何变形缺陷。对于投产前的几何检测精度目前没有明确的标准规定，但是施工验收规范对于凹陷有验收条件，所以一般要求投产前的检测能识别小于或等于施工验收规范规定的最小变形量。

另一种在投产前可考虑采用的是打孔盗油内检测，识别管道全线的异常支管信息。中国石油管道公司组织技术部门历时 3 年，在近百次现场试验的基础上，研制出新型反打孔盗油专项技术及装备。该技术在检测前不用特殊清管、对管道清洁要求低，可作为投产前异常支管排查工具。该技术使用基于永磁扰动原理的高精度传感器和定位技术相结合，24 小时内就可以具备出具检测报告，准确发现存疑盗油阀门并准确定位位置。目前，该技术在日东、长吉等多条管道上成功应用，取得了良好的效果。典型检测结果如图 6-52 所示。

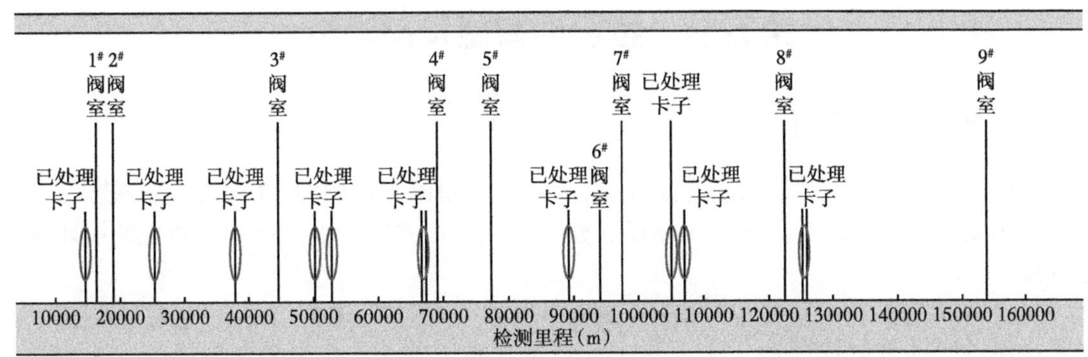

图 6-52　某原油管道识别的异常支管沿里程分布情况

Enbridge 公司对内检测的要求比较明确，针对新建管道，要求在投产前必须进行几何变形检测，并作为竣工资料的一部分交由业主验收。其针对新建管道的质量和验收的严格控制，有效地避免了管道在投产后出现由于大变形影响检测的情况。对每条管道会根据不同的缺陷类型，运行几何、轴向漏磁、环向漏磁和裂纹检测等多种检测器，此外对于所有管道的首次检测都进行中心线（IMU）检测。

近几年国内管道企业也大量在投产前开展管道内检测，将新建管道在投产前利用水联运的机会实施管道内检测，其管道内检测项目包括了几何内检测和漏磁内检测，有效识别了在建设施工期造成的划伤等金属损失缺陷和凹坑等几何变形缺陷，为保障投产后安全运行提供了有力的保障。

关于基线检测与工程检测的关系，讨论结果为：

虽然管道在建设过程中对环焊缝等进行了全面检测，并有资料记载，但由于其为过程检测和记录，国际上多以在管道建成后开展的全面的内、外检测作为管道本体的终态和始态数据，作为运行的基础状态资料，对现场检测未能发现的超标缺陷及时处理，确保管道投产前或服役初期良好状态，也可作为项目验收依据。

基线检测主要内容及选择的基本原则（只针对内检测进行讨论）包括：针对首次检测的管道，应以尽可能获得高的精度为原则选择检测技术。通常来说，直接开挖检测技术比内检测获得的缺陷信息更精确，但受检测人员的经验和现场条件影响较大，且只能对局部管道进行检测；针对具备内检测条件的管道，优先选用高分辨率内检测进行基线检测，这也是国内外大多数管道企业的通常做法；针对打压评估，由于其结果具有不可比对性，不推荐作为基线检测的首选。

基线检测应当注意基础数据的收集，包括但不限于：详细的收发球筒数据及收发球工艺；线路弯头半径；三通的尺寸、相邻弯头间距、内部档条情况；埋深、特殊地段、特殊壁厚；阀门类型、阀腔内径等特性；施工资料记录；清管、测径记录；打压记录等。基础信息如果收集不明会使检测器运行面临很大的风险，如收球筒公称直径段不够长、三通档条不清或不牢、最小弯头半径不明确、清管历史记录不清、是否含水等（尤其是输气管道）等，这些信息如果反馈错误都容易造成卡堵或成本增加。

第五节　建设期智慧管网建设

一、智慧管网建设背景

2013 年 4 月，为“确保德国制造业的未来”，《德国 2020 高技术战略》中提出“工业 4.0”，即以信息物理系统（CPS）为基础，建设智能工厂并实现生产过程智能化的第四次工业革命。

2014 年 4 月，为响应美国政府提出的“再工业化战略”，GE、IBM、思科、英特尔等制造业成立工业互联网联盟，通过智能系统和智能决策在企业中的逐步推进，工业生产将被新兴互联网技术和设备重塑，通过数据传输、多数据应用和数据分析，重新整合创造出“工业互联网”。2015 年 7 月 4 日，国务院印发《关于积极推进“互联网 +”行动的指导意见》。随后国家发改委《关于推进“互联网 +”智慧能源发展的指导意见》指出：鼓励煤、油、气开采、加工及利用全链条智能化改造，实现化石能源绿色、清洁和高效生产，增强供能灵活性、柔性化，实现化石能源高效梯级利用与深度调峰，加快化石能源生产监测、管理和调度体系的网络化改造，以互联网手段促进化石能源供需高效匹配、运营集约高效。

党的十九大报告中指出：建设现代化经济体系，必须把发展经济的着力点放在实体经济上，推动互联网、大数据、人工智能和实体经济深度融合。国家发改委、能源局发布的《中长期油气管网规划》提到：2025 年全国油气管网将从 12×10^4km 发展到 24×10^4km，倍增式发展对管道本质安全和运营效率提出更高的要求，油气管网纵向配置优化油气行业内部资源，与其他能源实现横向多能互补，成为未来能源互联网重要组成部分。2017 年 6 月中国石油提出建设“智能管道、智慧管网”工作目标并开展智慧管网的研究和顶层设计，由此开启了从数字管道向智慧管网的新跨越。

国内油气管道信息化与智能化发展历程总结如图 6-53 所示。

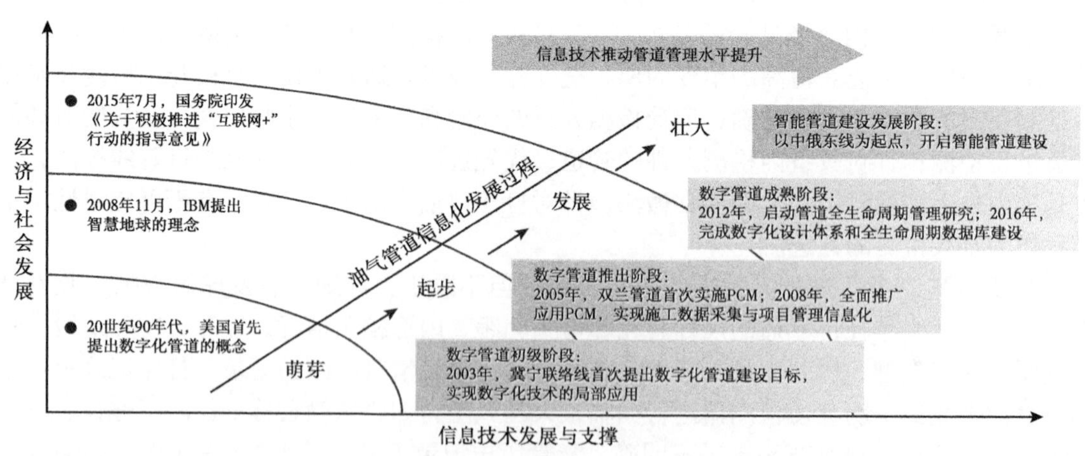

图 6-53　我国油气管道信息化智能化发展历程

二、智慧管道建设需求

（1）数字管道向智慧管网转变的要求。

随着油气业务的快速发展，从二十世纪九十年代后期开始到十三五期间，油气管道陆续大规模建设，截至 2016 年底国内运营的油气管道总里程达到 12×10^4km，实现了数字化三维设计、管道完整性全过程管理、油气管网集中调控、管道科技体系建立、信息系统全面应用，完成了传统管道向数字管的转变。

（2）业务对于提升管道效益的要求。

天然气业务在“十二五”和“十三五”期间呈现快速发展趋势，随着管网规模增大和输量增长，耗能设备不断增加，能耗成本不断上升，迫切需要集中优势力量，重点对管输运行进行优化，降低运营成本，才能有效提高管网整体的运营经济性。

（3）油气管道事故威胁应对的要求。

随着管道向高压力、大口径方向发展，管道一旦发生事故，其负面影响将会更加恶劣。自“11.22”青岛管道爆炸、“6.10”晴隆管道爆炸等事故后，我国目前对管道安全监管日益严格，管道企业面临很大的安全挑战。为了提升管道的安全管理水平，有必要通过建设智慧管网加强安全管理水平。

国外仅有少数国家明确提出“智慧管道 smart pipeline”概念，但各管道企业已向智能化方向发展，各项信息技术同步应用；管道建设和运行的各个阶段应用了云计算移动存储、物联网数据精准采集、大数据决策分析。

三、智慧管网建设实践

中国石油化工集团有限公司（简称中国石化）是国内较早提出“智慧管道”概念并付诸实施的企业。2014 年 11 月，中国石化宣布管道储运公司、天然气分公司、燕山石化等 7 家单位正式启动智能管道建设项目试点工作，现已全面推广，其建设成果如图 6-54 所示。通过智能化管线管理系统，可详细掌握中国石化原油、成品油、天然气、化工产品管线情况，在数字化管理、完整性管理、运行管理、隐患管理、应急响应、综合管理等方面发挥重要作用。

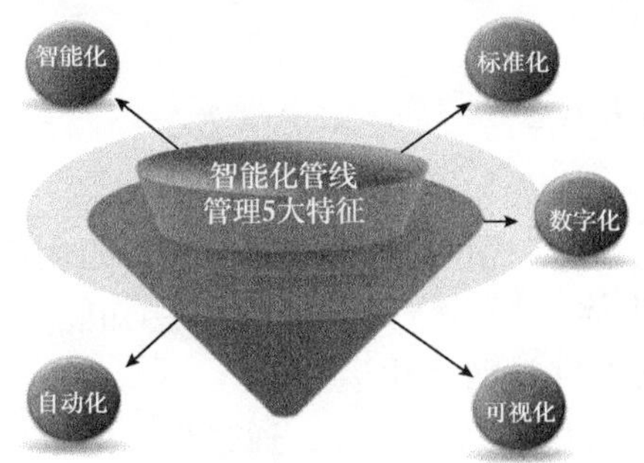

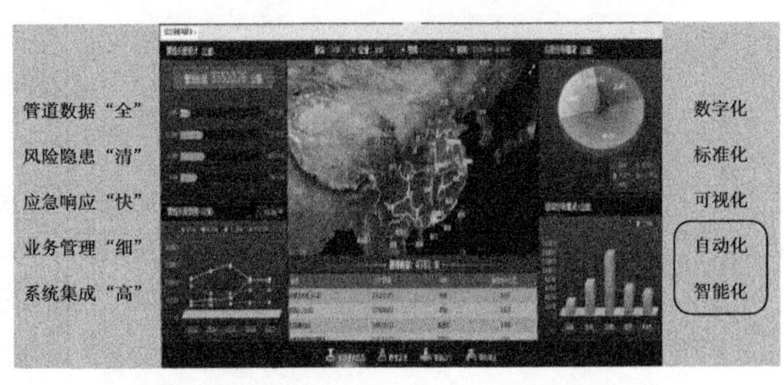

图 6-54 中石化智慧管道建设成果

中国石化采取总体规划、统一设计，引进与开发相结合的策略，分步分阶段实施，推进智能化管道建设工作，建设了一套标准统一、互联互通的智能化管理系统，建设成果显著。初步建成了总部、企业两级数据中心，提升了数据的存储更新维护和利用水平。中国石化九江石化在全流程一体化平台基础上，实现了实时环保监测、全厂网络覆盖、视频监视及智能巡检，打造出现代化的三维数字工厂。中国石化管道储运公司、销售华南分公司在智能化管线管理系统上融合各业务应用系统，做到互通互联，在信息化、可视化方面成果显著。中国石化川气东送基于 GIS 系统实现了管道及场站三维模型建设及输气电子计量交接。

中国石油在 2017 年开始了系统的智慧管网的规划与建设，2019 年国家管网成立后，延续了该项工作。

（1）建设目标。

智慧管网的目标是到 2025 年，通过推进管道数据由零散分布向统一共享、风险管控模式由被动向主动、运行管理由人为主导向系统智能、资源调配由局部优化向整体优化、管道信息系统由孤立分散向融合互联的“五大转变”，实现油气管网“全数字化移交、全智能化运营、全生命周期管理”，建成具有思维能力与创造能力的油气管网，完成数字管道向智能管道和智慧管网演进。

（2）指导思想。

根据“重应用、重效果、重安全”和“不搞新技术罗列，不搞信息孤岛，不搞锦上添花”的要求开展智慧管网信息化建设工作，统一开展顶层设计，使用可持续扩展和优化的信息化架构，按照“前台简洁易用、后台强化运维、打造智慧管网、支撑卓越运营”的要求开展总体设计，推进工程建设、生产运行、管道管理三大主营业务领域信息化工作，支持智慧管网建设（图 6–55）。

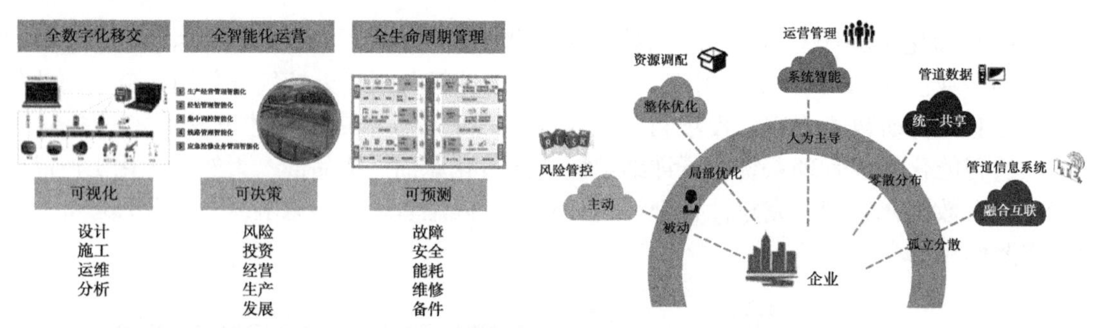

图 6–55　中国石油智慧管网建设理念

（3）试点工程。

从 2017 年开始，以中俄东线为智慧管网建设试点工程，重点开展了四个方面的创新性研究：全面统一交付、构建管道（含站场）数字孪生体、提升管道实时泛在感知能力、推进核心控制系统 SCADA 软硬件国产化、探索复杂天然气管网优化运行。

智能工地建设。加强施工环节物联网建设，开发焊口信息认证系统，通过现场生成二维码，为每道焊口定制专属“身份证”，真正实现焊口质量可追溯；焊接机组配有 GPS 定位模块，所有作业点坐标一目了然，管理人员可自主导航到任意焊接施工现场；建立机组与作业点视频监控系统，可对焊接、防腐等重点工序进行实时播放、存储与回放，强化了作业工程的跟踪管控；建立机组作业过程数据采集系统，配套开发历史工况数据库，实

现对工程进度、监理巡检、机组状态及施工参数（如焊接预热温度、电流、电压、送丝速度、防腐补口温度、喷砂气压等）进行远程监督管理。

打造管道数字孪生体。系统打造管体数字孪生体、设备数字孪生体、控制系统数字孪生体、站场数字孪生体，与中俄东线天然气管道工程建设同步实施。在统一的数据标准下，开展可研、设计、采办、施工等阶段数据采集，通过数字化设计云平台、智能工地、PCM 系统及数据回流等，完成静态数字孪生体搭建，并随着运营期动态数据的不断更新丰富，跟随管道全生命周期同生共长，实现管道的全数字化移交。

提升实时泛在感知能力。自主开发智能视频监控系统，实现对现场作业的远程监视与危险因素的智能识别；推广应用无人机巡检，有效强化了雪地、林地、沼泽等通行困难地区的安全巡检工作；研发光纤安全预警、光纤泄漏监测、光纤周界安防系列技术产品，提供了风险防控一体化解决方案；设计并布设阴极保护智能测试桩，提升了管道阴极保护系统的远程监测与专业化管理能力；建立关键设备远程在线监测与故障诊断系统，实现了对压缩机组、电气、计量等重要设备运转状态的实时跟踪与智能感知。

实现压气站一键启停。在核心控制系统软硬件成套国产化的基础上，自主攻克压缩机组负荷分配控制、站控与压缩机控制系统网络架构、复杂子系统高效分配控制等系列关键技术，解决了压缩机转速“大滞后”“超调”等难题，保障了站控、压缩机、变频、空冷等核心控制系统的通信畅通，在国内管道工业领域首次实现压缩机组一键启停机及压气站一键启停站，为站场推行“无人操作”的新管理模式提供了技术保障。

实现管网优化运行。在天然气管网月度方案运行优化研究方面，创新形成基于管网分级及线性化处理的通用稳态运行优化技术，攻克了任意拓扑结构管网运行优化方案制定难题，为优化管网流向分配、调整压缩机组开机方案、降低管输能耗提供了重要技术支撑。目前，正持续开展技术攻关，努力实现管网全局、全时段优化运行。

全自动化焊接。中俄东线天然气管道工程每根钢管质量约 10t，管径大、管壁厚、钢级高，每层焊道长 4.5m，一道焊口需焊 8~12 层，焊道长度 36~55m，焊接工作量大。全自动焊工比手工焊工效率提高 20 倍，比半自动焊工效率提高 8 倍，同时对操作人员的焊接技艺提出了更高要求。为此，相关人员反复调整焊机参数、多次试焊、分析缺陷、分享成功经验，研发出适用于国内外多种焊机、多种壁厚的中国首个大壁厚管道自动焊连头工艺，在保证焊接质量的前提下，焊接能力由开工初期不足 50m/d 跃增至高峰期 1680m/d 的新纪录，展现了中国管道建设者惊人的学习能力、适应力及战斗力。

全自动超声检测。全自动焊接优点很多，但也存在焊接过程中易产生未熔合缺陷的不足。传统射线检测（RT 检测）对未熔 合面积型缺陷不敏感，尤其是对内坡口处的未熔合缺 陷极易造成漏检，为此，中俄东线天然气管道工程全面 推行全自动超声检测（AUT 检测），检测速度更快，检 测精度与准确率更高，能够及时发现焊口未熔合缺陷，进而及时调整自动焊的焊接参数。经反复验证，RT 发现的缺陷，AUT 都能发现，而 AUT 发现的缺陷，RT 不能全部发现。同时，AUT 检测通过计算机辅助成像、判别技术，能够智能识别质量缺陷，实现了焊口检验由“拍 X 射线胶片”到“数字化扫描体检”的升级换代。

全机械化防腐补口。针对 1422mm 超大口径管材，人工进行喷砂除锈 作业效率很低，并且冬季气温低，传统火焰加热方式热 量散失快，受热不均匀，防腐补口质量很难得到保证。 为此，中俄东线天然气管道工程全面推行机械化防腐 补口，包括采用环保型自动喷砂代替人工喷砂，提高除锈效率与质量；采用中频加热代替火把烘烤，确保管口的预热质量；采用中频加热＋红外加热补口工艺，保证热收缩带施工质量；每日对补口剥离强度进行现场检测，不合格全部返修。工艺技术的升级，提高了作业效率，降低了施工成本，补口质量实现平稳受控。

智能内检测。为了彻底消除中俄东线天然气管道下沟后的变形风险，中国石油管道公司成立专门项目组开展专题攻关，针对传统投产前大口径机械智能检测器因动力不足与质量过大而产生的卡堵、停滞、超高速、偏磨等问题，自主开发了1422mm自动力内检测器与高密度聚氨酯智能测径内检测器，特别是自动力内检测器携带了全圆周高精度红外激光测距、高清摄像、中心线测绘 等装置，可对管体变形、坐标、焊缝特征、低洼地段积水等情况进行拍摄与检测。项目组通过对黑河至五大连池等重点山区管段开展投产前智能内检测，强化了对投产前管道几何变形等缺陷的跟踪检测，进一步提升了工程建设质量。

中俄东线是一条具有划时代意义的管道，其建设和运营将为油气管道行业发展提供重要参考，为我国“能源互联网＋智慧管网”建设树立新的标杆。

参考文献

[1] 李建辉，林其明，古宗鹏，等 . CORS 技术在油气长输管道测量中的应用 [J]. 天然气与石油，2016，34（3）：118-122，12.

[2] 吴北平 .GPS 网络 RTK 定位原理与数学模型研究 [D]. 武汉：中国地质大学，2003.

[3] 齐广慧 . 基于 RS 和 GIS 的油气管道选线方法研究 [D]. 青岛：中国石油大学（华东），2011.

[4] 管练武 .MEMS 捷联惯性导航系统辅助的管道检测定位技术研究 [D]. 哈尔滨：哈尔滨工程大学，2016.

[5] 王富祥，冯庆善，杨建新，等 . 油气管道惯性测绘内检测及其应用 [J]. 油气储运，2012，31（5）：372-375.

[6] 李睿，张琳，赵晓利，等 . 油气长输管道长期应变及位移监测 [J]. 石油机械，2016，44（6）：118-122.

[7] 刘明，阳松，王小萍 . 倾斜摄影测量技术在管道上的应用研究 [C]. 石油天然气勘察技术中心站第二十二次技术交流会论文集，2016.5.

[8] 李宝华 . 机载激光（LIDAR）技术在长输管道工程测量中的应用 [D]. 青岛：中国石油大学（华东），2014.

[9]《管道完整性管理技术》编委会 . 管道完整性管理技术 [M]. 北京：石油工业出版社，2011.

[10] 中国石油管道公司 . 油气管道完整性管理技术 [M]. 北京：石油工业出版社，2010.

[11] GB 50251—2015 输气管道工程设计规范 [S].

[12] GB 50253—2014 输油管道工程设计规范 [S].

[13] GB 32167—2015 油气输送管道完整性管理规范 [S].

[14] SY/T 6621—2016 输气管道系统完整性管理 [S].

[15] SY/T 6648—2016 输油管道完整性管理规范 [S].

[16] SY/T 6597—2018 油气管道内检测技术规范 [S].

[17] SY/T 6649—2018 油气管道管体缺陷修复技术规范 [S].

[18] SY/T 0087.1—2018 钢质管道及储罐腐蚀评价标准　第 1 部分：埋地钢质管道外腐蚀直接评价 [S].

[19] SY/T 0087.2—2020 钢质管道及储罐腐蚀评价标准　第 2 部分：埋地钢质管道内腐蚀直接评价 [S].

[20] Q/SY 05180.1—2019 管道完整性管理规范 第 1 部分：总则 [S].

[21] R.B.Fmacini，R.W.Hyatt，B.N.Leis. Real-time monitoring to detect Third—Party damage[J]. U.S.GTI，April，1997.

[22] Achim Zeileis，Gabor Grothendieck. zoo：S3 Infrastructure for Regular and Irregular Time Series[J]. Journal of Statistical Software，14（6），1-27.

[23] 贾韶辉，周利剑，张新建，等 . 长输管道时空序列数据分析 [J]. 油气储运，2016，35：713-717.

[24] 姜昌亮 . 中俄东线天然气管道工程管理与技术创新 [J]. 油气储运，2020，39（2）：121-129.

[25] 张华兵，周利剑，杨祖佩，等 . 中石油管道完整性管理标准体系建设与应用 [J]. 石油管材与仪器，2017，3（6）：1-4.

[26] 张华兵，冯庆善，周利剑，等 . 油气管道腐蚀损伤评价及修复计划制定 [C]. 中国力学学会学术大会，2009.

[27] 张华兵，王新 . 基于风险评价的管道安全距离确定方法 [J]. 油气储运，2018，37（1）：20-23.

[28] 张华兵，程五一，周利剑，等 . 管道公司管道风险评价实践 [J]. 油气储运，2012，31（2）：96-98，168.

[29] 张华兵，冯庆善，郑洪龙，等 . 油气长输管道定量风险评价 [J]. 中国安全科学学报，2008，（3）：

161-165，180.

[30] 魏然然，张华兵，杨玉锋，等.油气输送管道建设期合规风险管控指标研究[J].中国石油和化工标准与质量，2019，39（5）：4-5.

[31] 贾韶辉，周利剑，张华兵，等.基于PIS的管道完整性管理信息化实践[J].办公自动化，2014,（S1）：55-58.

[32] 张华兵，王新，周利剑.国内外管道风险评价对标[C]// 中国油气管道完整性管理技术交流大会，2014.

[33] Mazumder R K，Salman A M，Li Y. Failure risk analysis of pipelines using data-driven machine learning algorithms[J]. Structural Safety，2020，89.

[34] Vasseghi A，Haghshenas E，Soroushian A，et al. Rakhshandeh Masoumeh，Failure analysis of a natural gas pipeline subjected to landslide[J]. Engineering Failure Analysis，2021，119：105009.

[35] A H R V，A A E，B A E. A review on pipeline corrosion，in-line inspection（ILI），and corrosion growth rate models[J]. International Journal of Pressure Vessels and Piping，2017，149：43-54.

[36] Muhlbauer W K. Pipeline risk reduction via leak detection[J]. Pipelines International，2020（Jul.TN.44）.

[37] Michael Smith，Konstantinos Pesinis. Digital Alternative to In-Line Inspection[J]. Pipeline & Gas Journal，2019（9）：246.

[38] 张华兵，范壮.油气管道智能风险决策模型的建立与应用[C].第八届中国油气管道完整性管理技术交流大会，成都，2023.10

[39] 张华兵，杨玉锋.基于概率论的油气管道风险评价方法研究[J]，工业安全与环保，2024，50（1）：77-79.